教育部高职高专规划教材

电工电子技术
第三版

杨　凌　主编

董　力　耿惊涛　副主编

化学工业出版社

·北京·

本书涵盖了电工电子技术领域的基本知识，主要包括直流电路、正弦交流电路、磁路与变压器、电动机、电气控制技术、工业企业供电与用电安全技术、常用半导体器件、放大器基础、直流稳压电源、数字电路共 10 章内容。

本书覆盖面宽，信息量丰富，理论深度合理，习题精炼。对常用电气设备、电子器件、集成组件及实用电路的介绍，本着"必需"和"够用"原则，强化功能的理解，突出知识的实用性，体现了职业教育的特点。

本书可作为高等职业技术学院和高等专科学校工科非电类专业电工电子技术课程的教材，也可供电大、成人教育工科专业选用和广大读者阅读。

图书在版编目（CIP）数据

电工电子技术/杨凌主编 . —3 版 . —北京：化学工业出版社，2014.1（2023.9 重印）
ISBN 978-7-122-18991-2

Ⅰ.①电⋯　Ⅱ.①杨⋯　Ⅲ.①电工技术-职业教育-教材②电子技术-职业教育-教材　Ⅳ.①TM②TN

中国版本图书馆 CIP 数据核字（2013）第 270822 号

责任编辑：廉　静　　　　　　　　　　装帧设计：王晓宇
责任校对：蒋　宇

出版发行：化学工业出版社（北京市东城区青年湖南街 13 号　邮政编码 100011）
印　　装：涿州市般润文化传播有限公司
787mm×1092mm　1/16　印张 12½　字数 302 千字　2023 年 9 月北京第 3 版第 5 次印刷

购书咨询：010-64518888　　售后服务：010-64518899
网　　址：http://www.cip.com.cn
凡购买本书，如有缺损质量问题，本社销售中心负责调换。

定　　价：38.00 元　　　　　　　　　　　　　　　　版权所有　违者必究

出版说明

　　高职高专教材建设工作是整个高职高专教学工作中的重要组成部分。改革开放以来，在各级教育行政部门、有关学校和出版社的共同努力下，各地先后出版了一些高职高专教育教材。但从整体上看，具有高职高专教育特色的教材极其匮乏，不少院校尚在借用本科或中专教材，教材建设落后于高职高专教育的发展需要。为此，1999 年教育部组织制定了《高职高专教育专门课课程基本要求》（以下简称《基本要求》）和《高职高专教育专业人才培养目标及规格》（以下简称《培养规格》），通过推荐、招标及遴选，组织了一批学术水平高、教学经验丰富、实践能力强的教师，成立了"教育部高职高专规划教材"编写队伍，并在有关出版社的积极配合下，推出一批"教育部高职高专规划教材"。

　　"教育部高职高专规划教材"计划出版 500 种，用 5 年左右时间完成。这 500 种教材中，专门课（专业基础课、专业理论与专业能力课）教材将占很高的比例。专门课教材建设在很大程度上影响着高职高专教学质量。专门课教材是按照《培养规格》的要求，在对有关专业的人才培养模式和教学内容体系改革进行充分调查研究和论证的基础上，充分吸取高职、高专和成人高等学校在探索培养技术应用性专门人才方面取得的成功经验和教学成果编写而成的。这套教材充分体现了高等职业教育的应用特色和能力本位，调整了新世纪人才必须具备的文化基础和技术基础，突出了人才的创新素质和创新能力的培养。在有关课程开发委员会组织下，专门课教材建设得到了举办高职高专教育的广大院校的积极支持。我们计划先用2～3 年的时间，在继承原有高职高专和成人高等学校教材建设成果的基础上，充分汲取近几年来各类学校在探索培养技术应用性专门人才方面取得的成功经验，解决新形势下高职高专教育教材的有无问题；然后再用 2～3 年的时间，在《新世纪高职高专教育人才培养模式和教学内容体系改革与建设项目计划》立项研究的基础上，通过研究、改革和建设，推出一大批教育部高职高专规划教材，从而形成优化配套的高职高专教育教材体系。

　　本套教材适用于各级各类举办高职高专教育的院校使用。希望各用书学校积极选用这批经过系统论证、严格审查、正式出版的规划教材，并组织本校教师以对事业的责任感对教材教学开展研究工作，不断推动规划教材建设工作的发展与提高。

教育部高等教育司

前言 FOREWORD

为贯彻"教育部关于"十二五"职业教育教材建设的若干意见 [教职成〔2012〕9 号]"的精神，适应电工电子技术的最新发展，我们在第二版的使用基础上，广泛吸纳众多院校师生的意见，总结了多年来课程教学和课程改革的经验，对教材内容作了修改和更新。

在修订时，除继续保持前两版形成的比较成熟的体系外，充分考虑到经济和技术发展的需求以及本课程的基本教学要求，遵循技能型人才成长规律，特别注重处理好教材内容"经典与现代"、"理论与工程"、"内容多与学时少"以及"教与学"的关系，力求使第三版更具系统性、先进性、实用性和适用性。 具体工作如下：

① 第 1 章 1.6 节的题目由"复杂电路的基本分析原理"修订为"复杂电路的基本分析方法"，1.7 节的表 1-1 增加了直流双臂电桥；

② 第 3 章增加了习题，以进一步突出"常用变压器"的实际应用；

③ 第 4 章进一步突出非电类专业常用的三相异步电动机，将 4.6 节"同步电动机"由"必讲"调整为"选讲"；

④ 将 5.3 节内容由"选讲"调整为"必讲"，进一步突出 PLC 的应用，密切跟踪技术发展需求；

⑤ 在 6.1 节中增加"电网污染及解决措施"一小节的内容；

⑥ 重写了 8.2 节、8.3 节、8.4 节的内容，并在 8.6 节增加了"桥式功率放大器"一小节内容，进一步完善了基本放大器的内容；

⑦ 第 9 章 9.5 节"可控整流电路"内容调至 9.2 节"单相桥式整流电路"内容之后，进一步优化教材体系；

⑧ 第 10 章增加"存储器与可编程逻辑器件"一节内容，以突出教材的先进性。

本书打"※"的内容作为选讲内容，教师在讲授时可灵活掌握。 一般应视专业的需要、学时的多少和学生的实际水平而取舍。

本书由杨凌担任主编，董力、耿惊涛担任副主编。 杨凌编写第 7、8、9 章，第 2 章第 1～7 节、第 5 章第 3 节及全部附录。 刘瑞涛编写第 1、6 章。 董力编写第 2 章第 8 节、第 5 章第 1、2 节及第 3、4 章。 耿惊涛编写第 10 章。

本书内容已制作成用于多媒体教学的 PowerPoint 课件，并将免费提供给采用本书作为教材的高职高专院校使用。 如有需要可联系：lianjing_2003@126.com。

由于我们的能力和水平有限，修订时的考虑和书中具体内容欠妥之处在所难免，恳请使用本书的师生和读者不吝批评指正，以便今后不断提高。

编 者

2013 年 8 月

第一版前言

本书力求有较宽的覆盖面以容纳较大的信息量，力求合理的理论深度，并淡化原理的分析，强化功能的应用。主要有以下几个方面的特点。

1. 体系方面　考虑到高等职业技术教育的特点、课程性质、课时数及教学对象等因素，对电工电子技术领域的基本内容作了适当的精选，内容精炼，各章节前后呼应，自成一体。

2. 内容方面　作为非电类专业的教材，本书不讨论综合性的用电系统和专用设备，只涉及用电技术的一般规律和常用的电气设备、元件及基本电路，并注意融入电技术领域的新知识。

3. 设备及元器件　重点介绍符号、基本结构、外特性、功能及应用，尽量不涉及其内部工作过程的分析。

4. 电路方面　扼要介绍基本的工作原理、基本分析方法，强化应用中的实际问题。

5. 习题方面　精选习题，按照"强化概念、定性认识、定性讨论"的原则，尽量减少计算性习题。

6. 语言方面　充分利用图、表等形象化的语言，使问题的叙述更为简练、直观、清晰。

本书打"※"的内容作为选讲内容，教师在讲授时可灵活掌握。一般应视专业的需要、学时的多少和学生的实际水平而取舍。

本书由杨凌主编，并编写第一、六、七、八、九章，第二章一至七节及全部附录。董力编写第二章八、九、十节及第三、四、五章，耿惊涛编写第十章。

本书由屈义襄主审，屈老师仔细审阅了初稿，提出了许多宝贵的意见，于占河、朱秀兰、高嵩、苑秀香、姜敏夫等也参加了本书的审稿工作。在此表示衷心的感谢。

由于编者水平有限，书中错误和不妥之处在所难免，殷切希望使用本书的教师和广大读者不吝批评指正。

编　者
2002 年 2 月

▌第二版前言▌ ⋰ FOREWORD

本书是在第一版的使用基础上，根据电工电子技术的发展状况，并广泛吸纳多所院校广大师生的意见，总结提高、修改增删而成的。

本书除继续保持第一版的特点外，在修订时，本着"必需"和"够用"的原则，制定了"保证基础，精选内容；体现先进，引导创新；联系实际，突出应用；优化体系，利于教学。"的修订方针，主要工作如下：

① 调整、精写了第 1、2、4、8、9 章的部分内容；

② 删去了第 6 章第 2 节的内容；

③ 拓展了第 5 章的内容，加强了 PLC 的知识；

④ 加强了第 7 章第 3 节的内容；

⑤ 加强了第 10 章的内容。

本书打"※"的内容作为选讲内容，教师在讲授时可灵活掌握。一般应视专业的需要、学时的多少和学生的实际水平而取舍。

本书由杨凌主编，并编写第 1、6、7、8、9 章，第 2 章第 1~7 节、第 5 章第 3 节及全部附录。董力编写第 2 章第 8 节、第 5 章第 1、2 节及第 3、4 章。耿惊涛编写第 10 章。

本书内容已制作成用于多媒体教学的 PowerPoint 课件，并将免费提供给采用本书作为教材的高职高专院校使用。如有需要可登录化学工业出版社教学资源网 www.cipedu.com.cn。

本版比一版虽有所改进提高，但由于编者水平有限，书中疏漏和不妥之处在所难免，恳请使用本书的师生和读者不吝批评指正，以便不断提高。

编　者
2009 年 2 月

本书常用符号说明

一、基本符号

1. 电流和电压

i、u	电流、电压瞬时值通用符号
I、U	正弦电流、电压有效值；直流电流、电压通用符号
$\dot{I}$、$\dot{U}$	正弦电流、电压的相量表示符号
I_L、U_L	线电流、线电压
I_P、U_P	相电流、相电压
$I_{大写下标}$、$U_{大写下标}$	直流量
$I_{小写下标}$、$U_{小写下标}$	有效值
$i_{大写下标}$、$u_{大写下标}$	总瞬时值（直流＋交流）
$i_{小写下标}$、$u_{小写下标}$	交流瞬时值
U_{CC}、U_{EE}、U_{DD}、U_{SS}、U_{BB}	直流电源电压

2. 功率和效率

P	功率通用符号
p	瞬时功率
Q	无功功率
S	视在功率
P_{om}	最大输出交流功率
P_V	电源消耗的功率
η	效率

3. 频率

f	频率通用符号
ω	角频率通用符号
f_0、ω_0	谐振频率、谐振角频率
f_{bw}	通频带

4. 电阻、电导、电容、电感

R	电阻通用符号
RP	电位器通用符号
G	电导通用符号
C	电容通用符号
L	电感通用符号
R_0	电源内阻
R_L	负载电阻

二、设备、器件参数及符号

1. 变压器与电动机

Φ	磁通量
K	变比
M	电动机
n	转速
p	磁极对数
s	转差率

T_{ST}、I_{ST}	启动转矩、启动电流
T_m、T_N、T_L	最大转矩、额定转矩、负载阻力矩
P_{Cu}、P_{Fe}	铜损耗、铁损耗

2. 二极管

VD	二极管的通用符号
I_F	二极管的最大整流电流
U_{RM}	二极管的最高反向工作电压
U_{th}	二极管的门槛电压
U_{BR}	二极管的反向击穿电压
VZ	稳压二极管的通用符号
U_Z	稳压二极管的稳定电压

3. 三极管

VT	三极管的通用符号
β	三极管共射电流放大系数
I_{CBO}	发射极开路时 B-C 间的反向电流
I_{CEO}	基极开路时 C-E 间的穿透电流
$U_{BR(CEO)}$	三极管基极开路时集-射极间的击穿电压
U_{CES}	三极管的饱和管压降
P_{CM}	集电极最大允许耗散功率

4. 场效应管

g_m	跨导
$U_{GS(th)}$	增强型 MOS 管的开启电压
$U_{GS(off)}$	耗尽型 MOS 管的夹断电压
I_{DSS}	耗尽型 MOS 管 $U_{GS}=0$ 时的漏极电流

5. 晶闸管

U_{FRM}	正向重复峰值电压
U_{RRM}	反向重复峰值电压
I_F	正向平均电流
I_H	维持电流

6. 放大器及集成运算放大器

A	放大倍数（增益）的通用符号
R_i	放大器的输入电阻
R_o	放大器的输出电阻
A_{od}	运放的开环差模增益
R_{id}	运放的差模输入电阻
R_{od}	运放的差模输出电阻
K_{CMR}	共模抑制比

三、其他符号

Q	品质因数
Q	静态工作点
Q	电（荷）量
Z	阻抗
φ	相位角、初相位
T	周期
U_{REF}	参考电压
U_T	电压比较器的阈值电压

R_e	接地电阻
R_r	人体电阻
CLOCK	时钟
CP	时钟脉冲
F	触发器
S	开关
A/D	模/数转换器
D/A	数/模转换器

目 录 CONTENTS

第1章 直流电路 ·· 1

1.1 电路的基本概念 ··· 1

1.1.1 电路的组成 ·· 1

1.1.2 实际电路和电路模型 ·· 2

1.1.3 电路中的基本物理量及参考方向 ····························· 2

1.2 电路的基本定律 ··· 3

1.2.1 欧姆定律 ··· 4

1.2.2 基尔霍夫定律 ·· 4

1.3 电源的工作状态和电气设备的额定值 ·································· 7

1.3.1 带载工作状态 ·· 7

1.3.2 开路（空载）状态 ··· 8

1.3.3 短路状态 ··· 9

※1.4 受控源 ··· 9

1.5 电路中电位的计算 ··· 10

1.6 复杂电路的基本分析方法 ··· 11

1.6.1 叠加原理 ··· 11

1.6.2 等效电源定理 ·· 12

1.7 直流电桥 ··· 14

思考题与习题 ··· 15

第2章 正弦交流电路 ·· 17

2.1 交流电的基本概念 ··· 17

2.1.1 正弦交流电的三要素 ·· 17

2.1.2 正弦交流电的相位差 ·· 19

2.1.3 正弦交流电的有效值 ·· 19

2.2 正弦量的相量表示方法 ·· 20

2.2.1 用旋转相量表示正弦量 ··· 20

2.2.2 相量图 ·· 21

2.2.3 正弦交流电路的相量分析方法 ···································· 22

2.3 交流电路中的基本元件 ·· 22

2.3.1 电阻元件 ··· 22

2.3.2 电感元件 ··· 23

2.3.3 电容元件 ··· 24

2.4 单一参数的正弦交流电路 ··· 26

2.4.1　纯电阻电路 …………………………………………………… 26

2.4.2　纯电感电路 …………………………………………………… 27

2.4.3　纯电容电路 …………………………………………………… 29

2.5　RLC 串联电路 …………………………………………………………… 31

2.6　电路中的谐振 …………………………………………………………… 33

2.6.1　串联谐振 ………………………………………………………… 33

2.6.2　并联谐振 ………………………………………………………… 34

2.7　功率因数的提高 ………………………………………………………… 35

2.8　三相交流电路 …………………………………………………………… 37

2.8.1　三相交流电源 …………………………………………………… 37

2.8.2　三相负载的连接 ………………………………………………… 38

2.8.3　三相电路的功率 ………………………………………………… 41

思考题与习题 ……………………………………………………………… 42

第3章　磁路与变压器 ………………………………………………… **44**

3.1　磁路的基本概念 ………………………………………………………… 44

3.1.1　铁磁材料 ………………………………………………………… 44

3.1.2　磁路 ……………………………………………………………… 45

3.1.3　磁滞现象 ………………………………………………………… 45

3.1.4　涡流 ……………………………………………………………… 46

3.2　交流铁芯线圈电路 ……………………………………………………… 46

3.3　变压器 …………………………………………………………………… 47

3.3.1　变压器的基本结构 ……………………………………………… 48

3.3.2　变压器的工作原理 ……………………………………………… 48

3.3.3　变压器的外特性 ………………………………………………… 50

3.3.4　变压器的损耗及效率 …………………………………………… 50

3.3.5　变压器的额定值及型号 ………………………………………… 51

3.4　几种常用变压器 ………………………………………………………… 52

3.4.1　电力变压器 ……………………………………………………… 52

3.4.2　自耦变压器 ……………………………………………………… 52

3.4.3　互感器 …………………………………………………………… 54

3.4.4　电焊变压器 ……………………………………………………… 55

思考题与习题 ……………………………………………………………… 55

第4章　电动机 ………………………………………………………… **57**

4.1　三相异步电动机的结构和铭牌 ………………………………………… 57

4.1.1　三相异步电动机的基本结构 …………………………………… 57

4.1.2　三相异步电动机的铭牌 ………………………………………… 59

4.2　三相异步电动机的工作原理 …………………………………………… 60

4.2.1　三相交流旋转磁场的产生 ……………………………………… 60

4.2.2　三相异步电动机的转动原理及转差率 ………………………… 61

4.3　三相异步电动机的运行分析 …………………………………………… 61

　　4.3.1　电磁转矩与转子转速的关系　·······················　61

　　4.3.2　电磁转矩与电源电压的关系　·······················　62

　　4.3.3　输出转矩与输出功率的关系　·······················　62

　4.4　三相异步电动机的启动、调速、制动　·····················　63

　　4.4.1　三相异步电动机的启动　··························　63

　　4.4.2　三相异步电动机的调速　··························　64

　　4.4.3　三相异步电动机的制动　··························　65

　4.5　单相异步电动机　······························　66

　　4.5.1　电容分相式单相异步电动机　·······················　66

　　4.5.2　罩极式单相异步电动机　··························　67

　※4.6　同步电动机　·······························　67

　　4.6.1　三相同步电动机　····························　68

　　4.6.2　微型同步电动机　····························　68

　※4.7　直流电动机　·······························　70

　　4.7.1　直流电动机的结构及转动原理　······················　70

　　4.7.2　直流电动机的励磁方式　··························　70

　※4.8　控制电机　·······························　71

　　4.8.1　伺服电动机　·····························　71

　　4.8.2　步进电动机　·····························　71

　思考题与习题　·····························　72

第5章　电气控制技术　·······················　73

　5.1　常用低压电器　·······························　73

　　5.1.1　开关　···························　73

　　5.1.2　熔断器　···························　75

　　5.1.3　交流接触器　·····························　77

　　5.1.4　主令电器　·····························　78

　　5.1.5　继电器　···························　78

　5.2　继电接触器控制系统　··························　81

　　5.2.1　三相异步电动机的启动电路　·······················　81

　　5.2.2　三相异步电动机的正、反转控制电路　···················　82

　　5.2.3　行程控制电路　····························　83

　　5.2.4　多地点控制电路　···························　85

　　5.2.5　延时控制电路　····························　86

　　5.2.6　顺序控制电路　····························　86

　5.3　可编程控制器PLC　··························　87

　　5.3.1　PLC的结构和基本工作原理　······················　87

　　5.3.2　用PLC取代继电接触器控制系统的方法　··················　88

　思考题与习题　·····························　89

第6章　工业企业供电与用电安全技术　···············　91

　6.1　供电系统概述　·······························　91

6.1.1 供电系统的组成 ·· 91

6.1.2 企业变配电所及一次系统 ································· 92

6.1.3 低压配电系统 ·· 92

6.1.4 电网污染及其解决措施 ······································ 93

6.2 安全用电 ·· 94

6.2.1 电流对人体的伤害 ·· 94

6.2.2 常见的触电方式 ·· 95

6.2.3 接地和接零 ·· 95

6.2.4 触电急救 ··· 98

6.3 静电防护 ·· 99

6.3.1 静电危害 ··· 99

6.3.2 静电防护 ··· 99

6.4 电气火灾的防护及急救常识 ······································ 100

6.4.1 电气防火的基本措施 ··· 100

6.4.2 电气火灾急救常识 ·· 101

思考题与习题 ·· 101

第7章 常用半导体器件 ··· 102

7.1 半导体二极管 ··· 102

7.1.1 二极管的分类、结构和符号 ································ 102

7.1.2 二极管的特性和主要参数 ··································· 103

7.1.3 特殊二极管 ·· 104

7.2 半导体三极管 ··· 105

7.2.1 三极管的分类、结构、符号 ································ 105

7.2.2 三极管的电流分配与放大作用 ····························· 106

7.2.3 三极管的特性曲线和工作状态 ····························· 106

7.2.4 三极管的主要参数 ·· 107

7.2.5 温度对三极管参数的影响 ··································· 108

7.3 场效应管 ·· 108

7.3.1 场效应管的分类、结构、符号、特性曲线 ·············· 108

7.3.2 场效应管的主要参数 ··· 111

7.3.3 场效应管与三极管的比较 ··································· 111

7.4 晶闸管 ··· 112

7.4.1 晶闸管的分类、结构和封装形式 ·························· 112

7.4.2 晶闸管的工作原理 ·· 112

7.4.3 晶闸管的伏安特性 ·· 113

7.4.4 晶闸管的主要参数和型号命名方法 ······················ 113

思考题与习题 ·· 114

第8章 放大器基础 ··· 116

8.1 放大器概述 ··· 116

8.1.1 放大的概念 ·· 116

8.1.2 放大器的主要性能指标 ·· 116
8.2 放大器的构成原则和工作原理 ·· 118
8.2.1 放大器的构成原则 ·· 118
8.2.2 放大器的工作原理 ·· 120
8.3 三种基本的三极管放大器 ·· 122
8.3.1 分压偏置 Q 点稳定电路 ·· 122
8.3.2 三种基本的三极管放大器 ·· 123
※ 8.4 场效应管放大器 ·· 124
8.4.1 场效应管的低频等效电路 ·· 124
8.4.2 三种基本的场效应管放大器 ·· 124
8.5 放大器中的负反馈 ·· 125
8.5.1 反馈的概念及负反馈放大器的闭环增益方程 ····················· 125
8.5.2 反馈的分类及判别方法 ··· 126
8.5.3 负反馈对放大器性能的影响 ·· 127
8.6 功率放大器 ··· 129
8.6.1 功率放大器的特点和分类 ·· 129
8.6.2 乙类互补对称功率放大器 ·· 130
8.6.3 甲乙类互补对称功率放大器 ·· 130
8.6.4 桥式功率放大器 ·· 131
8.6.5 功放管的散热问题 ·· 131
8.7 差动放大器 ··· 132
8.7.1 差动放大器的原理电路 ··· 132
8.7.2 差动放大器的工作情况 ··· 132
8.7.3 典型的差动放大器 ·· 133
8.7.4 恒流源差动放大器 ·· 134
8.8 集成运算放大器 ··· 134
8.8.1 集成运放的结构、符号与封装形式 ·································· 134
8.8.2 集成运放的主要技术指标 ·· 135
8.8.3 理想运放的概念及其特点 ·· 136
8.8.4 集成运放的基本应用电路 ·· 136
8.8.5 集成运放的使用注意事项 ·· 138
思考题与习题 ·· 139

第9章 直流稳压电源 ··· 143
9.1 直流稳压电源的组成 ··· 143
9.2 单相桥式整流电路 ·· 143
9.2.1 电路组成及工作原理 ··· 144
9.2.2 整流二极管的选择 ·· 144
※9.3 可控整流电路 ·· 145
9.4 滤波电路 ··· 146
9.4.1 电容滤波电路 ··· 146
9.4.2 电感滤波电路 ··· 148

9.4.3 复式滤波电路 ……………………………………………………………… 148

9.5 稳压电路 ………………………………………………………………………… 149

　9.5.1 硅稳压管稳压电路 …………………………………………………… 149

　9.5.2 串联反馈式稳压电路 ………………………………………………… 150

　9.5.3 线性集成稳压电路 …………………………………………………… 151

　※9.5.4 开关型稳压电路 …………………………………………………… 154

思考题与习题 ……………………………………………………………………… 154

第10章　数字电路基础 ……………………………………………………… 156

10.1 概述 …………………………………………………………………………… 156

　10.1.1 数字电路的特点 …………………………………………………… 156

　10.1.2 数制和代码 ………………………………………………………… 157

10.2 逻辑门电路 …………………………………………………………………… 159

　10.2.1 与门电路 …………………………………………………………… 159

　10.2.2 或门电路 …………………………………………………………… 160

　10.2.3 非门电路 …………………………………………………………… 160

　10.2.4 复合门电路 ………………………………………………………… 161

10.3 触发器 ………………………………………………………………………… 163

　10.3.1 基本RS触发器 ……………………………………………………… 164

　10.3.2 同步RS触发器 ……………………………………………………… 165

　10.3.3 JK触发器 …………………………………………………………… 166

　10.3.4 D触发器 …………………………………………………………… 167

10.4 计数器 ………………………………………………………………………… 167

　10.4.1 二进制计数器 ……………………………………………………… 168

　10.4.2 十进制计数器 ……………………………………………………… 169

　10.4.3 任意进制计数器 …………………………………………………… 170

10.5 译码及显示电路 ……………………………………………………………… 171

　10.5.1 常用显示器件 ……………………………………………………… 171

　10.5.2 译码及显示电路 …………………………………………………… 172

10.6 555集成定时器及其应用 …………………………………………………… 173

　10.6.1 555定时器的电路组成及功能特点 ……………………………… 173

　10.6.2 555定时器的典型应用 …………………………………………… 174

10.7 数/模和模/数转换 …………………………………………………………… 176

　10.7.1 数/模（D/A）转换器 ……………………………………………… 176

　10.7.2 模/数（A/D）转换 ………………………………………………… 178

10.8 半导体存储器和可编程逻辑器件 …………………………………………… 179

　10.8.1 半导体存储器 ……………………………………………………… 179

　10.8.2 可编程逻辑器件 …………………………………………………… 181

思考题与习题 ……………………………………………………………………… 182

参考文献 ……………………………………………………………………………… 184

第**1**章

直流电路

在各个电技术领域，人们可以通过电路来完成各种任务。不同电路具有不同功能，例如，供电电路用来传输电能；整流电路可将交流电变成直流电；滤波电路可以"滤掉"附加在有用信号上的噪声，完成信号处理任务；计算机中的存储器电路能存储原始数据、中间结果和最终结果，具有存储功能等等。电路种类繁多，其功能和分类方法也很多。然而，不论电路结构有多么不同，最复杂的和最简单的电路之间却有着最基本的共性，遵循着相同的规律。本章以最简单的直流电路为例讨论电路的基本概念、基本定律以及常用分析方法。

1.1 电路的基本概念

1.1.1 电路的组成

电路是电流的通路，它是为了某种需要由某些电气元件或设备按一定方式组合起来的。

不管电路的具体形式如何变化，也不管电路有多么复杂，它都是由一些最基本的部件组成的。例如，日常生活中最常用的手电筒电路就是一个最简单的电路，如图 1-1 所示。

它的组成，体现了所有电路的共性。由该图可以看出，组成电路的基本部件如下。

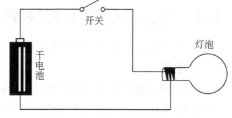

图 1-1　手电筒电路示意图

(1) 电源

它是电路中电能的来源，如手电筒中的干电池。电源的功能是将其他形式的能量转换为电能。例如，电池将化学能转换为电能，发电机将机械能转换成电能等等。

(2) 负载

用电设备叫负载，它将电能转换成其他形式的能量。例如，手电筒中的灯泡就是负载，它将电能转换为光能。其他用电设备，如电动机将电能转换为机械能，电阻炉将电能转换为热能等。在直流电路中，负载主要是电阻性负载，它的基本性质是当电流流过时呈现阻力，即具有一定的电阻，并将电能转换为热能。

(3) 中间环节

主要是指连接导线和控制电路通、断的开关电器，以及保障安全用电的保护电器（如熔断器等）。它们将电源和负载连接起来，构成电流通路。

所有电路从本质上来说都是由以上三个部分组成的。因此，电源、负载、中间环节总称为组成电路的"三要素"。

1.1.2 实际电路和电路模型

组成电路的实际部件很多，诸如发电机、变压器、电池、晶体管以及各种电阻器和电容器等。它们在工作过程中都和电磁现象有关，例如，白炽灯除了具有电阻性质（消耗电能）外，当通过电流时，它周围产生磁场，因而又兼有电感的性质。用这些实际部件组成电路时，如果不分主次，把各种性质都考虑在内，问题就非常复杂，给分析电路带来很大困难，甚至无法进行。

为了便于对实际电路进行分析，必须在一定的条件下对实际部件加以理想化，突出其主要的电磁特性，而忽略其次要因素，用一个足以表征其主要性质的模型（model）来表示它。这样，实际电路就可近似地看作是由这些理想元件所组成的电路，通常称为实际电路的电路模型。

各种理想元件都用一定的符号图形表示，图 1-2 示出了三种基本理想元件的符号图形。

有了理想元件和电路模型的概念后，便可将图 1-1 所示的实际手电筒电路抽象为图 1-3 所示的电路模型。今后所分析的都是指电路模型，简称电路。

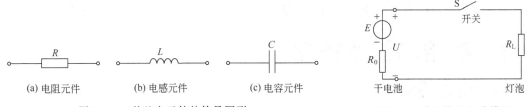

(a) 电阻元件   (b) 电感元件   (c) 电容元件

图 1-2　三种基本元件的符号图形   图 1-3　手电筒的电路模型

1.1.3 电路中的基本物理量及参考方向

用来表示电路状态的基本物理量有电压、电流、电功率等。

（1）电流

电流是带电粒子在外电场的作用下做有秩序的移动而形成的，常用 I 或 i 表示。

电流的实际方向是客观存在的，习惯上规定正电荷运动的方向为电流的实际方向。

在分析较复杂的直流电路时，往往事先难以判断某支路中电流的实际方向。对交流讲，其方向随时间而变，在电路图上也无法用一个箭标表示它的实际方向。因此，在分析和计算电路时，往往任意选定某一方向作为电流的参考方向或称为正方向。所选的参考方向并不一定与电流的实际方向一致。在参考方向选定之后，电流之值便有正、负之分。如图 1-4 所示，当电流的实际方向与其参考方向一致时，电流为正值；反之，当电流的实际方向与其参考方向相反时，电流则为负值。必须注意，不标出电流的参考方向，谈论电流的正负是没有意义的，务必养成在着手分析电路时先标出参考方向的习惯。

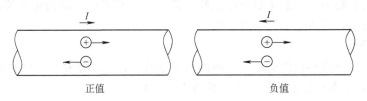

正值   负值

图 1-4　电流的参考方向

在国际单位制（SI）中，电流的单位是 A（安培），1s（秒）内通过导体横截面的电荷（量）为 1C（库仑）时，则电流为 1A。计量微小的电流时，以 mA（毫安）或 μA（微安）为单位，$1mA=10^{-3}A$，$1\mu A=10^{-6}A$。

（2）电压

电场力把单位正电荷从 a 点移到 b 点所做的功称为两点之间的电压，电压用 U 或 u 表示。

电压又称为电位差，它总是和电路中的两个点有关，电压的方向规定为由高电位端（"+"极性）指向低电位端（"-"极性），即为电位降低的方向。

在电路中，同样往往难以事先判断元件两端电压的真实极性，因此，也要选定电压的参考方向，如图 1-5 所示。一旦参考极性选定之后，电压便有正、负之分，当算得的电压为正值，说明电压的真实极性与假定的参考极性相同；当算得的电压为负值，则说明电压的真实极性与参考极性相反。同样，不标出电压的参考极性，谈论其正、负也是没有意义的。

在国际单位制中，电压的单位是 V（伏特）。当电场力把 1C 的电荷量从一点移到另一点所做的功为 1J（焦耳）时，则该两点间的电压为 1V。计量微小的电压时，以 mV（毫伏）或 μV（微伏）为单位；计量高电压时，以 kV（千伏）为单位。

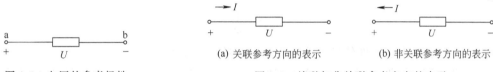

图 1-5 电压的参考极性

(a) 关联参考方向的表示   (b) 非关联参考方向的表示

图 1-6 关联与非关联参考方向的表示

如前所述，在分析电路时，电压和电流都要假定参考方向，而且可任意假定，互不相关。但是，为了分析方便，常常采用关联的参考方向，即把元件上电压和电流的参考方向取为一致，如图 1-6(a) 所示。当然也可采用非关联参考方向，即使元件上的电压和电流的参考方向互不相关，如图 1-6(b) 所示。

（3）功率

电路的基本作用之一是实现能量的传递，用功率（Power）来表示能量变化的速率，常用 P 或 p 来表示。

在直流情况下，当电压、电流为关联参考方向时

$$P=UI \tag{1-1}$$

此时，若算得的功率 $P>0$，元件为吸收功率；$P<0$，则为产生功率。

根据功率的正、负可以判断电路中哪个元件是电源，哪个元件是负载。在关联参考方向下，若 $P<0$，可断定该元件为电源；若 $P>0$，可断定该元件为负载。

在国际单位制中，功率的单位是 W（瓦）或 kW（千瓦）。若 1s 时间内转换 1J 的能量，则功率为 1W。

1.2 电路的基本定律

电路的基本定律阐明了一段或整个电路中各部分电压、电流等物理量之间的关系，是分析、计算电路的理论基础和基本依据，电路的基本定律主要包括欧姆定律和基尔霍夫定律。

1.2.1 欧姆定律

欧姆定律表明流过电阻的电流与其端电压成正比，而与本身的阻值成反比。在图1-7(a)

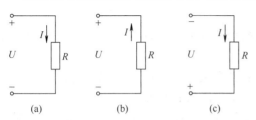

图1-7 欧姆定律

所标定的关联参考方向下，欧姆定律可表示成如下的形式

$$\frac{U}{I}=R \qquad (1-2)$$

或
$$U=RI \qquad (1-3)$$

式中，R 为该段电路的电阻。

在国际单位制中，电阻的单位是 Ω（欧姆）。当电路两端的电压为 1V，通过的电流为 1A 时，则该段电路的电阻为 1Ω。计量高电阻时，则以 kΩ（千欧）或 MΩ（兆欧）为单位。

对欧姆定律做以下几点说明。

① 欧姆定律还可用电导参数表示成如下的形式

$$I=GU \qquad (1-4)$$

式中

$$G=\frac{1}{R} \qquad (1-5)$$

称为电导，电导 G 表示元件传导电流的能力，其单位式是 S（西门子）。

② 当电压和电流取为非关联参考方向时，如图 1-7(b)、(c) 所示时，欧姆定律可表示成下式

$$U=-RI \quad 或 \quad I=-GU \qquad (1-6)$$

③ 欧姆定律只适用于线性电阻元件，而不适用于非线性元件。

1.2.2 基尔霍夫定律

欧姆定律表明了电路中某一局部的电压、电流关系。而基尔霍夫定律（Kirchhoff's Law）则是从电路的全局和整体上，阐明了各部分电压、电流之间必须遵循的规律，为了说明基尔霍夫定律的内容，首先介绍有关的几个术语。

支路 电路中的每一分支称为支路，一条支路流过一个电流，称为支路电流，图 1-8 所示电路中共有三条支路。

节点 电路中两条或两条以上的支路相连接的点称为节点，图 1-8 所示电路中共有两个节点 a 和 b。

回路 由一条或多条支路组成的闭合路径称为回路，图 1-8 所示电路中共有三个回路 abca，abda，adbca，一个电路至少要有一个回路。

基尔霍夫定律包括两条定律：基尔霍夫电流定律（KCL）和基尔霍夫电压定律（KVL）。

(1) 基尔霍夫电流定律

基尔霍夫电流定律是有关节点电流的定律，用来确定连接在同一节点上的各支路电流之间的关系。其内容如下。

在任一瞬时，对电路中的任一节点而言，流入某节

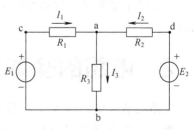

图1-8 电路举例

点的电流总和等于流出该节点的电流总和。例如，在图 1-8 所示电路中，对节点 a，可以列出下式

$$I_1 + I_2 = I_3$$

或将上式改写式

$$I_1 + I_2 - I_3 = 0$$

即

$$\sum I = 0 \tag{1-7}$$

式(1-7) 表明，在任一瞬时，流经电路任一节点的电流的代数和恒等于零。在这里，对电流的"代数和"做了这样的规定：参考方向流入节点的电流取正号，流出节点的电流取负号，当然也可做相反的规定。

根据计算的结果，有些支路的电流可能是负值，这是由于所选定的电流的参考方向与实际方向相反所致。

【例 1-1】 在图 1-9 中，已知 $I_1 = 2A$，$I_2 = -3A$，$I_3 = -2A$，试求 I_4。

【解】 应用 KCL 可列出下式

$$I_1 - I_2 + I_3 - I_4 = 0$$

代入已知电流有

$$2 - (-3) + (-2) - I_4 = 0$$

解得　$I_4 = 3A$

由本例可见，KCL 方程中有两套符号，I 前面的正负号是由 KCL 方程根据电流的参考方向而确定的，括号内数字前面的正负号则表示电流本身数值的正负。

KCL 不仅适用于电路中某一节点，它还可推广应用到包围部分电路的任一假设的闭合面。图 1-10 所示的闭合面包围的是一个三角形电路，它有三个节点，应用 KCL 可列出下列各式

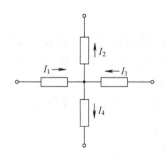

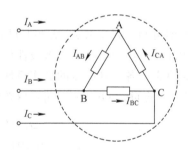

图 1-9　【例 1-1】的电路　　　　　　图 1-10　KCL 的推广应用

$$I_A = I_{AB} - I_{CA}$$
$$I_B = I_{BC} - I_{AB}$$
$$I_C = I_{CA} - I_{BC}$$

将上面三式相加，则有

$$I_A + I_B + I_C = 0 \text{ 或 } \sum I = 0$$

可见，在任一瞬时，通过任一闭合面的电流的代数和也恒等于零。

(2) 基尔霍夫电压定律

基尔霍夫电压定律应用于回路，它用来确定回路中各段电压之间的关系，其内容如下：

在任一时刻，沿任一回路环行方向（顺时针或逆时针），回路中各支路电压的代数和恒等于零。KVL 的数学表述为

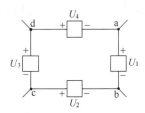

图 1-11 电路举例

$$\sum U = 0 \tag{1-8}$$

在列写 KVL 方程时，应首先规定回路的环行方向，之后规定沿该环行方向电位降取正号，电位升取负号，当然也可做相反的规定。

图 1-11 是某个电路中的一个闭合回路，各方块表示电路元件，参考方向已经标出。

若设顺时针方向为回路环行方向（由 a 出发经 b、c、d 回到 a），且规定沿顺时针方向电位降为正，电位升为负，则 KVL 方程为

$$U_1 - U_2 - U_3 + U_4 = 0$$

若按逆时针方向列写 KVL 方程（规定沿逆时针方向电位降为正，电位升为负），则有

$$-U_4 + U_3 + U_2 - U_1 = 0$$

应该说明，不论按何种环行方向列写 KVL 方程，均不影响计算结果。

【例 1-2】 求图 1-12 中的 U_1 和 U_2。已知 $U_3 = +20\text{V}$，$U_4 = -5\text{V}$，$U_5 = +5\text{V}$，$U_6 = +10\text{V}$。

【解】 列出 abcda 回路的 KVL 方程求 U_1。取顺时针为回路的环行方向，则有

$$U_1 - U_6 - U_5 + U_3 = 0$$
$$U_1 - (+10) - (+5) + (+20) = 0$$
$$U_1 = -5\text{V}$$

列出 aeba 回路的 KVL 方程求 U_2。依然取顺时针为回路的环行方向，可得

$$U_4 + U_2 - U_1 = 0$$
$$(-5) + U_2 - (-5) = 0$$
$$U_2 = 0$$

由此例可知，列写 KVL 方程时同样涉及两套符号，U 前面的正负号是由 KVL 方程根据回路的环行方向及电压的参考极性而确定的，括号内数字前面的正负号则表示电压数值的正负，它决定于各元件电压的真实极性与参考极性是否一致。

求 U_2 时也可选 ebcdae 回路，取顺时针为回路的环行方向，则 KVL 方程为

$$U_2 - U_6 - U_5 + U_3 + U_4 = 0$$
$$U_2 - (+10) - (+5) + (+20) + (-5) = 0$$
$$U_2 = 0$$

这说明在计算电路中两点之间的电压降时与所选取的路径无关。

KVL 方程不仅仅适用于实在的闭合回路，而且也适用于假想的闭合回路，例如，为了求图 1-13 中的 U，可列出下列方程

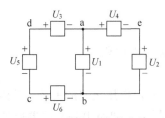

图 1-12 【例 1-2】的电路

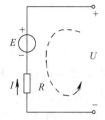

图 1-13 KVL 的推广应用

$$E-RI-U=0$$

从而求得
$$U=E-RI$$

从这里应进一步认识到，KVL方程的实质是考察各点电位的变化规律，只要计算电位变化时是首尾相接，即各段电压构成闭合路径就可以了，不必一定要求由具体支路构成封闭回路。

1.3 电源的工作状态和电气设备的额定值

电源有三种可能的工作状态：带载、开路和短路。

1.3.1 带载工作状态

将图1-14中的开关合上，接通电源与负载，这就是电源的带载工作状态。

下面讨论相关的几个问题。

(1) 电压和电流

应用欧姆定律，可得电路中的电流

$$I=\frac{E}{R_0+R_L} \tag{1-9}$$

负载电阻两端的电压

$$U=R_L I$$

并由上两式可求得

$$U=E-R_0 I \tag{1-10}$$

式(1-10)表明：电源的端电压小于电动势，两者之差为电流通过电源内阻所产生的电压降$R_0 I$，电流愈大，端电压下降得愈多。图1-15为电源的外特性曲线，它表明了电源端电压U与输出电流I之间的关系，其斜率与电源内阻R_0有关。当$R_0 \ll R_L$时，则有

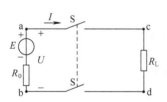

图1-14 电源的带载工作状态

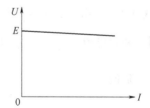

图1-15 电源的外特性曲线

$$U \approx E$$

上式表明，当电源内阻远小于负载电阻时，电源的端电压随电流（负载）的变动不大，说明此时电源的带载能力强。

(2) 功率与功率平衡

式(1-10)两边各项乘以I，有

$$UI=EI-R_0 I^2 \tag{1-11}$$

即
$$P=P_E-\Delta P \tag{1-12}$$

式中，$P=UI$是电源输出的功率，供给负载使用；$P_E=EI$是电源产生的功率；$\Delta P=R_0 I^2$是电源内阻上消耗的功率。

式(1-12)表明：当电源正常带载时，它产生的能量分别被电源内阻和负载所消耗，电

路满足能量守恒定律。

(3) 电气设备的额定值

各种电气设备的电压、电流及功率都有一个额定值，额定值是制造厂为了使产品能在给定的工作条件下正常运行而规定的正常允许值。例如，一盏电灯的电压是 220V，功率是 60W，这就是它的额定值。

电气设备在实际运行时，应严格遵守各有关额定值的规定。大多数电气设备（如电动机、变压器等）的寿命与绝缘材料的耐热性及绝缘强度有关。当电流超过额定值过多时，由于过热，绝缘材料将遭受破坏；当所加电压超过额定值过多时，绝缘材料有可能被击穿。反之，如果电压和电流远低于其额定值，不仅设备未被充分利用，而且可能使设备不能正常工作，严重时还可能损坏设备，例如电动机在低于额定电压值工作时就存在这种可能性。制造厂在制定产品的额定值时，全面考虑了使用的经济性、可靠性以及寿命等因素，因此，设备在额定值状态下运行时，利用得最充分、最经济合理。所以，使用电气设备时，应尽可能使其在额定状态下运行。

电气设备或元件的额定值通常标在铭牌上或其他说明中，在使用时应予以充分考虑。额定电压、额定电流和额定功率分别用 U_N、I_N 和 P_N 来表示。

【例 1-3】　一个电阻元件，标注其阻值为 $1k\Omega$，额定功率为 $1W$，求它的额定电压和额定电流。

【解】　根据电阻功率的计算公式 $P_N = I_N^2 R$ 可得该电阻的额定电流 I_N 为

$$I_N = \sqrt{\frac{P_N}{R}} = \sqrt{\frac{1}{1000}} = 0.0316A = 31.6mA$$

同样，根据电阻功率的计算公式 $P_N = U_N I_N$，可得其额定电压 U_N 为

$$U_N = \frac{P_N}{I_N} = \frac{1}{0.0316} = 31.6V$$

【例 1-4】　有一 220V　60W 的电灯，接在 220V 的电源上，试计算额定电流 I_N 和阻值 R，如果每晚用电 3h（小时），问一个月消耗电能多少？

【解】　额定电流　　　　　　　$$U_N = \frac{P_N}{I_N} = \frac{60}{220} = 0.273A$$

阻值　　　　　　　　　　$$R = \frac{U_N}{I_N} = \frac{220}{0.273} = 806\Omega$$

阻值也可用公式　　　　　　　$$R = \frac{P_N}{I_N^2} \text{ 或 } R = \frac{U_N^2}{P_N} \text{计算}$$

一个月用电 $W = P_N t = 60(W) \times (3 \times 30)(h) = 5.4 kW \cdot h$

1.3.2　开路（空载）状态

图 1-14 所示电路中，当开关断开时，电源处于开路（空载）状态，见图 1-16。开路时外电路的电阻对电源来说等于无穷大，因此电路中的电流为零。这时电源的端电压（称为开路电压或空载电压 U_0）等于电源电动势，电源不输出电能。

电源开路时的特征可用下列各式表示

$$\left. \begin{array}{l} I = 0 \\ U = U_0 = E \\ P = 0 \end{array} \right\} \tag{1-13}$$

1.3.3 短路状态

图 1-14 所示电路中，当电源的两端 a 和 b 由于某种原因而连在一起时，电源被短路，见图 1-17。电源短路时，外电路的电阻可视为零，所以电源的端电压也为零。此时，电流不再流过负载，由于在电流的回路中仅有很小的电源内阻 R_0，所以此时的电流很大，此电流称为短路电流 I_S。短路电流可能使电源遭受机械的与热的损伤或损坏。短路时电源所产生的电能全被其内阻所消耗。

电源短路时的特征可用下列各式表示

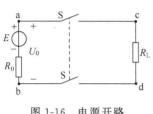

图 1-16　电源开路

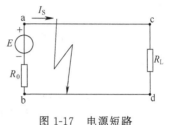

图 1-17　电源短路

$$\left.\begin{array}{l} U=0 \\ I=I_S=\dfrac{E}{R_0} \\ P=0,\ P_E=\Delta P=R_0 I^2 \end{array}\right\} \tag{1-14}$$

短路通常是一种严重事故，应尽力预防。产生短路的原因往往是由于绝缘损坏或接线不慎，因此经常检查电气设备和线路的绝缘情况是一项很重要的安全措施。此外，为了防止短路事故所引起的后果，通常在电路中接入熔断器或自动断路器，以便发生短路时能迅速将故障电路拆除。

※1.4 受控源

受控源是一种特殊类型的电源，但它与 1.3 节所述电源不同，1.3 节所述电源常称为独立源，它可以独立地对外电路提供能量，而受控源则不能。

受控源的特点是：它的电压或电流受电路中其他支路的电压或电流控制，当控制的电压或电流消失或等于零时，受控电源的电压或电流也将等于零。

根据受控电源是电压源还是电流源，以及受电压控制还是受电流控制，受控电源可分为电压控制电压源（VCVS）、电流控制电压源（CCVS）、电压控制电流源（VCCS）和电流控制电流源（CCCS）四种类型，四种理想受控电源的模型如图 1-18 所示。

为了与独立源相区别，用菱形符号表示受控源，图中的"＋"、"－"号和箭头分别表示电压和电流的参考方向，μ、r、g 和 β 称为控制系数，显然，当这些系数为常数时，被控制量和控制量成正比，这种受控源就是线性受控源。这里 μ 和 β 是没有量纲的常数，r 具有电阻的量纲，g 具有电导的量纲。

受控源和独立源虽然都是电源，但它们在电路中的作用是不同的。独立源是作为电路的输入（激励），代表了外界对电路的作用，由此在电路中产生电压和电流（响应）；而受控源不能作为电路的一个独立的激励，它只反映电路中某处的电压或电流受另一处电压或电流控制的关系，这种控制关系是很多电子器件在工作过程中所发生的物理现象，故很多电子器件都用受控源作为模型。例如，三极管的基极电流对集电极电流的控制关系可用一个电流控制

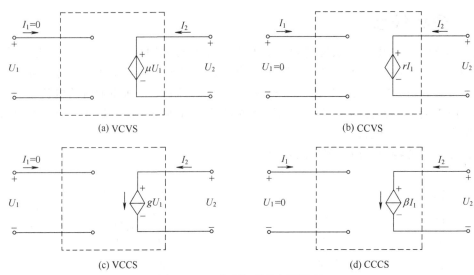

图 1-18　四种理想受控电源模型

电流源的模型来表征；一个电压放大器则可用一个电压控制电压源的模型来表征等。

1.5　电路中电位的计算

在分析电子电路时，通常要用到"电位"的概念。例如，对于半导体二极管来说，当它的阳极电位高于阴极电位时，管子才导通，否则就截止。在讨论三极管的工作状态时，也要分析各个电极电位的高低，本节讨论"电位"的概念及其计算方法。

从本质上说，电位与电压是同一个概念，电路中某一点的电位就是该点到参考点的电压。在电位这个概念中，一个十分重要的因素就是参考点，在电路图中，参考点用符号"⊥"表示，通常参考点的电位为零，故参考点又叫做"零电位点"。在工程上常选大地作为参考点，即认为大地电位为零。在电子电路中常选一条特定的公共线作为参考点，这条公共线是很多元件的汇集处且和机壳相连，这条线也叫"地线"，虽然它并不与大地真正相连。

在计算电路中各点电位时，参考点可以任意选取，如图 1-19 所示。

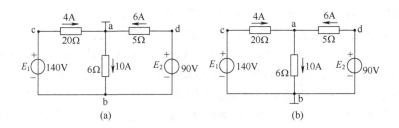

图 1-19　电路中电位的计算

在图（a）中，选 a 点为参考点，即 $U_a=0$，可以算出电路中各点的电位如下

$$U_b=U_{ba}=-10\times 6=-60V$$

$$U_c=U_{ca}=4\times 20=+80V$$

$$U_d=U_{da}=6\times 5=+30V$$

在图（b）中，选 b 点为参考点，即 $U_b=0$，这时算出电路中各点的电位分别如下

$$U_a = U_{ab} = 10 \times 6 = +60\text{V}$$
$$U_c = U_{cb} = +140\text{V}$$
$$U_d = U_{db} = +90\text{V}$$

由上面的计算结果可以看出，参考点选得不同，电路中各点的电位值也不同。但是应该明白，无论参考点如何选取，电路中任意两点间的电压值是不变的。因此，电路中各点电位的高低是相对的，而两点间的电压值是绝对的。

有了电位的概念，为了简化电路，常常略去电源，而在其处标以电位值。例如，图1-19（b）所示电路可以简化为图1-20所示的形式。

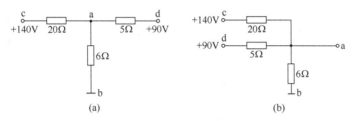

图 1-20 图 1-19（b）的简化电路

【例 1-5】 试计算图 1-21(a) 所示电路中 B 点的电位

【解】 图 1-21(a) 的电路可以化成图 1-21(b) 所示的形式，由图 1-21(b) 容易求得

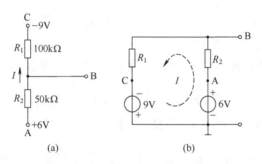

图 1-21 【例 1-5】的电路

$$I = \frac{U_A - U_C}{R_1 + R_2} = \frac{6 - (-9)}{(100+50) \times 10^3} = 0.1 \times 10^{-3}\text{A} = 0.1\text{mA}$$

$$U_B = U_A + U_{BA} = U_A - R_2 I = 6 - (50 \times 10^3) \times (0.1 \times 10^{-3}) = 6 - 5 = +1\text{V}$$

或 $\quad U_B = U_C + U_{BC} = U_C + R_1 I = -9 + (100 \times 10^3) \times (0.1 \times 10^{-3}) = -9 + 10 = +1\text{V}$

1.6 复杂电路的基本分析方法

分析与计算电路要应用欧姆定律和基尔霍夫定律，但根据实际需要，电路的结构型式是很多的，有时往往由于电路复杂，计算过程极为繁复。因此，要根据电路的结构特点寻找分析与计算的简便方法，本节扼要讨论两种最基本的电路分析原理。

1.6.1 叠加原理

叠加原理（Superposition theorem）是线性电路的一个重要性质和基本特征，它不仅可以用来分析计算复杂电路，而且也是解决线性问题的普遍原理，其内容如下：

对于线性电路，任何一条支路的响应（电压或电流）均可看成是每个独立源（电压源和电流源）单独作用时，在此支路所产生的响应的代数和。

下面举例说明叠加原理的应用。

例如，若要求图 1-22(a) 中的支路电流 I_1，可以列出如下的基尔霍夫方程组

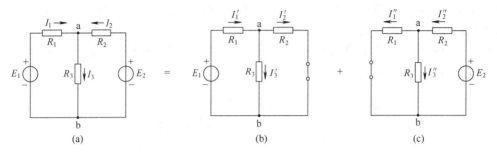

图 1-22　叠加原理

$$I_1 + I_2 - I_3 = 0$$
$$R_1 I_1 + R_3 I_3 - E_1 = 0$$
$$R_2 I_2 + R_3 I_3 - E_2 = 0$$

而后解之，得

$$I_1 = \frac{R_2 + R_3}{R_1 R_2 + R_2 R_3 + R_3 R_1} E_1 - \frac{R_3}{R_1 R_2 + R_2 R_3 + R_3 R_1} E_2 \tag{1-15}$$

若应用叠加原理求解 I_1，则可如下进行。

① 考虑 E_1 单独作用，此时将 E_2 短接，如图 1-22(b) 所示，求 R_1 支路的电流 I_1'。

$$I_1' = \frac{E_1}{R_1 + R_2 /\!/ R_3} = \frac{R_2 + R_3}{R_1 R_2 + R_2 R_3 + R_3 R_1} E_1 \tag{1-16}$$

② 考虑 E_2 单独作用，此时将 E_1 短接，如图 1-22(c) 所示，求 R_1 支路的电流 I_1''。

$$I_1'' = \frac{E_2}{R_2 + R_1 /\!/ R_3} \cdot \frac{R_3}{R_1 + R_3} = \frac{R_3}{R_1 R_2 + R_2 R_3 + R_3 R_1} E_2 \tag{1-17}$$

③ 求 I_1' 与 I_1'' 的代数和，便得到 I_1。

$$I_1 = I_1' - I_1'' \tag{1-18}$$

这里，I_1' 取"＋"号，I_1'' 取"－"号，这是因为 I_1' 与 I_1 的参考方向一致，而 I_1'' 与 I_1 的参考方向相反的缘故。应该注意，在对响应分量进行叠加时，若其方向与总响应参考方向一致，取"＋"号，相反则取"－"号。

最后需要强调的一点是，考虑电路中一个独立源单独作用时，应将其余独立源作"零值"处理，即独立电压源短接，而独立电流源开路，但它们的内阻仍应计算在内。

1.6.2　等效电源定理

在有些情况下，只需计算一个复杂电路中某一支路的电流或电压，这时，可以将该支路划出。相对于该支路之外的那一部分不管有多复杂，均可用一个线性有源二端网络（其中含有独立源）来表示，如图 1-23 所示，它对所要计算的这个支路而言，仅相当于一个电源，因为它对这个支路提供电能。因此，这个有源二端网络一定可以化简为一个等效电源。

一个电源可以用两种电路模型来表示，电压源模型和电流源模型，因此，就有两个著名的等效电源定理。

（1）戴维南定理

任何一个线性有源二端网络均可用一个电动势为 E 的理想电压源和内阻 R_0 串联的电源来等效代替，如图 1-24 所示，其中等效电源的电动势 E 就是有源二端网络的开路电压 U_0，内阻 R_0 等于去掉有源网络中所有独立源后所得到的无源网络 a、b 两端之间的等效电阻。

下面举例说明戴维南定理的应用。

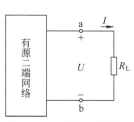

图 1-23　有源二端网络

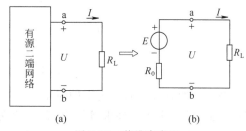

图 1-24　戴维南定理

【例 1-6】 电路如图 1-22（a）所示，已知 $E_1=140\text{V}$，$E_2=90\text{V}$，$R_1=20\Omega$，$R_2=5\Omega$，$R_3=6\Omega$，试用戴维南定理计算支路电流 I_3。

【解】 ① 根据戴维南定理，图 1-22（a）的电路可化成图 1-25（a）所示的形式。可见，求解 I_3 的关键问题是确定 E 及 R_0。

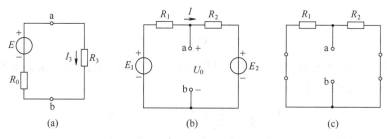

图 1-25　【例 1-6】的图

② 电动势 E 的确定　E 即开路电压 U_0，它是将负载 R_3 开路后，a、b 两端之间的电压，如图 1-25（b）所示，由图可得

$$I=\frac{E_1-E_2}{R_1+R_2}=\frac{140-90}{20+5}=2\text{A}$$

于是　　　　　　　$E=U_0=E_1-R_1I=140-20\times2=100\text{V}$

或　　　　　　　　$E=U_0=E_2+R_2I=90+5\times2=100\text{V}$

③ 内阻 R_0 的确定　求 R_0 时应将有源二端网络化为无源网络，即将有源网络中的独立电压源作短路处理，而独立电流源作开路处理，如图 1-25（c）所示，由图可以看出，对 a、b 两端讲，R_1、R_2 是并联的，因此

$$R_0=R_1 /\!/ R_2=20 /\!/ 5=4\Omega$$

④ 求 I_3，由图 1-25（a）可得

$$I_3=\frac{E}{R_0+R_3}=\frac{100}{4+6}=10\text{A}$$

（2）诺顿定理

任何一个线性有源二端网络均可用一个电流为 I_S 的理想电流源和内阻 R_0 并联的电源来等效代替，如图 1-26 所示，其中等效电源的电流 I_S 就是有源二端网络的短路电流，内阻 R_0

等于去掉有源网络中所有独立源后所得到的无源网络 a、b 两端之间的等效电阻。

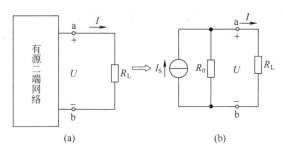

图 1-26 诺顿定理

下面仍以举例方式说明该定理的应用。

【例 1-7】 试用诺顿定理求【例 1-6】中的支路电流 I_3。

【解】 ① 根据诺顿定理，图 1-22(a) 的电路可化成图 1-27(a) 所示的形式。可见，求解 I_3 的关键问题是确定 I_S 及 R_0。

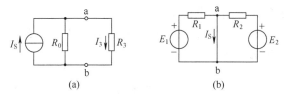

图 1-27 【例 1-7】的图

② I_S 的确定 I_S 为有源二端网络的短路电流，即将 a、b 两端短接后其中的电流，如图 1-27(b) 所示，由图可得

$$I_S = \frac{E_1}{R_1} + \frac{E_2}{R_2} = \frac{140}{20} + \frac{90}{5} = 25A$$

③ 内阻 R_0 的确定 方法与【例 1-6】相同，此处不再赘述。

$$R_0 = 4\Omega$$

④ 由图 1-27(a) 确定 I_3。

$$I_3 = \frac{R_0}{R_0 + R_3} I_S = \frac{4}{4+6} \times 25 = 10A$$

可见，应用两种定理求出的 I_3 结果一样，从而给人们一个启示，在分析计算电路时，可以采用不同的方法，应视电路的具体情况确定最简单、最有效的方法。

1.7 直流电桥

直流电桥是一种比较式测量仪表，它可以用来测量电阻，还可测量温度、压力等非电量。

直流电桥分单臂电桥（惠斯顿电桥）和双臂电桥（凯尔文电桥或汤姆森电桥）。单臂电桥用来精密测量中等阻值范围 $(1 \sim 10^6 \, \Omega)$ 的电阻，双臂电桥主要用来测量 1Ω 以下的小阻值电阻。

惠斯顿电桥电路如图 1-28 所示。其中，R_1、R_2、R_3 为可调标准电阻，R_x 为被测电阻，上述四个电阻各称为电桥的一个臂。在 B、D 两点之间接入检流计 G，称为检流计支路，也称为桥支路。

当调节标准电阻 R_1、R_2、R_3 使检流计 G 指为零，即桥支路的电流 $I_G = 0$ 时，称电桥平衡，此时，B、D 两点电位相等，即

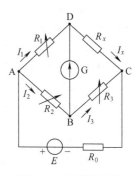

图 1-28 惠斯顿电桥

$$U_B = U_D$$

于是有

$$U_{AD} = U_{AB} \quad 即 \quad R_1 I_1 = R_2 I_2$$

$$U_{DC} = U_{BC} \quad 即 \quad R_x I_x = R_3 I_3$$

将上面两式相除得

$$\frac{R_1 I_1}{R_x I_x} = \frac{R_2 I_2}{R_3 I_3}$$

电桥平衡时，$I_G = 0$，所以 $I_1 = I_x$，$I_2 = I_3$。上式为

$$\frac{R_1}{R_x} = \frac{R_2}{R_3}$$

所以被测电阻由下式确定

$$R_x = \frac{R_1}{R_2} R_3 \tag{1-19}$$

通常将 R_1、R_2 制成比率臂电阻，将这两只电阻做在一起，用一个转换开关来调整 R_1/R_2 之值，一般有 ×0.001，×0.01，×0.1，×1，×10，×100，×1000 七挡。而 R_3 则为读数臂电阻，一般只有 9×1，9×10，9×100，9×1000 四个读数盘。

由于电桥是在平衡状态下进行测量，被测量由式(1-19)确定，故只要可调标准电阻足够精确，就可使测量达到很高精度，国产直流电桥一般将准确度分为 0.02，0.05，0.1，0.2，1.0，1.5，2.0 七个等级。

如果桥支路上有电流通过，即 B、D 两点电位不相等，这时的电桥称为不平衡电桥，或者说，电桥处于失衡状态。电桥的失衡状态也有着广泛的应用。

常用国产直流电桥的型号规格见表 1-1 所示。

表 1-1　常用直流电桥的型号规格

名　称	型　号	测量范围	准确度等级
单臂电桥	QJ23	$1\Omega \sim 9.99M\Omega$	0.2
单双臂两用电桥	QJ36	$1\mu\Omega \sim 11.11110M\Omega$	0.02
双臂电桥	QJ44	$0.1m\Omega \sim 11\Omega$	0.2

思考题与习题

【1-1】 什么是关联参考方向？什么是非关联参考方向？

【1-2】 在图 1-29 中，$U_{ab} = -3V$，试问 a、b 两点哪点电位高？

【1-3】 图 1-30 中各方框均表示闭合电路中的某一电气元件，其中各电压、电流的参考方向在图中已标出，且已知（a）$U = -1V$，$I = 2A$；（b）$U = -2V$，$I = 3A$；（c）$U = 4V$，$I = 2A$；（d）$U = -1V$，$I = 2A$。试判断哪些是电源？哪些是负载？

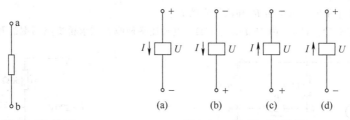

图 1-29　题【1-2】的图　　　　图 1-30　题【1-3】的图

【1-4】 电路如图 1-31 所示，已知 $U_1 = 5V$，$U_2 = 4V$，$U_6 = -3V$，$U_7 = -2V$；$I_1 = 5A$，$I_2 = 2A$，$I_7 = -3A$。

　① 试求 U_3、U_4、U_5 和 I_5、I_4；

　② 试写出计算 U_{ad} 的三个表达式，并利用①的结果验证：计算电路中任意两点间的电压与所选取的

路径无关。

【1-5】 有一直流电源,其额定功率 $P_N = 200W$,额定电压 $U_N = 50V$,内阻 $R_0 = 0.5\Omega$,负载电阻 R_L 可以任意调节,电路如图 1-14 所示。试求

① 额定工作状态下的电流及负载电阻;

② 开路状态下的电源电压 U_0;

③ 电源短路状态下的电流 I_S。

【1-6】 一只 110V,8W 的指示灯,现在要接在 380V 的电源上,问要串多大阻值的电阻?该电阻应选用多大瓦数的?

【1-7】 两只白炽灯泡,额定电压均为 110V,甲灯泡的额定功率 $P_{N1} = 60W$,乙灯泡的额定功率 $P_{N2} = 100W$。如果把甲、乙两灯泡串联,接在 220V 的电源上,能不能正常工作?通过计算说明。

【1-8】 电路如图 1-32 所示,试计算开关 S 断开和闭合时 A 点的电位。

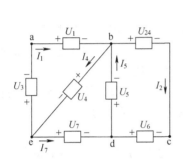

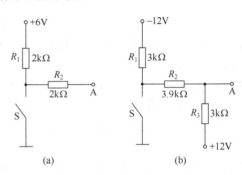

图 1-31 题【1-4】的图　　　　　　　　　图 1-32 题【1-8】的图

【1-9】 试用叠加原理计算图 1-33 所示电路中标出的电压 U 和电流 I。

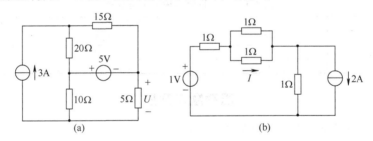

图 1-33 题【1-9】的图

【1-10】 试用戴维南定理求图 1-34 所示电路中流过 R_L 的电流 I。已知 R_L 分别为 12Ω,24Ω,48Ω。

【1-11】 图 1-35 是常见的分压电路,试分别用戴维南定理和诺顿定理求负载电流 I_L。

【1-12】 惠斯顿电桥电路如图 1-28 所示,已知 $E = 6.2V$,$R_0 = 0.5\Omega$,$R_1 = 20\Omega$,$R_2 = 10\Omega$,$R_3 = 15\Omega$。

① 当电桥平衡时,求电阻 R_x 和流过它的 I_x;

② 电桥平衡后,设 R_3 由 15Ω 变为 10Ω,电桥还平衡吗?试求桥支路两端的开路电压。

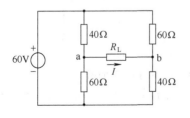

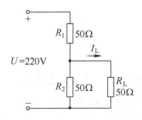

图 1-34 题【1-10】的图　　　　　　　　　图 1-35 题【1-11】的图

第**2**章
正弦交流电路

所谓正弦交流电路，是指含有正弦电源（激励）而且电路各部分产生的电压和电流（响应）均按正弦规律变化的电路。在生产上和生活上所用的交流电，一般都是指正弦交流电，因此，正弦交流电路是电工学中很重要的一部分内容。本章重点讨论正弦交流电的基本概念、相量分析方法、简单正弦交流电路分析、谐振现象及三相交流电的基本知识。

2.1 交流电的基本概念

交流电是指大小和方向随时间作周期性往复变化的电压和电流，图 2-1 示出了几种周期性交流电的波形。

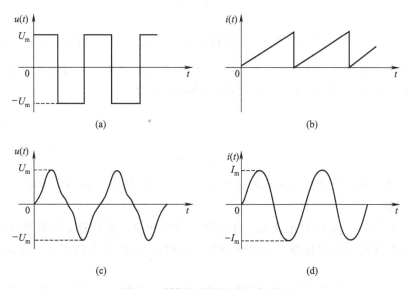

图 2-1 周期性交流电的一般波形

图 2-1(d) 所示的交流电，其大小和方向随时间按正弦规律变化，称正弦交流电，它是最常用的交流电。例如，发电厂提供的电能是正弦交流电的形式；在收音机里为了听到语音广播信号用到的"高频载波"是正弦波形；正弦信号发生器输出的信号电压也是随时间按正弦规律变化的。

2.1.1 正弦交流电的三要素

图 2-2 示出了正弦量（以电流 i 为例）的一段变化曲线，该曲线可用下式表示

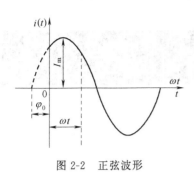

图 2-2　正弦波形

$$i = I_m \sin(\omega t + \varphi_0) \tag{2-1}$$

式中，i 为交流电流的瞬时大小，称瞬时值；I_m 为瞬时值中最大的值，称幅值；ω 为正弦电流的角频率；φ_0 为正弦电流的初相位。幅值、角频率、初相位合称为正弦量的"三要素"，它们分别表示正弦交流电变化的幅度、快慢和初始状态。下面分别给予详细说明。

(1) 幅值

幅值是瞬时值中的最大值，又称为最大值或峰值，通常用 I_m 或 U_m 表示，它们是与时间无关的常数。

(2) 角频率

角频率是表示正弦量变化快慢的一个物理量，为了说明角频率的概念，先了解周期 T 和频率 f 的含义。

周期 T 是正弦量变化一周所需要的时间，周期 T 越大，波形变化越慢；反之，周期 T 越小，波形变化越快。周期 T 的单位是 s（秒）。

频率 f 表示每秒时间内正弦量重复变化的次数。f 愈大，正弦量变化愈快，反之越慢。频率的单位是 Hz（赫兹），较高的频率用 kHz（千赫）和 MHz（兆赫）表示。$1kHz = 10^3 Hz$，$1MHz = 10^6 Hz$。

周期 T 和频率 f 互为倒数，即

$$T = \frac{1}{f} \quad 或 \quad f = \frac{1}{T} \tag{2-2}$$

中国发电厂提供的电能规定频率 $f = 50Hz$，即每变化一周需要的时间 $T = \frac{1}{50} = 0.02s$。

正弦量变化一个周期，相当于正弦函数变化 2π 弧度，角频率 ω 表示正弦量每秒变化的弧度数，单位是 rad/s（弧度/秒），角频率与周期的关系为

$$\omega T = 2\pi$$

即
$$\omega = \frac{2\pi}{T} = 2\pi f \tag{2-3}$$

中国电力系统提供的正弦交流电的频率 $f = 50Hz$，即角频率 $\omega = 100\pi rad/s = 314rad/s$。

(3) 初相位

式(2-1) 中的 $\omega t + \varphi_0$ 称为正弦量的相位角，简称相位，相位角是时间的函数。当 $t = 0$ 时刻，正弦量的相位称为初相位，又称初相角。初相位 φ_0 的大小和正负，与选择的时间起点有关。

通常规定正弦量由负值变化到正值经过的零点为该正弦量的零点，离计时起点（$t = 0$）最近的正弦量零点到计时起点之间对应的电角度即为初相位 φ_0。φ_0 的正负可以这样确定：当正弦量的初始瞬时值为正时，φ_0 为正；初始瞬时值为负时，φ_0 为负。或从正弦零点所处的位置来看，如果离计时起点最近的正弦零点在纵轴的左侧时，φ_0 为正；若在右侧时，φ_0 为负。两种方法所得结果相同。图 2-3 示出了几种不同初相位的正弦电压波形。

图 (a) 中，$\varphi_0 = 0$，这时正弦电压的表达式 $u = U_m \sin\omega t$；

图 (b) 中，$\varphi_0 > 0$，这时正弦电压的表达式 $u = U_m \sin(\omega t + \varphi_0)$；

图 (c) 中，$\varphi_0 < 0$，这时正弦电压的表达式 $u = U_m \sin(\omega t - \varphi_0)$。

由上述初相位的定义可知，其取值范围为 $-\pi < \varphi_0 < \pi$。

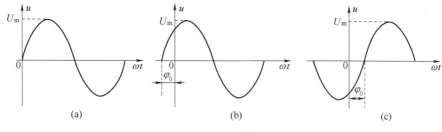

图 2-3 初相位

2.1.2 正弦交流电的相位差

两个同频率的正弦交流电在任何瞬时的相位之差或初相位之差称为相位差，用 φ 表示。

图 2-4 中，u 和 i 的波形可用下式表示

$$u = U_m \sin(\omega t + \varphi_1)$$
$$i = I_m \sin(\omega t + \varphi_2) \qquad (2-4)$$

u 和 i 的相位差

$$\varphi = (\omega t + \varphi_1) - (\omega t + \varphi_2) = \varphi_1 - \varphi_2 \qquad (2-5)$$

可见，相位差 φ 的大小与时间 t、角频率 ω 无关，它仅取决于两个同频正弦量的初相位。

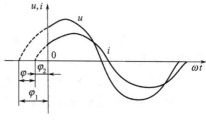

图 2-4 相位差

当两个同频正弦量的计时起点（$t=0$）改变时，它们的相位和初相位随之改变，但两者的相位差始终不变。

由图 2-4 可见，因为 u 和 i 的初相位不同（不同相），所以它们的变化步调是不一致的，即不是同时到达正的幅值和零值。图中 $\varphi > 0(\varphi_1 > \varphi_2)$，所以 u 较 i 先到达正的幅值，称 u 比 i 超前 φ 角，或者 i 比 u 滞后 φ 角，图 2-5 示出了几种特殊的相位关系。

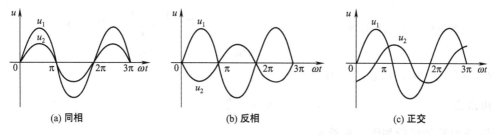

图 2-5 几个特殊的相位关系

图（a）中，$\varphi = 0°$，称 u_1 和 u_2 同相；图（b）中，$\varphi = \pi$，称 u_1 和 u_2 反相；图（c）中，$\varphi = \dfrac{\pi}{2}$，称 u_1 和 u_2 正交。

2.1.3 正弦交流电的有效值

无论从测量还是使用上，用瞬时值或最大值表示交流电在电路中产生的效果（如热、机械、光等效应）既不确切也不方便。为了使交流电的大小能反映它在电路中做功的效果，电工技术中常用有效值表示交流电量的量值，如常用的交流电压 220V，380V 等都是指有效值。

有效值是从电流的热效应来规定的，因为在电工技术中，电流常表现出其热效应。若某一周期电流 i 通过电阻 R（如电阻炉）在一个周期内产生的热量，和另一直流电流 I 通过同

样大小的电阻在相等时间内产生的热量相等，那么，i 的有效值在数值上就等于 I。

依据上述叙述，可得

$$\int_0^T Ri^2\,\mathrm{d}t = RI^2T$$

由此可得出交流电流的有效值

$$I = \sqrt{\frac{1}{T}\int_0^T i^2\,\mathrm{d}t} \tag{2-6}$$

若 $i = I_\mathrm{m}\sin\omega t$，则

$$I = \sqrt{\frac{1}{T}\int_0^T I_\mathrm{m}^2\sin^2\omega t\,\mathrm{d}t} = \frac{I_\mathrm{m}}{\sqrt{2}} = 0.707I_\mathrm{m} \tag{2-7}$$

同理

$$U = \frac{U_\mathrm{m}}{\sqrt{2}} = 0.707U_\mathrm{m} \tag{2-8}$$

$$E = \frac{E_\mathrm{m}}{\sqrt{2}} = 0.707E_\mathrm{m} \tag{2-9}$$

式(2-7)～式(2-9) 表明，正弦交流电的有效值等于它的最大值的 0.707 倍，按照规定，有效值都用大写字母表示。

所有交流用电设备铭牌上标注的额定电压、额定电流都是有效值，一般交流电流表和电压表的刻度也是根据有效值来标定的。

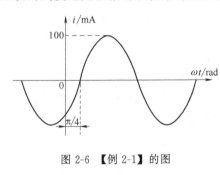

图 2-6 【例 2-1】的图

【例 2-1】 在某电路中，$i = 100\sin\left(6280t - \dfrac{\pi}{4}\right)\mathrm{mA}$。

①试指出它的频率、周期、角频率、幅值、有效值及初相位各为多少？②画出该电流的波形图。

【解】 ① 角频率 $\omega = 6280\mathrm{rad/s}$

频率 $\qquad f = \dfrac{\omega}{2\pi} = \dfrac{6280}{2\times 3.14} = 1000\mathrm{Hz}$

周期 $\qquad T = \dfrac{1}{f} = \dfrac{1}{1000} = 0.001\mathrm{s}$

幅值 $\qquad I_\mathrm{m} = 100\mathrm{mA}$

有效值 $\quad I = 0.707I_\mathrm{m} = 70.7\mathrm{mA}$

初相位 $\qquad\qquad\qquad\qquad \varphi_0 = -\dfrac{\pi}{4}$

② 该电流的波形如图 2-6 所示。

2.2 正弦量的相量表示方法

如 2.1 节所述，一个正弦量具有幅值、角频率、初相位三个特征量（三要素），它可用三角函数式［如式(2-1)］或正弦波形（如图 2-2）来表示，但用这两种方法来计算正弦交流电的和或差时，运算过程繁琐，很不方便。因此，在电工技术中，常用相量表示正弦量，相量表示法的基础是复数，就是用复数表示正弦量。

2.2.1 用旋转相量表示正弦量

设有一正弦电压 $u = U_\mathrm{m}\sin(\omega t + \varphi_0)$，如图 2-7(b) 所示，用旋转相量表示的方法如下。

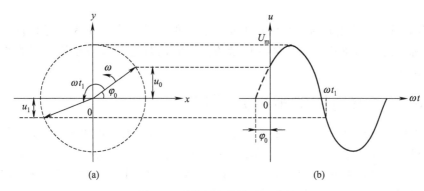

图 2-7　用旋转相量表示正弦量

以直角坐标系的 0 点为原点，取相量的长度为振幅 U_m，相量的起始位置与横轴正方向之间的夹角为初相位 φ_0，并以角频率 ω 绕原点按逆时针方向旋转，这样，该相量在旋转的过程中，它每一瞬时在纵轴上的投影即代表正弦电压在该时刻的瞬时值，如图 2-7(a) 所示。

例如：$t=0$ 时，$u_0=U_m\sin\varphi_0$；$t=t_1$ 时，$u_1=U_m\sin(\omega t_1+\varphi_0)$。

如上所述，正弦量可用一旋转的有向线段表示，而有向线段可用复数表示，所以正弦量也可用复数表示，为了与一般的复数相区别，把表示正弦量的复数称为相量，并在大写字母上打"·"表示，例如，正弦电压 $u=U_m\sin(\omega t+\varphi_0)$ 的相量表示式为

$$\dot{U}_m=U_m(\cos\varphi_0+\mathrm{j}\sin\varphi_0)=U_m\mathrm{e}^{\mathrm{j}\varphi_0}=U_m\angle\varphi_0 \tag{2-10}$$

或

$$\dot{U}=U(\cos\varphi_0+\mathrm{j}\sin\varphi_0)=U\mathrm{e}^{\mathrm{j}\varphi_0}=U\angle\varphi_0 \tag{2-11}$$

$\dot{U}_m$ 是电压的幅值相量，$\dot{U}$ 是电压的有效值相量。注意，相量只是表示正弦量，而不是等于正弦量。另外，式(2-10) 或式(2-11) 中只有两个特征量，即模和幅角，也就是正弦量的幅值（或有效值）和初相位。这是由于在线性电路中，电路的输入和输出均为同频率的正弦量，频率是已知的或特定的，可不必考虑，只需求出正弦量的幅值（或有效值）和初相位即可。

2.2.2　相量图

按照各个正弦量的大小和相位关系用初始位置的有向线段画出的若干个相量的图形，称为相量图。在相量图上能形象地看出各个正弦量的大小和相互间的相位关系。例如，图 2-4 中用正弦波形表示的两个正弦量，若用相量图表示则如图 2-8 所示。

由图中容易看出，电压相量 $\dot{U}$ 比电流相量 $\dot{I}$ 超前 φ 角，即正弦电压 u 比正弦电流 i 超前 φ 角。

关于相量表示法作以下几点说明。

① 只有正弦周期量才能用相量表示，相量不能表示非正弦周期量。

② 只有同频率的正弦量才能画在同一相量图上，不同频率的正弦量不能画在同一相量图上，否则就无法进行比较和计算。

③ 在相量图中，可以用幅值相量，也可化为有效值相量，但是必须注意，有效值相量在纵轴上的投影不再代表正弦量的

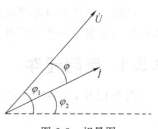

图 2-8　相量图

瞬时值。

④ 作相量图时，各相量的相对位置很重要。一般任选一个相量为参考相量，通常把它画在直角坐标系的横轴位置上，其余各相量的位置则以与这个参考相量之间的相位差来确定，如图 2-8 所示。

2.2.3 正弦交流电路的相量分析方法

在交流电路的分析计算中，常常需要将几个同频率的正弦量相加或相减。如图 2-9 所示的电路中，已知两正弦电流 $i_1 = I_{1m}\sin(\omega t + \varphi_1)$，$i_2 = I_{2m}\sin(\omega t + \varphi_2)$，试确定 $i = i_1 + i_2$。

求解总电流 i 的方法很多，可用三角函数式求解，也可用复数式求解，还可用正弦波形求解，这里仅讨论相量图求解法，其具体方法如下。

如图 2-10 所示，首先作出表示电流 i_1 和 i_2 的相量 $\dot{I}_{1m}$ 和 $\dot{I}_{2m}$，然后以 $\dot{I}_{1m}$ 和 $\dot{I}_{2m}$ 为两邻边作一平行四边形，其对角线即为总电流 i 的幅值相量 $\dot{I}_m$，对角线与横轴正方向（参考相量）之间的夹角即为初相位 φ_0。这就是相量运算中的平行四边形法则。

如果要进行正弦量的减法运算，仍可利用平行四边形法则。例如，在图 2-9 中，若已知 $i = I_m\sin(\omega t + \varphi_0)$，$i_2 = I_{2m}\sin(\omega t + \varphi_2)$，求 $i_1 = i - i_2$。

这时，首先用相量表示 i 和 i_2。根据相量关系知道，求 $i - i_2$ 可通过求 $\dot{I}_m - \dot{I}_{2m}$ 得到，因减相量等于加负相量，故合成相量 $\dot{I}_{1m} = \dot{I}_m + (-\dot{I}_{2m})$。所以，以 $\dot{I}_m$ 和 $-\dot{I}_{2m}$ 为两邻边作一平行四边形，其对角线即为 i_1 的相量，如图 2-11 所示。

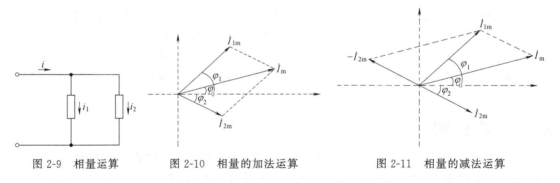

图 2-9　相量运算　　　　图 2-10　相量的加法运算　　　　图 2-11　相量的减法运算

由上述可见，利用相量法进行正弦量的加、减运算十分简便，相量法是分析正弦交流电路的常用工具。

2.3 交流电路中的基本元件

电阻、电感与电容是组成电路的基本元件。本节重点讨论在正弦交流电路中，三种元件中电压与电流的一般关系及能量的转换问题。

2.3.1 电阻元件

图 2-12 中，u 和 i 为关联参考方向，根据欧姆定律得出

$$i = \frac{u}{R}$$

或
$$u = Ri \tag{2-12}$$

式(2-12)表明，电阻元件上的电压与通过它的电流呈线性关系。

若将式(2-12)两边同时乘以 i，并积分，则得

$$\int_0^t ui\,\mathrm{d}t = \int_0^t Ri^2\,\mathrm{d}t$$

上式表明电能全部消耗在电阻上，转换为热能。

2.3.2 电感元件

图 2-13(a) 所示是一个电感线圈，图 2-13(b) 是电感元件的符号。

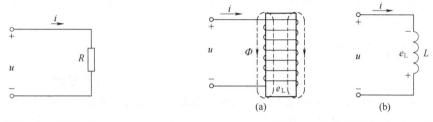

图 2-12　电阻元件　　　　　　　　图 2-13　电感元件

当电感线圈中通过电流 i 时，在线圈内部和外部建立磁场形成磁通 Φ（电感具有储存磁场能量的性质），Φ 与线圈 N 匝都交链，线圈各匝相链的磁通总和称为磁链 Ψ，当线圈中没有铁磁材料时，Ψ 或 Φ 与 i 成正比关系，即

$$\Psi = N\Phi = Li \quad \text{或} \quad L = \frac{\Psi}{i} = \frac{N\Phi}{i} \tag{2-13}$$

当通过线圈的磁通（磁链）发生变化时，线圈中要产生感应电动势 e_L，根据法拉第电磁感应定律（感应电动势等于回路包围的磁链变化率的负值）得

$$e_L = -\frac{\mathrm{d}\Psi}{\mathrm{d}t} = -N\frac{\mathrm{d}\Phi}{\mathrm{d}t} \tag{2-14}$$

将磁链 $\Psi = Li$ 代入上式中，则得

$$e_L = -L\frac{\mathrm{d}i}{\mathrm{d}t} \tag{2-15}$$

e_L 称为自感电动势。式(2-15)表明，当电流的正值增大，即 $\frac{\mathrm{d}i}{\mathrm{d}t} > 0$ 时，e_L 为负值，表明 e_L 的实际方向与电流的方向相反，这时 e_L 要阻碍电流的增大；反之，当电流的正值减小，即 $\frac{\mathrm{d}i}{\mathrm{d}t} < 0$ 时，e_L 为正值，表明 e_L 的实际方向与电流的方向相同，这时 e_L 要阻碍电流的减小。可见，自感电动势具有阻碍电流变化的性质。

电感 L 的单位是 H（亨利）或 mH（毫亨），线圈的电感与线圈的尺寸、匝数以及附近介质的导磁性能有关。例如，有一密绕的长线圈，其横截面积为 $S(\mathrm{m}^2)$，长度为 $l(\mathrm{m})$，匝数为 N，介质的磁导率为 $\mu(\mathrm{H/m})$，则其电感 $L(\mathrm{H})$ 为

$$L = \frac{\mu S N^2}{l} \tag{2-16}$$

由图 2-13(b) 可列出 KVL 方程如下

$$u + e_L = 0$$

即

$$u = -e_L = L\frac{\mathrm{d}i}{\mathrm{d}t} \tag{2-17}$$

式(2-17) 表明，电感元件上的电压与通过它的电流成导数关系。当线圈中通过不随时间变化的恒定电流（即在直流电路稳定状态下）时，其上电压为零，因此，电感元件在直流电路中可视作短路。

最后，讨论一下电感元件中的能量转换问题。将式(2-17) 两边乘 i，并积分，得

$$\int_0^t ui\,\mathrm{d}t = \int_0^t Li\,\mathrm{d}i = \frac{1}{2}Li^2 \tag{2-18}$$

式中的 $\frac{1}{2}Li^2$ 为磁场能量。上式表明，当电感元件中的电流增大时，磁场能量增大，在此过程中电能转换为磁能，即电感元件从电源取用能量；当电流减小时，磁能转换为电能，即电感元件向电源放还能量。

2.3.3 电容元件

图 2-14(a) 是电容元件的符号，电容元件是实际电容器的理想模型。实际电容器的种类和规格很多，然而就其构成的基本原理来说，都是由被绝缘介质隔离的两片平行金属极板组成，两极板用金属导线引出，如图 2-14(b)。当两极板间加电源时，与电源正极相连的金属板上就要积聚正电荷 $+q$，而与负极相连的金属板上就要积聚负电荷 $-q$，正、负电荷的电量是相等的（电容具有储存电场能量的性质）。电容器极板上所积聚的电量 q 与其上电压成正比，即

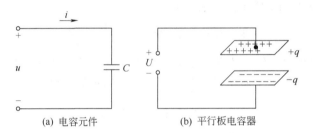

(a) 电容元件　　　　　(b) 平行板电容器

图 2-14　电容

$$\frac{q}{u} = C \tag{2-19}$$

式中，C 称为电容，电容的单位是 F（法拉）。当将电容器充上 1V 的电压时，极板上积累了 1C 的电荷量，则该电容器的电容就是 1F。由于法拉的单位太大，工程上多采用 μF（微法）或 pF（皮法），$1\mu\mathrm{F}=10^{-6}\mathrm{F}$，$1\mathrm{pF}=10^{-12}\mathrm{F}$。

电容器的电容与极板的尺寸及其间介电常数有关。例如，有一极板间距离很小的平行板电容器，其极板面积为 $S(\mathrm{m}^2)$，板间距离为 $d(\mathrm{m})$，其间介质的介电常数为 $\varepsilon(\mathrm{F/m})$，则其电容 $C(\mathrm{F})$ 为

$$C = \frac{\varepsilon S}{d} \tag{2-20}$$

当极板上的电荷量 q 或电压 u 发生变化时，在电路中就要引起电流

$$i = \frac{\mathrm{d}q}{\mathrm{d}t} = C\frac{\mathrm{d}u}{\mathrm{d}t} \tag{2-21}$$

上式是在 u 和 i 为关联参考方向下 [如图 2-14(a)] 得出的，否则要加一负号。

当电容器两端加恒定电压（直流稳定状态）时，由式(2-21) 可知，$i=0$，因此，在直流电路中，电容元件可视作开路。

将式（2-21）两边乘 u，并积分，得

$$\int_0^t ui\,\mathrm{d}t = \int_0^t Cu\,\mathrm{d}u = \frac{1}{2}Cu^2 \tag{2-22}$$

式中的 $\frac{1}{2}Cu^2$ 为电容极板间的电场能量。上式表明，当电容元件上的电压增大时，电场能量增大，在此过程中电容元件从电源取用能量，电容处于充电状态；当电压减小时，电场能量减小，这时电容元件向电源放还能量，电容处于放电状态。

表 2-1 列出了电阻元件、电感元件和电容元件在几个方面的特征，希望有助于读者以比较的方式加深理解。

表 2-1　电阻、电感和电容元件的特征

特征　　　　元件	电阻元件	电感元件	电容元件
电压与电流的关系	$u=Ri$	$u=L\dfrac{\mathrm{d}i}{\mathrm{d}t}$	$i=C\dfrac{\mathrm{d}u}{\mathrm{d}t}$
参数意义	$R=\dfrac{u}{i}$	$L=\dfrac{N\Phi}{i}$	$C=\dfrac{q}{u}$
能量	$\displaystyle\int_0^t Ri^2\,\mathrm{d}t$	$\dfrac{1}{2}Li^2$	$\dfrac{1}{2}Cu^2$

【例 2-2】　如图 2-15（a）所示电路，电流源 $i(t)$ 的波形如图 2-15（b）所示。①试画出电感元件中产生的自感电动势 e_L 和两端电压 u 的波形；②试计算在电流增大的过程中电感元件从电源吸取的能量和在电流减小的过程中它放出的能量。

【解】　① 电流 $i(t)$ 的函数表达式如下

$$i(t)=\begin{cases}t\quad \mathrm{mA} & (0\leqslant t\leqslant 4\mathrm{ms})\\(-2t+12)\mathrm{mA} & (4\mathrm{ms}\leqslant t\leqslant 6\mathrm{ms})\end{cases}$$

可分段计算 e_L 及 u。

当 $0\leqslant t\leqslant 4\mathrm{ms}$ 时

$$e_L=-L\frac{\mathrm{d}i}{\mathrm{d}t}=-0.2\mathrm{V}$$

$$u=-e_L=0.2\mathrm{V}$$

当 $4\mathrm{ms}\leqslant t\leqslant 6\mathrm{ms}$ 时

$$e_L=-L\frac{\mathrm{d}i}{\mathrm{d}t}=-0.2\times(-2)=0.4\mathrm{V}$$

$$u=-e_L=-0.4\mathrm{V}$$

e_L 和 u 的波形分别如图 2-15（c）、（d）所示，由图可以看出，当电感电流变化率（$\mathrm{d}i/\mathrm{d}t$）为正值时，电感电压 u 也为正值；当电感电流变化率为负值时，电感电压也为负值。显然，电感电压与电流波形并不相同。

② 在电流增大的过程中电感元件所吸取的能量和在电流减小的过程中所放出的能量是相等的，即为 $t\leqslant 4\mathrm{ms}$ 时的磁能。

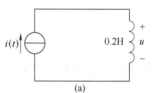
(a)

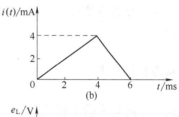
(b)

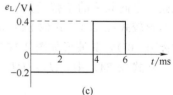
(c)

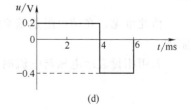
(d)

图 2-15　【例 2-2】的图

$$\frac{1}{2}Li^2 = \frac{1}{2} \times 0.2 \times (4 \times 10^{-3})^2 = 1.6 \times 10^{-6}\text{J}$$

2.4 单一参数的正弦交流电路

分析各种交流电路时，必须首先掌握单一参数（电阻、电感、电容）交流电路中电压与电流之间的关系，因为其他电路无非是一些单一参数电路的组合而已。

2.4.1 纯电阻电路

图 2-16(a) 是一个线性电阻元件的交流电路。

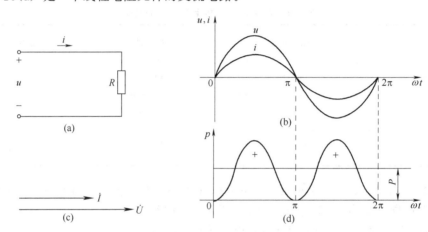

图 2-16 电阻元件的交流电路

电压 u 和电流 i 的参考方向如图 2-16(a) 所示，两者的关系由欧姆定律确定，即

$$u = Ri$$

为了分析方便起见，选择电流经过零点并向正值增加的瞬间作为计时起点（$t=0$），即设

$$i = I_m \sin\omega t \qquad (2\text{-}23)$$

为参考相量，则

$$u = Ri = RI_m \sin\omega t = U_m \sin\omega t \qquad (2\text{-}24)$$

也是一个同频率的正弦量。

比较式(2-23)、式(2-24) 可以看出，在纯电阻交流电路中，电流与电压是同向的（相位差 $\varphi = 0°$），其波形如图 2-16(b) 所示。

在式(2-24) 中，$U_m = RI_m$

或

$$\frac{U_m}{I_m} = \frac{U}{I} = R \qquad (2\text{-}25)$$

由此可见，在纯电阻正弦交流电路中，电压与电流的幅值（或有效值）之比值，就是电阻 R。

若用相量表示电压与电流的关系，则为

$$\dot{U} = U e^{j0°} \qquad \dot{I} = I e^{j0°}$$

$$\frac{\dot{U}}{\dot{I}} = \frac{U}{I} e^{j0°} = R$$

或
$$\dot{U} = R\,\dot{I} \qquad\qquad (2\text{-}26)$$

式（2-26）是欧姆定律的相量形式，电压和电流的相量图如图 2-16（c）所示。

下面讨论纯电阻正弦交流电路中的功率问题。在任意瞬间，电压瞬时值 u 与电流瞬时值 i 的乘积，称为瞬时功率，用小写字母 p 表示，即

$$p = p_{R} = ui = U_{m}I_{m}\sin^{2}\omega t = \frac{U_{m}I_{m}}{2}(1-\cos 2\omega t) = UI(1-\cos 2\omega t) \qquad (2\text{-}27)$$

由式（2-27）可见，p 是由两部分组成的：第一部分是常数 UI；第二部分是幅值为 UI 并以 2ω 的角频率随时间而变化的交变量 $UI\cos 2\omega t$。p 随时间变化的波形如图 2-16（d）所示。

在纯电阻正弦交流电路中，由于 u 和 i 同相，它们或同时为正，或同时为负，所以瞬时功率总是正值，即 $p \geqslant 0$。这表明外电路总是从电源取用能量，即电阻从电源取用电能并转换为热能，这是一种不可逆的能量转换过程。

在纯电阻正弦交流电路中，平均功率为

$$P = \frac{1}{T}\int_{0}^{T} p\,\mathrm{d}t = \frac{1}{T}\int_{0}^{T} UI(1-\cos 2\omega t)\,\mathrm{d}t = UI = RI^{2} = \frac{U^{2}}{R} \qquad (2\text{-}28)$$

它表示一个周期内电路消耗电能的平均功率。

2.4.2　纯电感电路

图 2-17（a）为一电感线圈组成的交流电路，假定这个线圈中只有电感，而忽略线圈电阻，此即一纯电感电路。设电流为参考正弦量，即

$$i = I_{m}\sin\omega t$$

则

$$u = L\frac{\mathrm{d}i}{\mathrm{d}t} = L\frac{d(I_{m}\sin\omega t)}{\mathrm{d}t} = \omega L I_{m}\cos\omega t = \omega L I_{m}(\sin\omega t + 90°) = U_{m}(\sin\omega t + 90°) \qquad (2\text{-}29)$$

也是一个同频率的正弦量。

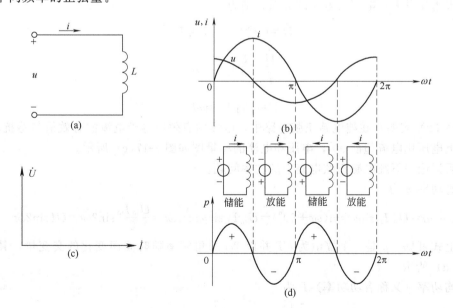

图 2-17　电感元件的交流电路

比较以上两式可知，在纯电感正弦交流电路中，电流的相位滞后电压 $90°$（相位差

$\varphi = +90°$)(通常规定，当电流滞后于电压时，相位差 φ 为正；当电流超前于电压时，相位差 φ 为负。这样规定是便于说明电路是电感性的还是电容性的），其波形如图 2-17(b) 所示。

在式(2-29) 中，$U_m = \omega L I_m$

或
$$\frac{U_m}{I_m} = \frac{U}{I} = \omega L \tag{2-30}$$

由此可见，在纯电感正弦交流电路中，电压与电流的幅值（或有效值）之比为 ωL，显然，它的单位是 Ω（欧姆）。当电压 U 一定时，ωL 愈大，则电流 I 愈小，可见 ωL 具有阻碍交流电流的性质，故称为感抗，通常用 X_L 表示，即

$$X_L = \omega L = 2\pi f L \tag{2-31}$$

式(2-31) 表明，感抗 X_L 与电感 L、频率 f 成正比。因此，电感线圈对高频电流的阻碍作用很大，而对直流则可视作短路，即对直流来讲，$X_L = 0$。当 U 和 L 一定时，X_L 和 I 与 f 的关系如图 2-18 所示。应该注意的一点是，X_L 只是电压与电流的幅值或有效值之比，而非它们的瞬时值之比，即 $X_L \neq \dfrac{u}{i}$。

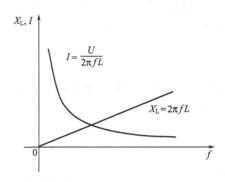

图 2-18 X_L 和 I 与 f 的关系

如果用相量表示电压与电流的关系，则为

$$\dot{U} = U e^{j90°} \qquad \dot{I} = I e^{j0°}$$

$$\frac{\dot{U}}{\dot{I}} = \frac{U}{I} e^{j90°} = j X_L$$

或
$$\dot{U} = j X_L \dot{I} = j \omega L \dot{I} \tag{2-32}$$

式(2-32) 表明，在纯电感正弦电路中，电压的有效值等于电流的有效值与感抗的乘积，在相位上电压比电流超前 $90°$，电压和电流的相量图如图 2-17(c) 所示。

最后讨论一下纯电感正弦电路中的功率问题。

瞬时功率 p 为

$$p = p_L = ui = U_m I_m \sin\omega t \sin(\omega t + 90°) = U_m I_m \sin\omega t \cos\omega t = \frac{U_m I_m}{2}\sin 2\omega t = UI \sin 2\omega t \tag{2-33}$$

由上式可见，p 是一个幅值为 UI 并以 2ω 的角频率随时间而变化的交变量，其波形如图 2-17(d) 所示。

平均功率（又称有功功率）P 为

$$P = \frac{1}{T}\int_0^T p\,dt = \frac{1}{T}\int_0^T UI \sin 2\omega t\,dt = 0 \tag{2-34}$$

从图 2-17(d) 可以看出，在第一个和第三个 1/4 周期内，电流值在增大，即磁场在建

立，$p>0$，电感线圈从电源取用电能，并转换为磁能而储存在线圈的磁场内；在第二个和第四个1/4周期内，电流值在减小，即磁场在消失，$p<0$，线圈放出原先储存的磁能并转换为电能而归还电源。这是一种可逆的能量转换过程，线圈从电源取用的能量一定等于它归还给电源的能量，所以平均功率$P=0$，这一点从功率波形图上也容易看出。

由上述可知，在纯电感正弦电路中，没有能量消耗，只有电源与电感之间的能量互换，这种能量互换的规模可用无功功率Q来衡量。我们规定无功功率等于瞬时功率p的幅值，即

$$Q=UI=X_L I^2 \tag{2-35}$$

无功功率的单位是Var（乏）或kVar（千乏）。应该注意，它并不等于单位时间内互换了多少能量。

2.4.3 纯电容电路

图2-19(a)为纯电容正弦交流电路，电路中电流i和电容器两端电压u的参考方向如图中所示。

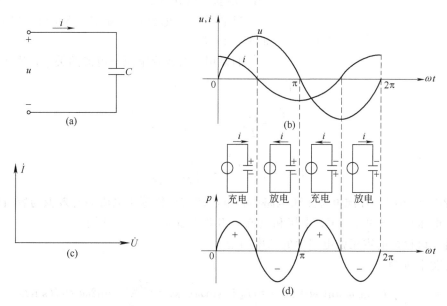

图2-19 电容元件的交流电路

如果在电容器的两端加一正弦电压

$$u=U_m \sin\omega t$$

则

$$i=C\frac{\mathrm{d}u}{\mathrm{d}t}=C\frac{d(U_m\sin\omega t)}{\mathrm{d}t}=\omega CU_m\cos\omega t=\omega CU_m(\sin\omega t+90°)=I_m(\sin\omega t+90°) \tag{2-36}$$

也是一个同频率的正弦量。

比较以上两式可知，在纯电容正弦交流电路中，电流的相位超前于电压90°（相位差$\varphi=-90°$）。电压和电流的波形如图2-19(b)所示。

在式(2-36)中，$I_m=\omega CU_m$

或

$$\frac{U_m}{I_m}=\frac{U}{I}=\frac{1}{\omega C} \tag{2-37}$$

由此可见，在纯电容正弦交流电路中，电压与电流的幅值（或有效值）之比为 $\frac{1}{\omega C}$，显然，它的单位是 Ω（欧姆）。当电压 U 一定时，$\frac{1}{\omega C}$ 愈大，则电流 I 愈小，可见 $\frac{1}{\omega C}$ 具有阻碍交流电流的性质，故称为容抗，通常用 X_C 表示，即

$$X_C = \frac{1}{\omega C} = \frac{1}{2\pi f C} \tag{2-38}$$

式(2-38)表明，容抗 X_C 与电容 C、频率 f 成反比。这是因为电容愈大，在同样电压下，电容器所容纳的电荷量就愈大，因而电流愈大；当频率愈高时，电容的充放电速度愈快，在同样电压下，单位时间内电荷的移动量就愈多，因而电流愈大。所以，电容对高频电流所呈现的容抗愈小，而对直流（$f=0$）所呈现的容抗 $X_C \to \infty$，可视作开路，因此，电容具有"通交隔直"的作用。

当电压 U 和电容 C 一定时，X_C 和 I 与 f 的关系如图 2-20 所示。

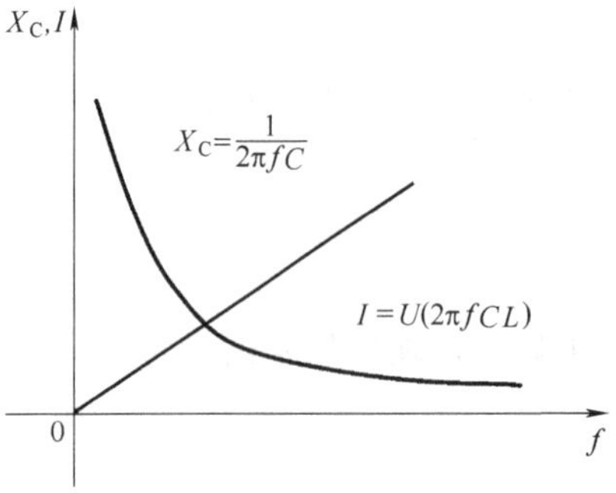

图 2-20　X_C 和 I 与 f 的关系

如果用相量表示电压与电流的关系，则为

$$\dot{U} = U e^{j0°} \qquad \dot{I} = I e^{j90°}$$

$$\frac{\dot{U}}{\dot{I}} = \frac{U}{I} e^{-j90°} = -j X_C$$

或

$$\dot{U} = -j X_C \dot{I} = -j \frac{\dot{I}}{\omega C} = \frac{\dot{I}}{j\omega C} \tag{2-39}$$

式(2-39)表明，在纯电容正弦电路中，电压的有效值等于电流的有效值与容抗的乘积，在相位上电压比电流滞后 90°，电压和电流的相量图如图 2-19(c) 所示。

最后，讨论纯电容正弦电路中的功率问题。

瞬时功率 p 为

$$p = p_C = ui = U_m I_m \sin\omega t \sin(\omega t + 90°) = U_m I_m \sin\omega t \cos\omega t = \frac{U_m I_m}{2} \sin 2\omega t = UI \sin 2\omega t \tag{2-40}$$

由上式可见，p 是一个幅值为 UI 并以 2ω 的角频率随时间变化的交变量，其波形如图 2-19(d) 所示。

平均功率（或有功功率）P 为

$$P = \frac{1}{T}\int_0^T p\,dt = \frac{1}{T}\int_0^T UI\sin 2\omega t\,dt = 0$$

上式说明，电容是不消耗能量的，在电源与电容之间只发生能量的互换，能量互换的规模用无功功率来衡量。

为了同纯电感电路的无功功率相比较，仍设电流为参考相量，即 $i = I_m \sin\omega t$

则

$$u = U_m \sin(\omega t - 90°)$$

于是

$$p = p_C = ui = -UI \sin 2\omega t$$

因此，纯电容电路的无功功率 Q 为

$$Q = -UI = -X_C I^2 \tag{2-41}$$

即电容性电路的无功功率取负值，而电感性电路的无功功率取正值。

2.5 RLC 串联电路

2.4 节讨论了单一参数的正弦交流电路，然而，在实际电路中，不但存在电阻性元件，也存在感性及容性元件，本节将讨论电阻、电感与电容串联的正弦交流电路。

RLC 串联电路如图 2-21(a) 所示，电路中的电流及各电压的参考方向如图中所示，由图可列出 KVL 方程如下

$$u = u_R + u_L + u_C \qquad (2\text{-}42)$$

设电流 $i = I_m \sin\omega t$ 为参考相量，则

$$u = u_R + u_L + u_C = U_m \sin(\omega t + \varphi) \quad (2\text{-}43)$$

也为同频率的正弦量，其幅值为 U_m，与电流 i 之间的相位差为 φ。

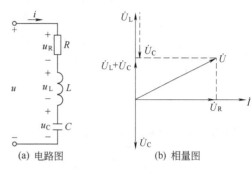

(a) 电路图 (b) 相量图

图 2-21 RLC 串联电路

将电压 u_R、u_L、u_C 用相量 $\dot{U}_R$、$\dot{U}_L$、$\dot{U}_C$ 表示，把它们相加便得到电源电压 u 的相量 $\dot{U}$，见图 2-21(b)。可见，电压相量 $\dot{U}$、$\dot{U}_R$ 及 $(\dot{U}_L + \dot{U}_C)$ 组成一直角三角形，称为电压三角形，利用这个三角形可以方便地确定 u 的有效值 U 及相位差 φ。

$$U = \sqrt{U_R^2 + (U_L - U_C)^2} = \sqrt{(RI)^2 + (X_L I - X_C I)^2} = I\sqrt{R^2 + (X_L - X_C)^2}$$

或写为

$$\frac{U}{I} = \sqrt{R^2 + (X_L - X_C)^2} \qquad (2\text{-}44)$$

由式(2-44) 可见，在 RLC 串联正弦交流电路中，电压与电流的有效值（或幅值）之比为 $\sqrt{R^2 + (X_L - X_C)^2}$，它的单位是 Ω（欧姆）。对电流起阻碍作用，称为电路的阻抗模，用 $|Z|$ 表示，即

$$|Z| = \sqrt{R^2 + (X_L - X_C)^2} = \sqrt{R^2 + \left(\omega L - \frac{1}{\omega C}\right)^2} \qquad (2\text{-}45)$$

可见，$|Z|$、R、$(X_L - X_C)$ 之间也可用一个直角三角形——阻抗三角形来表示（见图 2-23）。

电源电压 u 和电流 i 之间的相位差 φ 为

$$\varphi = \arctan\frac{U_L - U_C}{U_R} = \arctan\frac{X_L - X_C}{R} \qquad (2\text{-}46)$$

由式(2-46) 可以看出，φ 的大小决定于电路的参数。如果 $X_L = X_C$，则 $\varphi = 0°$，这时电流 i 与电压 u 同相，电路呈电阻性；如果 $X_L > X_C$，则 $\varphi > 0°$，这时电流 i 比电压 u 滞后 φ 角，电路呈感性；如果 $X_L < X_C$，则 $\varphi < 0°$，这时电流 i 比电压 u 超前 φ 角，电路呈容性。

如果用相量表示电压与电流的关系，则为

$$\dot{U} = \dot{U}_R + \dot{U}_L + \dot{U}_C = R\dot{I} + jX_L\dot{I} - jX_C\dot{I} = [R + j(X_L - X_C)]\dot{I}$$

或

$$\frac{\dot{U}}{\dot{I}} = R + j(X_L - X_C) \qquad (2\text{-}47)$$

式中的 $R + j(X_L - X_C)$ 称为电路的阻抗，用大写的 Z 表示，即

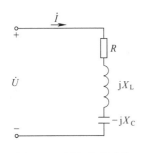

图 2-22 用相量和阻抗
表示的 RLC 电路

$$Z = R + j(X_L - X_C) = |Z| e^{j\varphi} \tag{2-48}$$

可见，阻抗的实部为"阻"，虚部"抗"，它既表示了电路中电压与电流之间大小关系（反映在阻抗模 $|Z|$ 上），也表示了相位关系（反映在幅角 φ 上）。"阻抗"是交流电路中非常重要的一个概念，必须很好地理解掌握。用电压和电流的相量及阻抗表示的 RLC 串联电路如图 2-22 所示。

最后，讨论 RLC 串联电路中的功率问题。

瞬时功率 p 为

$$p = ui = U_m I_m \sin(\omega t + \varphi)\sin\omega t$$

$$= \frac{U_m I_m}{2}[\cos\varphi - \cos(2\omega t + \varphi)] = UI\cos\varphi - UI\cos(2\omega t + \varphi) \tag{2-49}$$

平均功率（有功功率）P 为

$$P = \frac{1}{T}\int_0^T p\,\mathrm{d}t = \frac{1}{T}\int_0^T [UI\cos\varphi - UI\cos(2\omega t + \varphi)]\mathrm{d}t = UI\cos\varphi \tag{2-50}$$

在 RLC 串联电路中，电阻要消耗电能，而电感和电容要储放能量，它们与电源之间要进行能量互换，相应的无功功率可用式(2-35)、式(2-41) 得出，即

$$Q = U_L I - U_C I = (U_L - U_C)I = (X_L - X_C)I^2 = UI\sin\varphi \tag{2-51}$$

式(2-50)、式(2-51) 是计算正弦交流电路中有功功率和无功功率的一般公式。

由上述可知，一个交流发电机输出的功率不仅与发电机的端电压 u 及其输出电流 i 的有效值的乘积有关，而且还与负载的性质有关，所带负载不同（即电路参数不同），u 和 i 之间的相位差 φ 就不同，在相同的 U 和 I 之下，电路的有功功率和无功功率也就不同。式(2-50) 中的 $\cos\varphi$ 称为功率因数。

在交流电路中，平均功率一般不等于电压与电流有效值的乘积，若将两者的有效值相乘，则得到所谓的视在功率 S，即

$$S = UI = |Z|R^2 \tag{2-52}$$

视在功率的单位是 V·A（伏·安）或 kV·A（千伏·安）。

交流电气设备是按照规定了的额定电压 U_N 和额定电流 I_N 来设计和使用的，如变压器的容量就是以额定电压和额定电流的乘积，即所谓的视在功率 $S = U_N I_N$ 来表示的。

由式(2-50)、式(2-51) 及式(2-52) 可知，P、Q、S 这三个功率之间有一定的关系，即

$$S = \sqrt{P^2 + Q^2} \tag{2-53}$$

显然，它们也可用一个直角三角形——功率三角形来表示，如图 2-23 所示。

RLC 串联电路中的阻抗、电压及功率关系可以很直观地从图 2-23 上来理解，引出这三个三角形的目的主要是为了帮助分析和记忆。

【例 2-3】 图 2-21（a）所示电路中，已知 $R = 30\Omega$，$L = 127\mathrm{mH}$，$C = 40\mu\mathrm{F}$，电源电压 $u = 220\sqrt{2}\sin(314t + 20°)\mathrm{V}$。①求感抗 X_L、容抗 X_C 和阻抗模 $|Z|$；②确定电流的有效值 I 和瞬时值 i 的表达式；③确定各部分电压的有效值和瞬时值的表达式；④作相量图；⑤求有功功率 P 和无功功率 Q。

【解】 ① $X_L = \omega L = 314 \times 127 \times 10^{-3} = 40\Omega$

$$X_C = \frac{1}{\omega C} = \frac{1}{314 \times 40 \times 10^{-6}} = 80\Omega$$

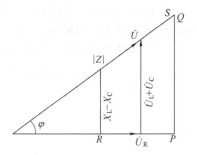

图 2-23 功率、电压、阻抗三角形

$$|Z| = \sqrt{R^2 + (X_L - X_C)^2} = \sqrt{30^2 + (40 - 80)^2} = 50\,\Omega$$

② $$I = \frac{U}{|Z|} = \frac{220}{50} = 4.4\text{ A}$$

确定瞬时值 i 的表达式需要知道 u 和 i 之间的相位差 φ。

$$\varphi = \arctan \frac{X_L - X_C}{R} = \frac{40 - 80}{30} = -53°$$

因为 $\varphi < 0$，所以电路呈容性，电流 i 比电压 u 超前 φ 角，故 i 的表达式为

$$i = 4.4\sqrt{2}\sin(314t + 20° + 53°) = 4.4\sqrt{2}\sin(314t + 73°)\text{A}$$

③ $U_R = RI = 30 \times 4.4 = 132\text{V}$

$u_R = 132\sqrt{2}\sin(314t + 73°)\text{V}$

$U_L = X_L I = 40 \times 4.4 = 176\text{V}$

$u_L = 176\sqrt{2}\sin(314t + 73° + 90°)$

$\quad = 176\sqrt{2}\sin(314t + 163°)\text{V}$

$U_C = X_C I = 80 \times 4.4 = 352\text{V}$

$u_C = 352\sqrt{2}\sin(314t + 73° - 90°)$

$\quad = 352\sqrt{2}\sin(314t - 17°)\text{V}$

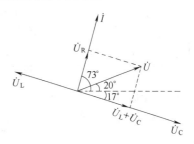

图 2-24　【例 2-3】的图

④ 相量图如图 2-24 所示。

⑤ $P = UI\cos\varphi = 220 \times 4.4 \times \cos(-53°) = 220 \times 4.4 \times 0.6 = 580.8\text{W}$

$Q = UI\sin\varphi = 220 \times 4.4 \times \sin(-53°) = 220 \times 4.4 \times (-0.8) = -774.4\text{V}\cdot\text{A}$（电容性）

2.6　电路中的谐振

在具有电感和电容元件的交流电路中，电路两端的电压与其中的电流一般是不同相的（$\varphi \neq 0$）。如果调节电路中的元件参数或电源的频率使它们同相（$\varphi = 0$），这时电路中就会发生谐振现象。谐振有其有利的一面，也有其不利的方面，研究谐振的目的在于认识这种客观现象，并在生产实践中充分利用谐振的特征，同时预防它所产生的危害。谐振分为串联谐振和并联谐振，下面分别讨论这两种谐振的产生条件及其特征。

2.6.1　串联谐振

在 2.5 节已经提到，在 RLC 串联电路 [图 2-21(a)] 中，当

$$X_L = X_C \text{ 或 } \quad 2\pi f L = \frac{1}{2\pi f C} \tag{2-54}$$

时，$\varphi = \arctan \dfrac{X_L - X_C}{R} = 0$，即电源电压 u 与电路中的电流 i 同相，这时电路发生谐振，称为串联谐振。

（1）串联谐振的条件

式（2-54）是发生串联谐振的条件，并由此得出谐振频率

$$f = f_0 = \frac{1}{2\pi\sqrt{LC}} \tag{2-55}$$

可见，调节 L、C 或电源频率 f 都能使电路发生谐振。

（2）串联谐振的特征

电路发生串联谐振时，具有以下特征。

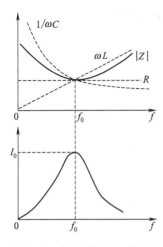

图 2-25　串联谐振时，$|Z|$ 和 I 随 f 变化的曲线

① 电路的阻抗模 $|Z|=\sqrt{R^2+(X_L-X_C)^2}=R$，其值最小，在电源电压 U 不变的前提下，电路中的电流达到最大值，即

$$I=I_0=\frac{U}{R}$$

图 2-25 分别画出了阻抗模 $|Z|$ 和电流 I 随频率 f 变化的曲线。

② 电路呈纯阻性。电源供给电路的能量全被电阻所消耗，电源与电路之间不发生能量互换，能量的互换只发生在电感线圈与电容器之间。

③ U_L 和 U_C 都高于电源电压 U，所以串联谐振也称电压谐振。通常用品质因数 Q 表示 U_L 和 U_C 与 U 的比值，即

$$Q=\frac{U_C}{U}=\frac{U_L}{U}=\frac{1}{\omega_0 CR}=\frac{\omega_0 L}{R} \tag{2-56}$$

它表示在串联谐振时，电容或电感上的电压是电源电压的 Q 倍。

若 U_L 或 U_C 过高，可能会击穿电感线圈或电容器的绝缘材料，因此，在电力工程中应尽力避免发生串联谐振，但在无线电工程中，常利用串联谐振进行选频，并且抑制干扰信号。

2.6.2　并联谐振

图 2-26 所示是电容器与电感线圈并联的电路。

电路的等效阻抗为

$$Z=\frac{\frac{1}{j\omega C}(R+j\omega L)}{\frac{1}{j\omega C}+(R+j\omega L)}=\frac{R+j\omega L}{1+j\omega RC-\omega^2 LC}$$

（1）并联谐振的条件

若图 2-26 所示的电路发生谐振，则电压 u 和电流 i 同相，即电路的等效阻抗为实数。一般在谐振时 $\omega L \gg R$，故

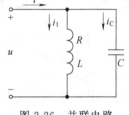

图 2-26　并联电路

$$Z\approx\frac{j\omega L}{1+j\omega RC-\omega^2 LC}=\frac{1}{\frac{RC}{L}+j\left(\omega C-\frac{1}{\omega L}\right)} \tag{2-57}$$

发生谐振时，$\omega_0 C-\dfrac{1}{\omega_0 L}\approx 0$，由此得并联谐振频率

$$\omega=\omega_0=\frac{1}{\sqrt{LC}} \quad \text{或} \quad f=f_0=\frac{1}{2\pi}\frac{1}{\sqrt{LC}}$$

与串联谐振频率近似相等。

（2）并联谐振的特征

电路发生并联谐振时，具有以下特征。

① 电路的阻抗模 $|Z|=|Z_0|=\dfrac{L}{RC}$，其值最大，在电源电压 U 不变的前提下，电路中的电流达到最小值，即

$$I=I_0=\frac{U}{|Z_0|}=\frac{U}{\dfrac{L}{RC}}$$

图 2-27 为阻抗模 $|Z|$ 和电流 I 随频率 f 变化的曲线。

② 电路呈纯阻性。

③ 并联支路的电流比总电流大许多倍，所以并联谐振又称电流谐振。通常用品质因数 Q 表示支路电流 I_1 和 I_C 与总电流 I_0 的比值，即

$$Q = \frac{I_1}{I_0} = \frac{I_C}{I_0} = \frac{\omega_0 L}{R} = \frac{1}{\omega_0 CR} \qquad (2\text{-}58)$$

并联谐振在无线电工程和工业电子技术中也常用到，例如利用并联谐振时阻抗模高的特点进行选频或消除干扰信号。

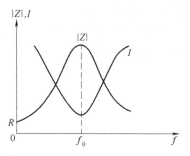

图 2-27　并联谐振时，$|Z|$ 和 I 随 f 变化的曲线

2.7　功率因数的提高

直流电路的功率等于电压与电流的乘积，但在计算交流电路的平均功率时，还要考虑电压与电流之间的相位差 φ，即

$$P = UI\cos\varphi$$

前面已经讲过，$\cos\varphi$ 是电路的功率因数，它取决于负载的性质。只有在纯电阻负载（例如白炽灯、电阻炉等）的情况下，电压和电流才同相，$\cos\varphi = 1$。对其他负载而言，$\cos\varphi$ 均介于 0 与 1 之间，电路中发生能量互换，出现无功功率 $Q(Q = UI\sin\varphi)$，这样，就引出了下面两个问题。

（1）发电设备的容量不能充分利用

若电路的功率因数为 $\cos\varphi$，则发电机所能输出的有功功率为

$$P = U_N I_N \cos\varphi$$

功率因数愈低，发电机输出的有功功率就愈小。例如，一台发电机的容量为 75000kV·A，若电路的功率因数 $\cos\varphi = 1$，则发电机可输出 75000kW 的有功功率；若 $\cos\varphi = 0.7$，则发电机最多只能输出 $75000 \times 0.7 = 52500$kW 的有功功率，这时，发电机输出功率的能力没有被充分利用，其中有一部分能量（无功功率）在发电机与负载之间进行互换。

（2）增加线路和发电机绕组的功率损耗

当发电机的电压 U 和输出功率 P 一定时，电流 I 与功率因数成反比，即

$$I = \frac{P}{U\cos\varphi}$$

而线路和发电机绕组上的功率损耗 ΔP 则与功率因数的平方成反比，即

$$\Delta P = rI^2 = \left(r\frac{P^2}{U^2}\right)\frac{1}{\cos^2\varphi}$$

式中，r 为发电机绕组和线路的等效电阻。

可见，提高功率因数有很大的经济意义，功率因数的提高，能使发电设备的容量得到充分利用，在同样的发电设备的条件下多发电，同时也能大量节约电能。

功率因数不高的根本原因在于电感性负载的存在。例如，工业企业中最常用的异步电动机在额定负载时的功率因数约为 0.7～0.9 左右，轻载时其功率因数更低。电感性负载的功率因数之所以小于 1，是由于负载本身需要一定的无功功率。由此可见，提高功率因数的根本问题是：如何在保证电感性负载能够获得所需的无功功率的同时，尽可能减少电源与负

载之间的能量互换？

提高功率因数常用的方法是在电感性负载两端并联适当的电容器（设置在用户或变电所中），如图 2-28（a）所示。

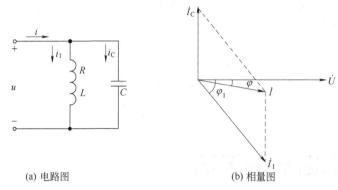

(a) 电路图　　　　　　　　　　　(b) 相量图

图 2-28　电容器与电感性负载并联以提高功率因数

在感性负载上并联了电容器以后，减少了电源与负载之间的能量互换，这时电感性负载所需的无功功率，大部分或全部都是就地由电容器供给，即能量的互换主要或完全发生在电感性负载与电容器之间，因而使发电机容量得到充分利用。另外，由图 2-28（b）可以看出，并联电容器以后，线路电流减小了（$I < I_1$），因而减小了功率损耗。

【例 2-4】　220V，50Hz 的正弦电源接感性负载，感性负载的功率 $P = 10$kW，功率因数 $\cos\varphi_1 = 0.6$。为了提高功率因数，在负载两端并联一电容器。①如欲将功率因数提高到 $\cos\varphi = 0.9$，试求与负载并联的电容器的电容值；②比较电容器并联前后线路电流的大小；③如欲将功率因数从 0.9 再提高到 1，试问并联电容器的电容值还需增加多少？

【解】　① 由图 2-28（b）可以看出

$$I_C = I_1\sin\varphi_1 - I\sin\varphi = \left(\frac{P}{U\cos\varphi_1}\right)\sin\varphi_1 - \left(\frac{P}{U\cos\varphi}\right)\sin\varphi = \frac{P}{U}(\tan\varphi_1 - \tan\varphi)$$

而

$$I_C = \frac{U}{X_C} = U\omega C$$

所以

$$U\omega C = \frac{P}{U}(\tan\varphi_1 - \tan\varphi)$$

由此得到并联电容器的计算公式

$$C = \frac{P}{\omega U^2}(\tan\varphi_1 - \tan\varphi)$$

已知　$\cos\varphi_1 = 0.6$，即 $\varphi_1 = 53°$；$\cos\varphi = 0.9$，即 $\varphi = 26°$

故所需并联电容器的电容值为

$$C = \frac{10 \times 10^3}{2\pi \times 50 \times 220^2}(\tan 53° - \tan 26°) = 558\mu F$$

② 电容器并联前的线路电流为

$$I_1 = \frac{P}{U\cos\varphi_1} = \frac{10 \times 10^3}{220 \times 0.6} = 75.6A$$

电容器并联后的线路电流为

$$I = \frac{P}{U\cos\varphi} = \frac{10 \times 10^3}{220 \times 0.9} = 50.5A$$

③ 如欲将功率因数从 0.9 再提高到 1，则需要增加的电容值为

$$C=\frac{10\times10^3}{2\pi\times50\times220^2}(\tan26°-\tan0°)\approx321\mu\text{F}$$

可见，在功率因数已经接近 1 时再继续提高，所需的电容值是很大的。因此，在实际生产中，并不要求把功率因数提高到 1。功率因数提高到什么程度为宜，只能在具体的技术经济比较之后才能确定。

2.8 三相交流电路

目前，交流电在动力方面的应用几乎都属于三相制。这是由于三相制在发电、输电和用电方面都有许多优点。发电厂均以三相交流电的方式向用户供电。遇到有单相负载时，可以使用三相中的任一相，如日常生活用电便是取自三相制中的一相。

2.8.1 三相交流电源

由三个幅值相等、频率相同、相位互差 120° 的单相交流电源所构成的电源称为三相交流电源。三相交流电源一般来自三相交流发电机或变压器副边的三相绕组。图 2-29 是三相交流发电机的示意图。

发电机的固定部分称为定子，其铁芯的内圆周表面冲有沟槽，放置结构完全相同的三相绕组 U_1U_2、V_1V_2、W_1W_2。它们的空间位置互差 120°，分别称为 U 相、V 相、W 相。引出线的始端用 U_1、V_1、W_1 表示，末端用 U_2、V_2、W_2 表示。

转动的磁极称为转子，转子铁芯上绕有直流励磁绕组。当转子被原动机拖动做匀速转动时，三相定子绕组切割转子磁场而产生三相交流电动势。

若将三个绕组的末端 U_2、V_2、W_2 连在一起引出一根连线称为中性线 N（中性线接地时又称为零线），三个绕组的始端 U_1、V_1、W_1 分别引出的三根线称为端线 L_1、L_2、L_3（中性线接地时又称为火线），这种连接称为电源的星形连接，如图 2-30 所示。

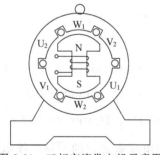

图 2-29　三相交流发电机示意图

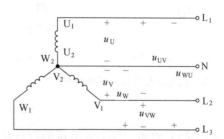

图 2-30　三相交流电源的星形连接

由三根端线和一根中性线所组成的供电方式称为三相四线制；只用三根端线组成的供电方式称为三相三线制。

三相电源每相绕组两端的电压称为相电压，其参考方向规定为从绕组始端指向末端，瞬时值分别用 u_U、u_V、u_W 表示，有效值用 U_P 表示。

三相交流电源相电压的瞬时值表达式为

$$\left.\begin{aligned}u_U&=\sqrt{2}U_P\sin\omega t\\u_V&=\sqrt{2}U_P\sin(\omega t-120°)\\u_W&=\sqrt{2}U_P\sin(\omega t-240°)=\sqrt{2}U_P\sin(\omega t+120°)\end{aligned}\right\} \tag{2-59}$$

其波形图和相量图如图 2-31 所示。

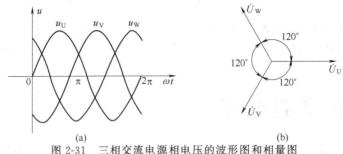

图 2-31　三相交流电源相电压的波形图和相量图

三相交流电源任意两根端线之间的电压称为线电压，分别用 u_{UV}、u_{VW}、u_{WU} 表示，其中的下标 UV、VW、WU 即为各电压的参考方向。线电压和相电压之间的关系如下。

$$\left.\begin{array}{l} u_{UV}=u_U-u_V \\ u_{VW}=u_V-u_W \\ u_{WU}=u_W-u_U \end{array}\right\} \tag{2-60}$$

或用相量表示为

$$\left.\begin{array}{l} \dot{U}_{UV}=\dot{U}_U-\dot{U}_V \\ \dot{U}_{VW}=\dot{U}_V-\dot{U}_W \\ \dot{U}_{WU}=\dot{U}_W-\dot{U}_U \end{array}\right\} \tag{2-61}$$

用相量法进行计算得到三个线电压也是对称三相电压，如图 2-32 所示。设 U_L 表示线电压的有效值，从相量图上可以看出

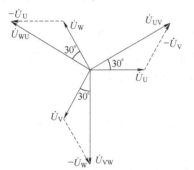

$$\frac{1}{2}U_L=U_P\cos30°=\frac{\sqrt{3}}{2}U_P$$

即

$$U_L=\sqrt{3}U_P \tag{2-62}$$

则有

图 2-32　相电压与线电压的相量图

$$\left.\begin{array}{l} u_{UV}=U_L\sin(\omega t+30°)=\sqrt{3}U_P\sin(\omega t+30°) \\ u_{VW}=U_L\sin(\omega t-90°)=\sqrt{3}U_P\sin(\omega t-90°) \\ u_{WU}=U_L\sin(\omega t+150°)=\sqrt{3}U_P\sin(\omega t+150°) \end{array}\right\} \tag{2-63}$$

式（2-63）表明，三个线电压的有效值相等，均为相电压有效值的 $\sqrt{3}$ 倍。线电压的相位超前对应的相电压相位 30°。线电压、相电压均为三相电压。

通常的三相四线制低压供电系统线电压为 380V，相电压为 220V，可以提供两种电压供负载使用。一般常提到的三相供电系统的电源电压，都是指其线电压。

2.8.2　三相负载的连接

根据三相负载所需电压不同，三相负载有两种连接方式：星形（Y）和三角形（△）连接。

若负载所需的电压是电源的相电压，像电照明负载、家用电器等，应当将负载接到端线与中线之间。当负载数量较多时，应当尽量平均分配到三相电源上，使三相电源得到均衡的

利用，这就构成了负载的星形连接，如图 2-33(a) 所示。

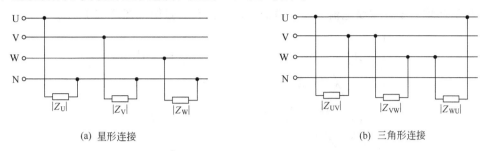

(a) 星形连接   (b) 三角形连接

图 2-33　三相负载的两种连接方式

若负载所需的电压是电源的线电压，像电焊机、功率较大的电炉等，应当将负载接到端线与端线之间。当负载数量较多时，应当尽量平均分配到三相电源上，这就构成了负载的三角形连接，如图 2-33(b) 所示。

若三相电源上接入的负载完全相同，即阻抗值相同、阻抗角相等的负载，称为三相对称负载，像三相电动机、三相变压器等，它们均有三个相同的绕组。

(1) 负载的星形连接

图 2-34 为三相负载的星形连接。每相负载两端的电压是电源的相电压，每相负载中的电流称为相电流 I_P（I_{UN}、I_{VN}、I_{WN}）；每根端线上的电流称为线电流 I_L（I_U、I_V、I_W）；中线上的电流称为中线电流 I_N。

由图 2-34 可得各相负载电流的有效值为

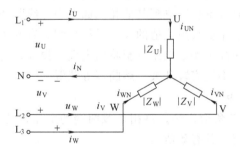

图 2-34　负载的星形连接

$$I_{UN}=\frac{U_{UN}}{|Z_U|} \quad I_{VN}=\frac{U_{VN}}{|Z_V|} \quad I_{WN}=\frac{U_{WN}}{|Z_W|} \tag{2-64}$$

各端线电流等于对应的各相电流

$$I_U=I_{UN} \quad I_V=I_{VN} \quad I_W=I_{WN} \tag{2-65}$$

根据基尔霍夫电流定律得中线电流

$$i_N=i_{UN}+i_{VN}+i_{WN}=i_U+i_V+i_W \tag{2-66}$$

$$\dot{I}_N=\dot{I}_U+\dot{I}_V+\dot{I}_W \tag{2-67}$$

下面分两种情况讨论。

① 对称三相负载

阻抗值相等、阻抗角相等且为同性质的负载即为对称三相负载。

$$|Z_U|=|Z_V|=|Z_W|=|Z_P| \tag{2-68}$$

$$\varphi_U=\varphi_V=\varphi_W=\varphi_P \tag{2-69}$$

对称三相负载星形连接时，各相电流大小相等，相位依次互差120°，其电流瞬时值代数和、相量和均为零，中线电流为零，电流的波形图和相量图如图2-35所示。

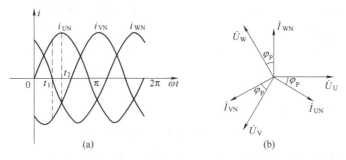

图 2-35 对称三相负载星形连接时电流的波形图和相量图

$$I_{UN} = I_{VN} = I_{WN} = I_P \tag{2-70}$$

$$i_N = i_{UN} + i_{VN} + i_{WN} = 0 \tag{2-71}$$

$$\dot{I}_N = \dot{I}_{UN} + \dot{I}_{VN} + \dot{I}_{WN} = 0 \tag{2-72}$$

因此，星形连接的三相对称负载，中性线可以省去，采用三相三线制供电。低压供电系统中的动力负载（电动机）就采用这样的供电方式。

※② 不对称三相负载

三相负载不对称时，中性线电流不为零，中性线不能省去，一定采用三相四线制供电。

中性线的存在，保证了每相负载两端的电压是电源的相电压，保证了三相负载能独立正常工作，各相负载有变化时都不会影响到其他相。如果中性线断开，中性线电流被切断，各相负载两端的电压会根据各相负载阻抗值的大小重新分配。有的相可能低于额定电压使负载不能正常工作；有的相可能高于额定电压以至将用电设备损坏，这是不允许的。因此，中性线决不能断开，在中性线上不能安装开关、熔断器等装置。

（2）负载的三角形连接

图2-36为三相负载的三角形连接。每相负载两端的电压都是电源的线电压。各负载中流过的电流为负载的相电流，其有效值为

$$I_{UV} = \frac{U_{UV}}{|Z_{UV}|} \quad I_{VW} = \frac{U_{VW}}{|Z_{VW}|} \quad I_{WU} = \frac{U_{WU}}{|Z_{WU}|}$$

$$\tag{2-73}$$

由基尔霍夫电流定律可确定各端线电流与各相电流之间的关系为

$$\dot{I}_U = \dot{I}_{UV} - \dot{I}_{WU} \quad \dot{I}_V = \dot{I}_{VW} - \dot{I}_{UV} \quad \dot{I}_W$$
$$= \dot{I}_{WU} - \dot{I}_{VW} \tag{2-74}$$

假设三相负载为对称感性负载，每相负载上的电流均滞后于对应的电压 φ 角，图2-37示出了三角形连接时各相电流与各线电流的相量图。

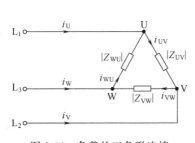

图 2-36 负载的三角形连接

由相量图可知，三个相电流、三个线电流均为数值相等、相位互差120°的三相对称电流，可以证明，线电流等于$\sqrt{3}$倍的相电流，即

$$I_L = \sqrt{3} I_P \qquad (2\text{-}75)$$

【例 2-5】 三相对称负载，每相 $R = 6\Omega$，$X_L = 8\Omega$，接到 $U_L = 380V$ 的三相四线制电源上，试分别计算负载作星形、三角形连接时的相电流、线电流。

【解】 负载作星形连接时，每相负载两端承受的是电源的相电压，即

$$U_{UN} = U_{VN} = U_{WN} = U_P = 220V$$

每相负载的阻抗值 $|Z| = \sqrt{R^2 + X_L^2}$
$$= \sqrt{6^2 + 8^2} = 10\Omega$$

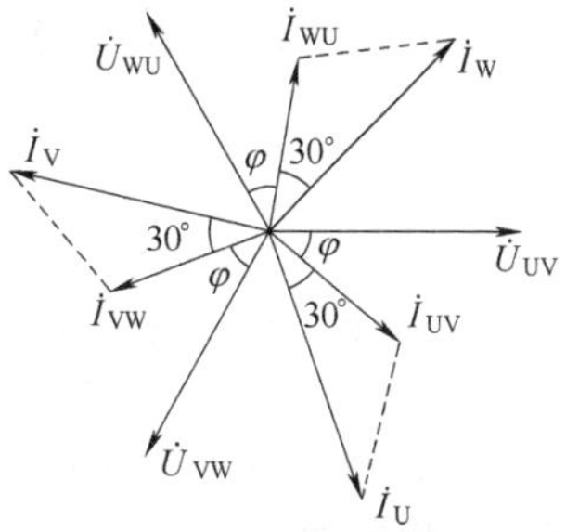

图 2-37　三相对称感性负载三角形连接时各相电流及各线电流的相量图

相电流　　$I_P = \dfrac{U_P}{|Z|} = \dfrac{220}{10} = 22A$

线电流等于相电流　　　　　　　$I_L = I_P = 22A$

负载作三角形连接时，每相负载两端承受的是电源的线电压，即

$$U_{UV} = U_{VW} = U_{WU} = U_L = 380V$$

相电流　　　　　　　$I_P = \dfrac{U_P}{|Z|} = \dfrac{380}{10} = 38A$

线电流等于 $\sqrt{3}$ 倍相电流　　$I_L = \sqrt{3} I_P = \sqrt{3} \times 38 = 66A$

2.8.3　三相电路的功率

三相交流电路可以看成是三个单相交流电路的组合，因此，三相交流电路的有功功率、无功功率为各相电路有功功率、无功功率之和。无论负载是星形连接还是三角形连接，当三相负载对称时，电路总的有功功率、无功功率均是每相负载有功功率、无功功率的 3 倍，即

$$P = 3P_P = 3U_P I_P \cos\varphi \qquad (2\text{-}76)$$
$$Q = 3Q_P = 3U_P I_P \sin\varphi \qquad (2\text{-}77)$$

在实际中，线电流的测量比较容易，因此，三相功率的计算常用线电流 I_L、线电压 U_L 表示，有

$$P = \sqrt{3} U_L I_L \cos\varphi \qquad (2\text{-}78)$$
$$Q = \sqrt{3} U_L I_L \sin\varphi \qquad (2\text{-}79)$$

而视在功率

$$S = \sqrt{P^2 + Q^2} = \sqrt{3} U_L I_L \qquad (2\text{-}80)$$

【例 2-6】 计算【例 2-5】中负载作星形、三角形连接时的有功功率、无功功率、视在功率。

【解】 负载作星形连接时　　$I_L = I_P = 22A$　　$U_L = \sqrt{3} U_P = 380V$

$$\cos\varphi = \frac{R}{|Z|} = \frac{6}{10} = 0.6 \quad \sin\varphi = \frac{X_L}{|Z|} = \frac{8}{10} = 0.8 \quad \text{（参考图 2-23 阻抗三角形）}$$

$$P = \sqrt{3} U_L I_L \cos\varphi = \sqrt{3} \times 380 \times 22 \times 0.6 \approx 8688W \approx 8.7kW$$

$$Q = \sqrt{3} U_L I_L \sin\varphi = \sqrt{3} \times 380 \times 22 \times 0.8 \approx 11584V \cdot A \approx 11.6kV \cdot A$$

$$S = \sqrt{P^2 + Q^2} = \sqrt{3} U_L I_L = \sqrt{3} \times 380 \times 22 \approx 14480V \cdot A \approx 14.5kV \cdot A$$

负载作三角形连接时　　　　　　$I_L = 66A$　　$U_L = 380V$

$$P = \sqrt{3} U_L I_L \cos\varphi = \sqrt{3} \times 380 \times 66 \times 0.6 \approx 26063W \approx 26kW$$

$$Q = \sqrt{3} U_L I_L \sin\varphi = \sqrt{3} \times 380 \times 66 \times 0.8 \approx 34751V \cdot A \approx 34.8kV \cdot A$$

$$S=\sqrt{P^2+Q^2}=\sqrt{3}U_LI_L=\sqrt{3}\times380\times66\approx43438\text{V}\cdot\text{A}\approx43\text{kV}\cdot\text{A}$$

思考题与习题

【2-1】 已知 $i_1=15\sin(314t+45°)$A，$i_2=10\sin(314t-30°)$A。①试问 i_1 和 i_2 的相位差等于多少？②画出 i_1 和 i_2 的波形图；③比较 i_1 和 i_2 的相位，谁超前，谁滞后？

【2-2】 已知 $i_1=15\sin(100\pi t+45°)$A，$i_2=15\sin(200\pi t-15°)$A，两者的相位差为 $60°$，对不对？

【2-3】 10A 的直流电流和最大值 $I_m=12$A 的交流电流分别通入阻值相同的电阻，问在一个周期内哪个电阻的发热量大？

【2-4】 已知两正弦电流 $i_1=8\sin(314t+60°)$A，$i_2=6\sin(314t-30°)$A。试画出相量图。

【2-5】 有一个灯泡接在 $u=311\sin(314t+\pi/6)$V 的交流电源上，灯丝炽热时电阻为 484Ω。①试写出流过灯丝的电流瞬时值表达式；②如果每天用电 4 小时，每月按 30 天计，问一个月用电多少？

【2-6】 什么是感抗？它的大小与哪些因素有关？图 2-17(a) 所示电路中，已知 $L=20$mH，$u=220\sqrt{2}\sin(314t+\pi/6)$V。①试求感抗 X_L；②写出电流瞬时值的表达式；③计算电感的无功功率 Q_L；④画出 $\dot{U}$、$\dot{I}$ 的相量图；⑤若电源频率增大一倍，对感抗 X_L 和电流 i 有何影响？

【2-7】 什么是容抗？它的大小与哪些因素有关？图 2-19(a) 所示电路中，已知 $u=220\sqrt{2}\sin100\pi t$V，$C=5\mu$F。①试求容抗 X_C；②写出电流瞬时值的表达式；③计算电容的无功功率 Q_C；④画出 $\dot{U}$、$\dot{I}$ 的相量图。

【2-8】 日光灯管与镇流器接到交流电源上，可以看成是 R、L 串联电路。若已知灯管的等效电阻 $R_1=280\Omega$，镇流器的电阻和电感分别为 $R_2=20\Omega$，$L=1.65$H，电源电压 $U=220$V，①试求电路中的电流；②计算灯管两端与镇流器上的电压，这两个电压加起来是否等于 220V？

【2-9】 图 2-38 所示电路中，除 A 和 V 外，其余电流表和电压表的读数在图上都已标出（都是指正弦量的有效值），试求电流表 A 和电压表 V 的读数。

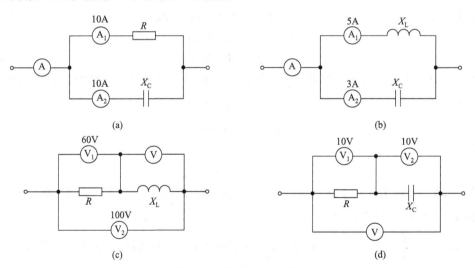

图 2-38 题【2-9】的图

【2-10】 电路如图 2-21(a) 所示，若将其接到 1kHz 的交流电源上，设电阻 $R=5\Omega$，电感 $L=1.01$H，问电容应为多大时电路发生谐振现象？若设电源电压为 10V，问谐振时电路各部分的电压是多大？谐振时磁场中和电场中所储存的最大能量是多少？

【2-11】 有一电动机，其输入功率为 1.21kW，接在 220V，50Hz 的交流电源上，通入电动机的电流为 11A。①试计算电动机的功率因数；②如欲将电路的功率因数提高到 0.91，应该和电动机并联多大的电容器？③并联电容后，电动机的功率因数、电动机中的电流、线路电流及电路的有功功率

和无功功率有无改变？

【2-12】 三相交流电源作星形连接，若其相电压为220V，线电压为多少？若线电压为220V，相电压为多少？

【2-13】 根据三相交流电源相电压与线电压的关系，若已知线电压，试写出相电压与线电压的关系式。

【2-14】 三相负载的阻抗值相等，是否就可以肯定它们一定是三相对称负载？

【2-15】 指出下列各结论中哪个是正确的？哪个是错误的？为什么？

① 同一台发电机作星形连接时的线电压等于作三角形连接时的线电压；

② 当负载作星形连接时必须有中线；

③ 凡负载作三角形连接时，线电流必等于相电流的$\sqrt{3}$倍；

④ 当三相负载愈接近对称时，中线电流就愈小；

⑤ 负载作星形连接时，线电流必等于相电流；

⑥ 三相对称负载作星形或三角形连接时，其总功率均为$P = \sqrt{3}U_L I_L \cos\varphi$。

【2-16】 如图2-39所示，三只额定电压为220V，功率为40W的白炽灯，作星形连接接在线电压为380V的三相四线制电源上，若将端线L_1上的开关S闭合和断开，对L_2和L_3两相的白炽灯亮度有无影响？若取消中线成为三相三线制，L_1线上的开关S闭合和断开，通过各相灯泡的电流各是多少？

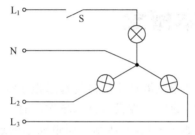

图2-39 题【2-16】的图

【2-17】 三相对称负载，每相$R = 5\Omega$，$X_L = 5\Omega$，接在线电压为380V的三相电源上，求三相负载作星形、三角形连接时，相电流、线电流、三相有功功率、三相无功功率各是多少？

【2-18】 某三相电阻炉，每相电阻均为$R = 10\Omega$，额定电压为380V。三相电源线电压为380V，求：

① 当电炉接成三角形时，相电流、线电流及总有功功率各是多少？

② 为调节炉温，将三相电炉中的一相断开，这时各相电流、线电流及总有功功率又各是多少？

③ 在同一电源上把电炉接成星形，那么各相电流、线电流及总有功功率又各是多少？

【2-19】 三相异步电动机接在线电压为380V电源的情况下作三角形连接运转，当电动机耗用功率为6.55kW时，其功率因数为0.79，求电动机的相电流、线电流。

第3章

磁路与变压器

变压器、电动机以及许多电工设备中都含有铁芯，不仅存在着电现象，还存在着磁现象。电现象用电路的理论和方法来认识和处理；磁现象则依靠磁路的概念和理论来处理。磁路主要是由铁磁材料构成的。

3.1 磁路的基本概念

3.1.1 铁磁材料

实验证明，一个带铁芯的通电线圈产生的磁场远远强于空心时产生的磁场。其原因是铁芯自身有自然磁性小区域，称为磁畴。在没有外磁场作用时，各个磁畴的磁场方向总体上是不规则的，宏观上不显磁性，如图 3-1(a) 所示。而带铁芯的通电线圈，铁芯中的磁畴沿外磁场作定向排列，产生附加磁场，最终使通电线圈的磁场显著增强，如图 3-1(b) 所示。这种现象称为磁化。能被磁化的材料称铁磁材料。除铁之外，还有钴、镍及其合金和氧化物。

假定一个线圈的结构、形状、匝数不变，线圈中的磁通量为 Φ，流入线圈的电流 I，铁芯的磁化过程可用图 3-2 描述。直线 1 表示空心线圈时的情况。曲线 2 表示线圈中放入铁芯时的情况。该曲线称为磁化曲线。表 3-1 将上述两种情况进行比较说明。

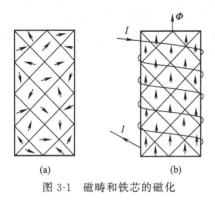

图 3-1　磁畴和铁芯的磁化

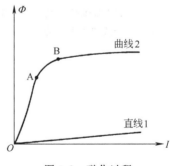

图 3-2　磁化过程

表 3-1　磁化过程说明

直线 1		Φ 与 I 成正比
曲线 2 即磁化曲线	OA 段	大部分磁畴的磁场沿外磁场方向排列，Φ 与 I 基本上成正比且增加率较大
	AB 段	所有磁畴的磁场逐渐沿外磁场方向排列，铁芯磁场从未饱和状态过渡到饱和状态
	B 点以后	称饱和状态，铁芯的增磁作用已达极限，同直线 1

各种电机、电器线圈中放入铁芯用以增强磁场，其最大工作磁通选在磁化曲线的 AB段，目的是用较小的电流产生较强的磁场，以充分利用铁芯的增磁作用。

3.1.2 磁路

由铁芯制成，使磁通集中通过的回路称磁路，如图 3-3 所示。铁芯中的磁通 Φ 称为主磁通，少量磁通通过周围空气构成回路称为漏磁通，可忽略不计。

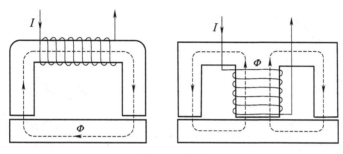

图 3-3 磁路

若用 Φ 表示磁通，线圈中电流有效值 I 与线圈匝数 N 的乘积表示磁动势，R_m 表示磁阻，磁路与电路的对照如表 3-2 所示。

表 3-2 磁路与电路对照表

磁 路	电 路
磁通 Φ	电流 I
磁动势 $F=IN$	电动势 E
磁阻 R_m	电阻 R
磁路欧姆定律 $\Phi=F/R_\mathrm{m}$	电路欧姆定律 $I=E/R$

表中磁阻 R_m 表示物质对磁通具有的阻碍作用。不同物质的磁阻不同。若铁芯中存在空气隙，磁阻 R_m 就会增大许多。磁路的欧姆定律只适用于铁芯非饱和状态。

3.1.3 磁滞现象

当铁芯线圈通入交流电时，铁芯中的磁畴会随交流电的变化而被反复磁化。但由于磁畴本身存在"惯性"，使得磁畴的变化滞后于电流的变化，这种现象称为磁滞。反复磁化形成的封闭曲线称为磁滞回线，如图 3-4 所示。

外磁场不断克服磁畴的"惯性"要消耗一定的能量，称磁滞损耗。磁滞损耗是引起铁芯发热的原因之一。在交流供电用电设备中，应选择磁滞损耗小的铁芯材料，称软磁材料。相

图 3-4 磁滞回线

反，磁滞损耗大的铁磁材料称硬磁材料。不同铁磁材料可用专门仪器测出其磁滞回线进行比较，以区分各属于何种性质。

表 3-3 对软、硬磁材料进行了比较。

表 3-3　软、硬磁材料比较表

软 磁 材 料	硬 磁 材 料
磁"惯性"小	磁"惯性"大
磁滞损耗小	磁滞损耗大
制作交流电气设备铁芯等	制作永久磁铁
硅钢、铸铁、坡莫合金、铁氧体等	钨钢、碳钢、铝镍钴合金、稀土铁钕硼等

3.1.4　涡流

交变的磁通穿过铁芯导体时，根据法拉第电磁感应定律，在其内部产生旋涡形的电流，称为涡流，如图 3-5(a) 所示。

涡流会使铁芯发热并消耗能量，称涡流损耗。为了减少涡流损耗，铁芯通常采用彼此绝缘的硅钢片叠成，而且所用的硅钢片中含有少量的硅（0.8%～4.8%），如图 3-5(b) 所示。

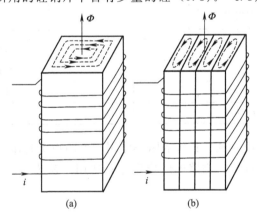

图 3-5　涡流

涡流有其有害的一面，也有其有利的一面。例如，利用涡流的热效应来冶炼金属，利用涡流和磁场相互作用而产生电磁力的原理来制造感应式仪器、滑差电机及涡流测矩器等。

3.2　交流铁芯线圈电路

图 3-6 为交流铁芯线圈电路。由于线圈中有铁芯存在，使线圈的外加电压与线圈中的电流是非线性关系。这种非线性关系主要是因为磁通与电流的非线性关系造成的。磁通与电流

的非线性关系可由磁化曲线分析得出，而电压与磁通的关系由下式给出。

$$U = 4.44fN\Phi_m \qquad (3-1)$$

式中　U——加在铁芯线圈上的电压的有效值；

　　　f——电源频率；

　　　N——线圈匝数；

　　　Φ_m——铁芯中交变磁通的幅值。

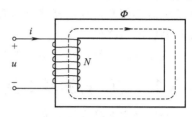

图 3-6　交流铁芯线圈电路

式(3-1) 的推导如下。

线圈通交流电产生的自感电动势为

$$e_L = -N\frac{d\Phi}{dt}$$

铁芯中正弦交变磁通可表示为

$$\Phi = \Phi_m \sin\omega t$$

代入上式得　　$e_L = -N\omega\Phi_m \cos\omega t = N\omega\Phi_m \sin(\omega t - 90°) = E_m \sin(\omega t - 90°)$

自感电动势的有效值为　　$E_L = \dfrac{E_m}{\sqrt{2}} = \dfrac{N\omega\Phi_m}{\sqrt{2}} = \dfrac{2\pi f N\Phi_m}{\sqrt{2}} = 4.44fN\Phi_m$

若不计线圈电阻和漏磁通的影响，则　　　$U = E_L = 4.44fN\Phi_m$

一般情况下，电源频率 f 和线圈匝数 N 是一定的，在通电工作过程中，式(3-1) 表明，只要外加电压一定，铁芯中就必定有与之对应的幅值为 Φ_m 的正弦交变磁通，称为工作磁通。电压和磁通之间有着严格的对应关系，这一概念在分析铁芯线圈电路时是十分重要的。

【例 3-1】 一个有铁芯线圈接在交流 220V，50Hz 的电源上，铁芯中磁通的最大值为 0.001Wb，问铁芯上的线圈至少应绕多少匝？

【解】 根据公式 $U = 4.44fN\Phi_m$

有　　　　$N = U/4.44f\Phi_m = 220/(4.44 \times 50 \times 0.001) = 991$ 匝

铁芯上的线圈至少应绕 991 匝。

【例 3-2】【例 3-1】中如果铁芯上只绕了 100 匝，线圈通电后会产生什么后果？

【解】 若线圈只绕了 100 匝，则磁通最大值远远超过了规定的最大值。根据磁化曲线可知，对应的线圈中的电流将远远超过正常值，线圈通电后会烧坏。

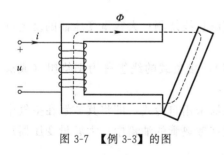

图 3-7　【例 3-3】的图

【例 3-3】 一个交流电磁铁，因出现机械故障，通电后长时间衔铁不能吸合，结果会如何？

【解】 如图 3-7 所示。衔铁是否吸合与磁路中的磁通大小无关。因为 $U = 4.44fN\Phi_m$，当频率 f、电压 U、匝数 N 均不变时，磁路中的磁通是不变的。衔铁是否吸合，磁路中的磁阻是不同的。若衔铁长时间不被吸合，磁路中存在空气隙，磁阻很大。根据磁路欧姆定律可知，此时产生磁通所需要的电流将很大，时间一长，很可能将线圈烧坏。

3.3　变压器

变压器是根据电磁感应原理制成的静止电器，可以把一交流电压变换为同频率的另一数值的交流电压。在电力系统、电气测量、焊接技术及电子技术中得到广泛应用。

在输电方面,当输送功率 $P=UI\cos\varphi$ 及负载功率因数一定时,电压愈高,则线路电流 I 愈小。这不仅减小了输电线的截面积,节省了材料;同时也减少了线路上的功率损耗。因此在输电时必须利用变压器将电压升高。在用电方面,为了满足用电设备的要求,常常需要用变压器将电压降低。

变压器的种类虽然很多,但其基本构造和工作原理是相同的。

3.3.1 变压器的基本结构

变压器主要是由铁芯和线圈(又称绕组)组成的。

(1)铁芯

变压器铁芯的作用是构成磁路。为了减小涡流和磁滞损耗,铁芯用具有绝缘层的0.35～0.55mm 厚的硅钢片叠成。在一些小型变压器中,也有采用铁氧体或坡莫合金替代硅钢片的。

变压器的铁芯一般分为心式和壳式两大类,如图 3-8 所示。心式变压器在两侧铁芯柱上放置线圈;壳式变压器在中间铁芯柱上放置线圈。

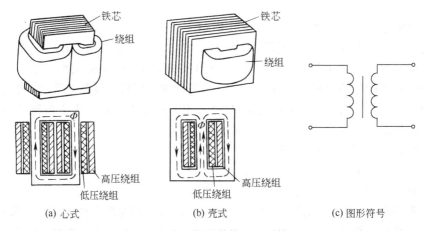

(a)心式   (b)壳式   (c)图形符号

图 3-8　变压器的结构和图形符号

(2)线圈

线圈又称为绕组。小容量变压器的绕组多用高强度漆包线绕制;大容量变压器的绕组可用绝缘铜线或铝线绕制。

接电源的绕组称为原绕组(或初级绕组、一次绕组),接负载的绕组称为副绕组(或次级绕组、二次绕组)。

变压器在工作时铁芯和线圈都要发热。小容量变压器采用自冷式,即将其放置在空气中自然冷却;中容量电力变压器采用油冷式,即将其放置在散热管的油箱中;大容量变压器还要用油泵使冷却液在油箱与散热管中作强制循环。

3.3.2 变压器的工作原理

图 3-9 为变压器空载运行原理图。变压器空载运行是指原绕组接电源,副绕组开路的状态。

在外加电压 u_1 的作用下,原绕组中通过的电流 i_0 称为空载电流。i_0 产生工作磁通,故称为励磁电流,该电流远远小于额定电流。

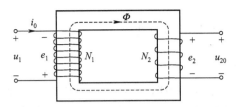

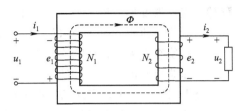

图 3-9　变压器空载运行原理图　　　　　图 3-10　变压器有载运行原理图

根据电磁感应原理可知。原、副绕组中产生的感应电动势的有效值为

$$E_1 = 4.44 f N_1 \Phi_m$$
$$E_2 = 4.44 f N_2 \Phi_m$$

若忽略漏磁通及原、副绕组内阻抗的压降，原、副绕组上的感应电动势应近似等于原、副绕组上的端电压，即 $U_1 \approx E_1$，$U_2 \approx E_2$。理想状态下，变压器的电压变换关系为

$$\frac{U_1}{U_2} \approx \frac{E_1}{E_2} = \frac{N_1}{N_2} = K \tag{3-2}$$

式(3-2)表明，变压器原、副绕组电压的有效值之比与原、副绕组的匝数比成正比。比值 K 称为变压比。

当副绕组接入负载 Z_2 时，称有载运行。图 3-10 为变压器的有载运行原理图。原绕组电流有效值为 I_1，副绕组电流有效值为 I_2，在理想情况下，输入变压器的功率全部消耗在负载上，有

$$I_1 U_1 = I_2 U_2$$

则

$$\frac{I_1}{I_2} = \frac{U_2}{U_1} = \frac{N_2}{N_1} = \frac{1}{K} \tag{3-3}$$

式(3-3)表明，变压器原、副绕组电流的有效值之比与原、副绕组匝数比成反比。

变压器不仅能变换交流电压、交流电流，还具有变换阻抗的作用。在图 3-11 中，副绕组接入阻抗值为 $|Z_2|$ 的负载，从原绕组看进去的等效阻抗值为 $|Z_1|$，有

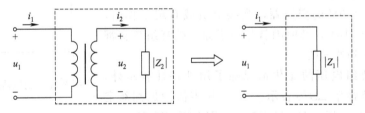

图 3-11　负载阻抗的等效变换

$$|Z_1| = \frac{U_1}{I_1} = \frac{\dfrac{N_1}{N_2} U_2}{\dfrac{N_2}{N_1} I_2} = \left(\frac{N_1}{N_2}\right)^2 \cdot \frac{U_2}{I_2} = K^2 |Z_2|$$

即

$$|Z_1| = K^2 |Z_2| \tag{3-4}$$

可见，匝数比 K 不同，负载阻抗值 $|Z_2|$ 反映到原边的等效阻抗值 $|Z_1|$ 也不同。选择不同的变比 K，就可在原边得到所需要的任何数值。这种阻抗变换的方法称为阻抗匹配。

【例 3-4】　有一台降压变压器，原绕组电压为 110V，副绕组电压为 55V，原绕组为 1100 匝，若副绕组接入阻值为 5Ω 的阻抗，问变压器的变比，副绕组匝数，原、副绕组中电流各为多少？

【解】 变压器变比 $K = U_1/U_2 = 110/55 = 2$

副绕组匝数 $N_2 = N_1 U_2/U_1 = (1100 \times 55)/110 = 550$ 匝

副绕组电流 $I_2 = U_2/Z_2 = 55/5 = 11A$

原绕组电流 $I_1 = I_2/K = 11/2 = 5.5A$

【例 3-5】 图 3-12 中，交流信号源的电动势 $E = 120V$，内阻 $R_0 = 800\Omega$，负载电阻 $R_L = 8\Omega$。①当负载电阻 R_L 折算到原边的等效电阻 $R'_L = R_0$ 时，求变压器的匝数比 K 和信号源的输出功率 P_o；②若将负载直接与信号源连接，求信号源的输出功率 P'_o。

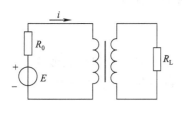

图 3-12 【例 3-5】的图

【解】 ① 变压器的匝数比

$$K = \sqrt{\frac{R'_L}{R_L}} = \sqrt{\frac{800}{8}} = 10$$

信号源的输出功率

$$P_o = \left(\frac{E}{R_0 + R'_L}\right)^2 R'_L = \left(\frac{120}{800 + 800}\right)^2 \times 800 = 4.5W$$

② 若将负载直接与信号源连接，信号源的输出功率为

$$P_o = \left(\frac{E}{R_0 + R_L}\right)^2 R_L = \left(\frac{120}{800 + 8}\right)^2 \times 8 = 0.176W$$

可以证明，当负载电阻等于信号源内阻（阻抗匹配）时，负载上可获得最大功率。实际中常利用变压器实现阻抗匹配。

3.3.3 变压器的外特性

在电源电压和负载功率因数不变的前提下，变压器副绕组电压 U_2 与电流 I_2 的关系称为变压器的外特性。变压器副绕组所接负载变化时，电压 U_2 将随负载电流 I_2 的增加而下降，如图 3-13 所示。其中，U_{20} 为空载时副绕组电压，I_{2N} 为额定运行时副绕组电流，U_{2N} 为副边额定电压。

例如 220V/110V 的变压器，当接上负载有载工作时，副绕组电压小于 110V，其原因就是由于原、副绕组自身都有一定的阻抗压降造成的。

变压器副绕组电压的变化情况除了用外特性表示外，还可以用电压调整率 $\Delta U\%$ 表示。当 I_2 从零值增加到额定值 I_{2N} 时，若输出电压从 U_{20} 降到 U_{2N}，则电压调整率为

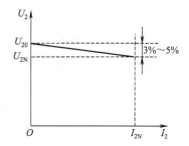

图 3-13 变压器的外特性曲线

$$\Delta U\% = \frac{U_{20} - U_{2N}}{U_{20}} \times 100\% = \frac{\Delta U_2}{U_{20}} \times 100\% \tag{3-5}$$

电压调整率反映了供电电压的稳定性，是变压器的一个重要性能指标。一般希望 $\Delta U\%$ 越小越好。常用的电力变压器，从空载到满载，电压调整率约为 $3\% \sim 5\%$，一般的电源变压器在设计时都使其空载电压略高于额定电压的 5% 左右。

3.3.4 变压器的损耗及效率

变压器主要有两部分功率损耗：铁损耗和铜损耗。

变压器铁芯中的磁滞损耗和涡流损耗称为铁损耗。当外加电压一定时，工作磁通一定，铁损耗是不变的，也称为固定损耗。

变压器绕组有电阻，电流通过绕组时的功率损耗称为铜损耗。铜损耗的大小随通过绕组

中的电流的变化而变化，故铜损耗也称为可变损耗。

变压器的输出功率与输入功率之比称为变压器的效率。变压器的效率常用下式确定

$$\eta = \frac{P_2}{P_1} = \frac{P_2}{P_2 + \Delta P_{\text{Fe}} + \Delta P_{\text{Cu}}} \tag{3-6}$$

式中，P_2 为变压器的输出功率；P_1 为变压器的输入功率。

变压器的效率比较高，一般供电变压器的效率都在 95% 左右，大型变压器的效率可达 99% 以上。同一台变压器处于不同负载时的效率也不同，一般在 50%~70% 额定负载时效率最高。

3.3.5 变压器的额定值及型号

变压器的额定值及型号均标注在其铭牌上，如图 3-14 所示。

(1) 额定值

变压器满负荷运行状态称额定运行。额定运行时各电量值为变压器的额定值。

① 额定电压 U_{1N}、U_{2N}　原绕组的额定电压 U_{1N} 是指加在原绕组上的正常工作电压值，它是根据变压器的绝缘强度和允许发热等条件规定的。副绕组的额定电压 U_{2N} 是指变压器空载时，原绕组加额定电压时副绕组两端的电压值。

三相变压器的额定电压均指线电压。

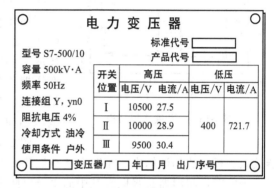

图 3-14　变压器的铭牌

② 额定电流 I_{1N}、I_{2N}　指规定的满载电流值。三相变压器的额定电流均指线电流。

③ 额定容量 S_N　变压器在额定工作状态下，副边的视在功率。

单相变压器的额定容量　　　　　　　$S_N = U_{2N} I_{2N}$

三相变压器的额定容量　　　　　　　$S_N = \sqrt{3} U_{2N} I_{2N}$

变压器的额定值取决于变压器的构造和所用材料，使用时一般不能超过其额定值。

(2) 型号

变压器的型号是用来表示变压器的主要结构、冷却方式、电压和容量等级等特征的一种标志。变压器型号（国家标准 GB 1094—79）是由基本代号及其后用一横线分开加注额定容量（kV·A）/高压绕组电压等级（kV）组成，其编排顺序如下。

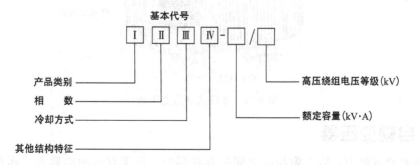

如图 3-14 所示，S7-500/10 中，S 表示三相，单相变压器用 D 表示；500 表示容量是 500kV·A；10 表示高压绕组额定电压为 10kV。高压侧标出的三个电压值可以根据高压侧供电的实际情况在额定值的 ±5% 范围内调节。若铭牌型号为 SJL-560/10，其中 J 表示油浸

自冷式冷却方式，风冷式用 F 表示，L 表示装有避雷装置。

3.4 几种常用变压器

3.4.1 电力变压器

电力系统一般均采用三相制，所以电力变压器均系三相变压器。

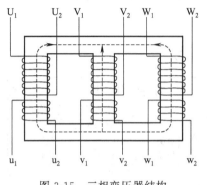

图 3-15 三相变压器结构

三相变压器的工作原理与单相变压器相同。图 3-15 为三相变压器的结构图，其中，各相高压绕组分别用 U_1U_2、V_1V_2、W_1W_2 表示，各相低压绕组分别用 u_1u_2、v_1v_2、w_1w_2 表示。根据电力网的线电压及原绕组额定电压的大小，可以将原绕组分别接成星形（Y）或三角形（D）；根据供电需要，副绕组也可以接成三相四线制星形（yn）或三角形（d）。例如三相变压器连接形式为 Y，yn0，表示高压侧星形连接、低压侧星形连接且有中线，"0"表示高、低压两侧线电压相同。

图 3-16 为油浸式电力变压器外形图。将三相变压器放入钢板制成的油箱中，箱壁上装有散热用的油管或散热片。油枕是为油的热胀冷缩提供了一个空间，吸湿器是吸取空气中的水分以防进入油箱，油箱中如有过高的压力时可将其从安全气道排出，以防爆炸。高、低压引线通过绝缘套管从油箱引出。

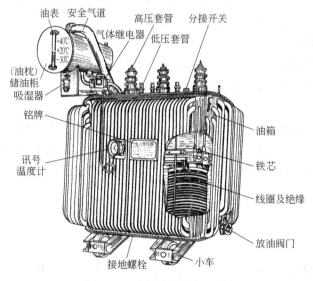

图 3-16 油浸式电力变压器

3.4.2 自耦变压器

在普通的变压器中，原、副绕组之间仅有磁耦合，而无直接的电联系。而自耦变压器原、副绕组共用一部分绕组，它们之间不仅有磁耦合，而且还有电的联系，其原理图如图 3-17所示。

设原绕组匝数为 N_1，副绕组匝数为 N_2，则原、副绕组电压之比和电流之比与普通变压

器相同，即

$$\frac{U_1}{U_2}=\frac{I_2}{I_1}=\frac{N_1}{N_2}=K$$

自耦变压器的优点是结构简单、节省材料、体积小、成本低。但因原、副绕组之间有电的联系，使用时一定要注意安全，正确接线。

图 3-18 是用自耦变压器给携带式行灯提供 12V 工作电压的电路图。图（a）的接法是错误的，原绕组电压为 220V，因为 U_2 点接地，所以连接灯泡的每根导线对地的电压都是 200V 以上，这对持灯人极不安全。正确的接法见图（b）。

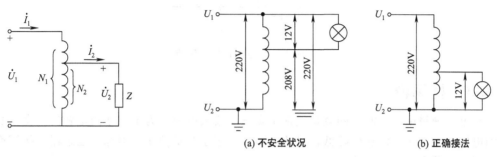

图 3-17　自耦变压器的工作原理　　　　图 3-18　自耦变压器的使用

自耦变压器适用于变压比要求不大的场合，且要注意正确使用。工厂供电用的降压变压器与安全用的降压变压器都不能采用自耦变压器。

自耦变压器也可以用于升压，接法如图 3-19 所示。

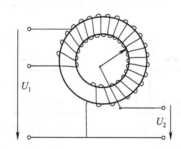

图 3-19　可用于升压的自耦变压器原理图

自耦变压器还可以把抽头制成能够沿线圈自由滑动的触点，可平滑调节副绕组电压。其铁芯制成环形，靠手柄转动滑动触点来调压。图 3-20 为实验室常用的低压小容量的自耦变压器，原绕组 U_1U_2 接 220V 交流电压，副绕组 u_1u_2 输出电压可在 0～250V 范围内调节。

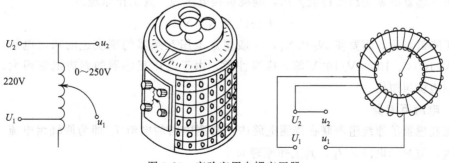

图 3-20　实验室用自耦变压器

自耦变压器可以制成三相结构，绕组作星形连接，用于改变三相交流电压。常用于三相异步电动机的降压启动。图 3-21 为三相自耦变压器的结构图。

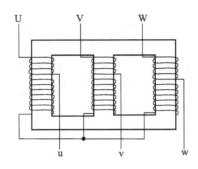

图 3-21　三相自耦变压器

3.4.3　互感器

在电工测量中，被测量的电量经常是高电压或大电流。为了保证测量者的安全，必须将待测电压或电流按一定比例降低，以便于测量。用于测量的变压器称为互感器。按用途可分为电压互感器和电流互感器。

图 3-22 是接有电压互感器和电流互感器测量电压和电流的电路图。由图可以看出，10kV 的高压电路与测量仪表电路只有磁的耦合而无电的直接连通。为防止互感器原、副绕组之间绝缘损坏时造成危险，铁芯和副绕组的一端应当接地。

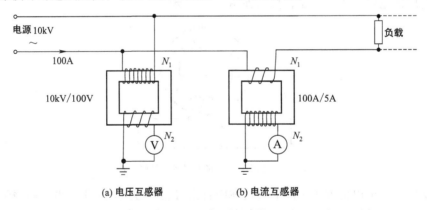

(a) 电压互感器　　　　(b) 电流互感器

图 3-22　仪用互感器

（1）电压互感器

电压互感器的原绕组接待测高压，副绕组接电压表。其工作原理为

$$U_1/U_2 = N_1/N_2$$

为了降低电压，需要使 $N_2 < N_1$，一般规定电压互感器的副绕组的额定电压为 100V，如 6000V/100V、10000V/100V 等。应当注意，由于电压互感器的副边电流很大，因此决不允许副边绕组短路。

（2）电流互感器

电流互感器的原绕组串联在待测电路中，待测电路的电流 I_1 即为原绕组电流。副绕组接电流表，流过的电流为 I_2，其工作原理为

$$I_1/I_2 = N_2/N_1$$

为了减小电流，需使 $N_2 > N_1$，原绕组只有一匝或几匝，副绕组匝数较多。一般规定电流互感器副绕组额定电流为 5A，如 100A/5A，50A/5A 等。

使用电流互感器时副边绕组不能开路，否则铁芯中的磁通值将远远超过正常工作时的磁通值，铁芯中铁损耗增大而强烈发热。特别是匝数较多的副绕组将感应很高的电压，可能损坏设备并危及测量人员的安全。

利用电流互感器原理可以制作便携式钳形电流表，其外形如图 3-23 所示。它的闭合铁芯可以张开，将被测载流导线钳入铁芯窗口中，这根导线相当于电流互感器的原绕组。铁芯上绕有副绕组，与测量仪表连接，可直接读出被测电流的数值。用钳形电流表测量电流不用断开电路，使用非常方便。

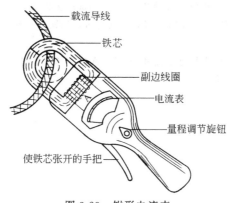

图 3-23 钳形电流表

3.4.4 电焊变压器

电弧焊接是在焊条与焊件之间燃起电弧，用电弧的高温使金属熔化进行焊接。电焊变压器就是为满足电弧焊接的需要而设计制造的特殊变压器。图 3-24 是其原理图。

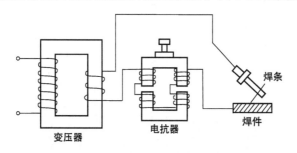

图 3-24 电焊变压器原理图

为了起弧较容易，电焊变压器的空载电压一般不超过 $60 \sim 80V$，当电弧起燃后，焊接电流通过电抗器产生电压降。调节电抗器上的旋柄可改变电抗的大小以控制焊接电流及焊接电压。维持电弧工作电压一般为 $25 \sim 30V$。

思考题与习题

【3-1】 变压器的额定电压为 220V/110V，若不慎将低压绕组接到 220V 的电源上，后果会怎样？

【3-2】 一个交流电磁铁，原规定用于 220V、50Hz 交流电源，现接到 220V、60Hz 交流电源上，会不会被烧坏？

【3-3】 已知一台 220V/110V 的单相变压器，$N_1 = 2200$ 匝，$N_2 = 1100$ 匝，有人想节省铜线将原绕组只绕

100 匹，副绕组只绕 50 匹，是否可以？为什么？

【3-4】 变压器铭牌上标出的额定容量是指什么？其单位为什么是"千伏·安"，而不是"千瓦"？

【3-5】 某单相变压器，$U_1 = 380V$，$I_2 = 21A$，变比 $K = 10.5$，求 U_2 及 I_1。

【3-6】 一台电源变压器，$U_1 = 220V$，$U_2 = 8V$，$N_1 = 1760$ 匹，现要改制成副绕组输出电压为 12V 的变压器，问需将副绕组加绕多少匹？

【3-7】 机床上的低压照明变压器，$U_1 = 220V$，$U_2 = 36V$，现在副绕组端接 $P_2 = 60W$，$U_2 = 36V$ 的白炽灯盏，求 I_1 及 I_2。

【3-8】 半导体收音机的输出变压器，$N_1 = 230$ 匹，$N_2 = 80$ 匹，副绕组与阻抗为 $Z_2 = 8\Omega$ 的喇叭相匹配。现若需改为与 $Z_2 = 4\Omega$ 的喇叭相匹配，问副绕组应为多少匹？

【3-9】 一台自耦变压器，一次绕组有 1000 匹，将它接到 220V 的交流电源上，若需要得到 110V 电压，应当在多少匹处抽头？若需要把电压升到 250V，应当加绕多少匹？

【3-10】 用钳形电流表测量有效值为 10A 的三相对称电流时，当钳住一根、两根、三根时，电流表的读数分别是多少？

【3-11】 电能表通过 10kV/100V 的电压互感器和 100A/5A 的电流互感器，读出某月的耗电量为 4000kW·h，问当月实际耗电量为多少？

第4章
电　动　机

　　电动机的作用是将电能转换为机械能,实现能量的转换,或者完成信号的转换和传递控制。电动机广泛应用于生产、生活和科研的各个领域。

　　电动机分为交流电动机和直流电动机两大类。交流电动机又分为异步电动机和同步电动机两大类。生产上主要用的是交流电动机,特别是三相异步电动机。本章主要讨论三相异步电动机,对单相异步电动机仅作简单介绍,最后扼要介绍了同步电动机、直流电机和两种常用控制电机。

4.1　三相异步电动机的结构和铭牌

4.1.1　三相异步电动机的基本结构

　　电动机是由定子和转子两部分及其他附件所组成的。图4-1是具有笼型转子的三相交流异步电动机拆卸后的结构图。

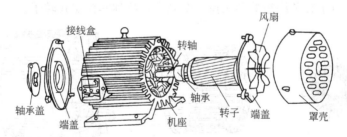

图4-1　三相笼型异步电动机结构

(1) 定子

　　定子是电动机的固定部分,主要由铁芯和绕在铁芯上的三相绕组构成,铁芯一般是由表面涂有绝缘漆的0.5mm硅钢片叠压而成,其内圆周表面均匀分布一定数量的槽孔,用以嵌置三相定子绕组,每相绕组分布在几个槽内,整个绕组和铁芯固定在机壳上,如图4-2所示。

　　定子中三相绕组的六个接线端子从接线盒中引出,其排列如图4-3所示。使用时可以根据情况将定子绕组接成星形或三角形。

　　当电动机每相绕组的额定电压等于电源的相电压时,绕组应作星形连接;当电动机每相绕组的额定电压等于电源的线电压时,绕组应作三角形连接。

(2) 转子

　　转子是电动机的旋转部分,主要由转子铁芯和转子绕组组成。转子铁芯是由0.5mm厚的硅钢片叠压而成的圆柱体,其外圆周表面冲有槽孔,以便嵌置转子绕组,如图4-4(a)

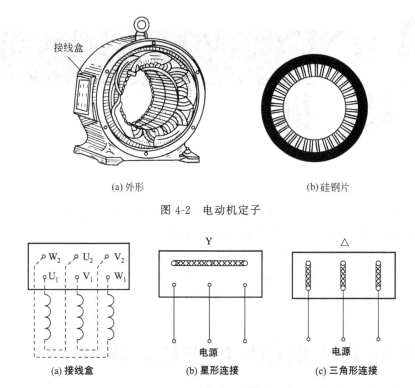

(a) 外形　　　　　　　　　　　　　　　(b) 硅钢片

图 4-2　电动机定子

(a) 接线盒　　　　　(b) 星形连接　　　　　(c) 三角形连接

图 4-3　三相异步电动机定子接线盒

所示。

　　笼式转子是在转子铁芯槽内压进铜条，铜条两端分别焊在两个铜环（端环）上，如图 4-4(b) 所示。由于转子绕组的形状像一个笼子，故称其为笼式转子。

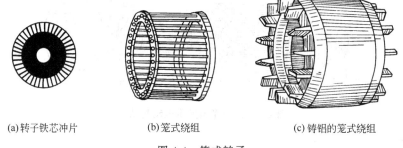

(a)转子铁芯冲片　　　　　(b)笼式绕组　　　　　(c)铸铝的笼式绕组

图 4-4　笼式转子

　　为了节省铜材料，中、小型电动机一般都将熔化的铝浇铸在转子铁芯槽中，连同短路端环以及风扇叶片一次浇铸成形，这样的转子不仅制造简单而且坚固耐用，如图 4-4(c) 所示。

(3) 其他附件

　　除定子、转子两大部分外，电动机还有端盖、轴承、轴承盖、风扇叶和接线盒等附件。

　　三相异步电动机结构简单、成本较低、运行可靠、使用和维护方便。在工农业生产中得到了广泛的应用。可以用来拖动机床、水泵、鼓风机、压缩机、起重卷扬设备、矿山机械、轻工机械、农副产品加工机械等大多数生产机械。据统计，90％的电力拖动的机械用的是异步电动机，异步电动机用电量占电网总负荷的 50% 以上。

4.1.2 三相异步电动机的铭牌

电动机的外壳上都有一块铭牌，标出了电动机的型号以及主要技术数据，以便能正确使用电动机。图 4-5 为一台三相异步电动机的铭牌。

电动机型号（Y-112M-4）指国产 Y 系列异步电动机，中心机座高度为 112mm，"M"表示中机座（"L"表示长机座，"S"表示短机座），"4"表示旋转磁场为四极。下面从铭牌上具体读取其技术参数。

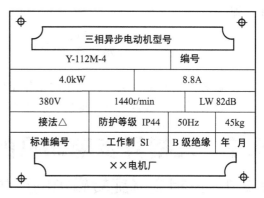

图 4-5 三相异步电动机铭牌

① 额定功率 P_N（4.0kW） 表示电动机在额定工作状态下运行时输出的机械功率。

② 额定电压 U_N（380V） 表示定子绕组上应施加的线电压。通常功率 3kW 以下的异步电动机有 380V 和 220V 两种额定电压，写成 380V/220V，相应的接法有两种，即 Y/△。当电源线电压为 380V 时，定子绕组应接成星形；当电源线电压为 220V 时，定子绕组应接成三角形。电动机功率 4kW 以上时，额定电压一般为 380V，定子绕组作三角形连接。

③ 额定电压 I_N（8.8A） 表示电动机额定运行时定子绕组的线电流。若定子绕组有星形和三角形两种接法时，相应的额定电流应有两种数值。

④ 额定转速 n_N（1440r/min） 表示电动机在额定运行时的转速。

⑤ 防护方式（IP44） 表示电动机外壳防护的方式为封闭式电动机。

⑥ 频率 f（50Hz） 表示电动机定子绕组输入交流电源的频率。

⑦ 工作制（工作制 SI） 表示电动机可以在铭牌标出的额定状态下连续运行。S2 为短时运行，S3 为短时重复运行。

⑧ 绝缘等级（B 级绝缘） 表示电动机各绕组及其他绝缘部件所用绝缘材料的等级。绝缘材料按耐热性可分为 Y、A、E、B、F、H、C 七个等级，如表 4-1 所示。

表 4-1 绝缘材料耐热性能等级

绝缘等级	Y	A	E	B	F	H	C
最高允许温升/℃	90	105	120	130	155	180	>180

目前，国产 Y 系列电动机一般采用 B 级绝缘。此外，铭牌上标注"LW 82dB"是电动机的噪声等级。除铭牌上标出的参数之外，在产品目录或电工手册中还有其他一些技术数据，如表 4-2 所示。

表 4-2 电动机技术数据

型号	满载数据								堵转电流 额定电流	堵转转矩 额定转矩	最大转矩 额定转矩
	功率/kW	电压/V	接法	转速/(r/min)	电流/A	效率	功率因数	温升/℃			
Y-112M-4	4	380	△	1440	8.8	0.85	0.82	80	7	2.0	2.2

⑨ 功率因数 指在额定负载下定子电路的功率因数。三相异步电动机的功率因数在额定负载时约为 0.7～0.9，在轻载和空载时较低，空载时只有 0.2～0.3。因此，必须正确选择电动机的容量，防止"大马拉小车"，并力求缩短空载时间。

⑩ 效率　指电动机在额定负载时的效率。它等于额定状态下输出功率与输入功率之比，即

$$\eta_N = \frac{P_{2N}}{P_{1N}} \times 100\% = \frac{P_{2N}}{\sqrt{3}U_N I_N \cos\varphi} \times 100\% \tag{4-1}$$

⑪ 温升　指额定负载时，绕组的工作温度与环境温度的差值。

⑫ 堵转转矩、堵转电流　即启动转矩 T_{st} 和启动电流 I_{st}。

4.2　三相异步电动机的工作原理

4.2.1　三相交流旋转磁场的产生

当三相异步电动机定子绕组通入对称三相交流电后，转子便会旋转起来，转子转动的先决条件是定子绕组要产生旋转磁场。

为了研究问题简便，将电动机定子简化为三相六槽结构。在空间上互差 120° 的三相绕组 $U_1 U_2$、$V_1 V_2$、$W_1 W_2$ 中分别通入三相交流电流 i_A、i_B、i_C（如图 4-6 所示），将产生各自的交变磁场，其三个交变磁场将合成为一个两极旋转磁场（如图 4-7 所示）。各绕组中电流的参考方向为从首端 U_1、V_1、W_1 流入，从末端 U_2、V_2、W_2 流出。

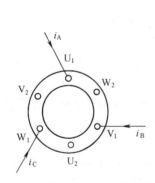

图 4-6　三相绕组通入三相交流电

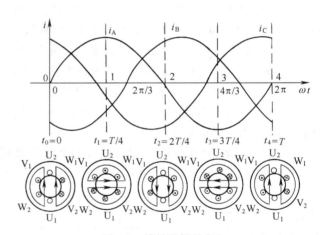

图 4-7　旋转磁场的产生

从图 4-7 中可以看出，空间上排列互差 120° 的三相绕组通入三相交流电后，将产生一对磁极的旋转磁场，电流变化一周期，该旋转磁场在空间旋转一周，即 2π 弧度。

旋转磁场的磁极对数 p 与定子绕组的空间排列有关。图 4-7 所示是每相绕组只有一个线圈的情况，产生的旋转磁场具有一对磁极（两极）。

根据以上分析可知，电流变化一周期，两极旋转磁场（$p=1$）在空间旋转一周。若电流频率为 f(Hz)，则旋转磁场转速 $n_1 = 60f$(r/min)。若使定子旋转磁为四极（$p=2$），可以证明，电流变化一周期，旋转磁场旋转半周（180°），则 $n_1 = 60f/2$(r/min)。按类似方法可推得，具有 p 对磁极的旋转磁场的转速（又称同步转速）为

$$n_1 = 60f/p \text{(r/min)} \tag{4-2}$$

由式(4-2)可知，旋转磁场的转速 n_1 取决于电源频率 f 和电动机的磁极对数 p。中国工频 $f = 50$Hz，于是得出不同磁极对数旋转磁场的转速如表 4-3 所示。

表 4-3　不同磁极对数对应的旋转磁场转速

磁极对数 p	1	2	3	4	5	6
旋转磁场转速 n_1	3000	1500	1000	750	600	500

对旋转磁场形成过程分析还可知，旋转磁场转向与通入电动机定子绕组的电流相序一致。若要使旋转磁场反转，只需把三根电源线中的任意两根对调即可。如若将 U、W 对调，则 U_1U_2 绕组通入 i_C 相电流，W_1W_2 绕组通入 i_A 相电流，即改变了通入电动机定子绕组的三相电流相序，可以作图证明，旋转磁场与原来旋转方向相反。

4.2.2　三相异步电动机的转动原理及转差率

异步电动机转子能在旋转磁场作用下转动的原理可用图 4-8 来说明。

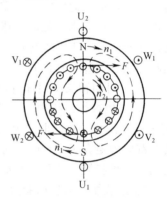

旋转磁场以同步转速 n_1 顺时针方向旋转，相当于磁场不动，转子导体逆时针方向切割磁力线，产生感应电动势、感应电流，用右手定则判定其方向。有电流的转子导体在旋转磁场中受到电磁力的作用，用左手定则判定转子受力的方向。电磁力对转子转轴形成电磁转矩，使转子沿旋转磁场的方向顺时针旋转。转子转速 n_2 与旋转磁场转速 n_1 同方向，不难理解，转子转速 n_2 不可能达到同步转速 n_1（若 $n_2=n_1$，转子和旋转磁场之间不存在相对运动，转子导体不再切割磁力线，转子所受电磁力 $F=0$），有 $n_1 > n_2$，故称为异步电动机。

通常把同步转速 n_1 与转子转速 n_2 的差值与同步转速 n_1 之比称为异步电动机的转差率，用 s 表示，即

图 4-8　异步电动机的运转原理

$$s = (n_1 - n_2)/n_1 \tag{4-3}$$

转差率 s 是描绘异步电动机运行情况的重要参数。电动机在启动瞬间，$n_2=0$，$s=1$，转差率最大；空载运行时，转子转速 n_2 接近于同步转速 n_1，转差率 s 最小。可见，转差率 s 反映了转子转速与旋转磁场转速差异的程度，即电动机的异步程度。

例如，Y-160M-4 型三相异步电动机额定转速 $n_N=1460(r/min)$，其同步转速 $n_1=1500$ (r/min)，则额定转差率 $s_N=(n_1-n_N)/n_1=0.027$。一般情况下，异步电动机额定转差率 $s_N=0.02\sim0.06$。当三相异步电动机空载时，由于电动机只需克服摩擦阻力和空气阻力，故转速 n_2 很接近同步转速 n_1，转差率 s 很小，一般约为 $0.004\sim0.007$。

4.3　三相异步电动机的运行分析

为了全面地了解三相异步电动机的工作情况，需要弄清楚一个重要的物理量——电磁转矩，下面讨论相关的几个问题。

4.3.1　电磁转矩与转子转速的关系

电动机产生的电磁转矩 T 与转子转速 n_2 的关系曲线称为电动机的机械特性曲线，见图 4-9。图 4-9 中，启动转矩 T_{st} 为电动机启动时对应的电磁转矩；额定转矩 T_N 为电动机带额定负载时的电磁转矩；最大转矩 T_m 为电动机运行中具有的最大电磁转矩。

根据机械特性曲线分析如下。

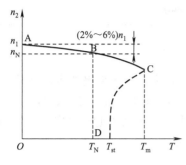

图 4-9 三相异步电动机的
机械特性曲线

① 当电动机的启动转矩 T_{st} 大于负载阻力矩 T_L 时，电动机旋转起来，并在电磁转矩的作用下逐渐加速，此时电磁转矩随 n_2 的增加逐渐增大（沿曲线 DC 段上升），一直增大到最大转矩 T_m。而后，随着转速的继续增大，电磁转矩反而逐渐减小（沿曲线 CA 段下降），最终当电磁转矩等于负载阻力矩 T_L 时，电动机就以某一转速匀速稳定旋转。

② 异步电动机一经启动很快就进入机械特性曲线的 AC 段，并在其某一点上稳定运行。电动机 AC 段工作时若负载加重，负载阻力矩大于电磁转矩，会使电动机转速有所下降，但与此同时，电磁转矩随转速的下降而增大，从而与负载阻力矩达到新的平衡，使电动机以比原来稍低的转速稳定运转。若负载的阻力矩超过了最大电磁转矩 T_m，负载阻力矩则会一直大于电磁转矩（$T_L > T$），再也不存在一个新的平衡点使 $T = T_L$，电动机的转速将会很快下降直到停止，处于堵转状态。堵转时电动机定子绕组的电流可达到额定值的 $4 \sim 7$ 倍，时间稍长将损坏电动机。

③ 机械特性曲线中 AC 段为异步电动机的稳定运行区。从空载（对应曲线上 A 点，转速 n_1）到满载（对应曲线上 B 点，转速 n_N）转速下降很少，仅为额定转速的 2％～6％。只要负载阻力矩介于 A～C 区间内，均可以找到平衡点稳定运行。因此 AC 段也称为异步电动机的硬机械特性，这种特性适合于大多数生产机械对拖动的要求。

④ 过载能力与启动能力　电动机的最大电磁转矩 T_m 与额定转矩 T_N 之比称为电动机的过载能力，一般电动机的过载能力约为 $1.9 \sim 2.2$。电动机的启动转矩 T_{st} 与额定转矩 T_N 之比称为电动机的启动能力，一般电动机的启动能力约为 $1.7 \sim 2.2$。

4.3.2　电磁转矩与电源电压的关系

由于用电负荷的变化，电网电压往往会发生波动。而电动机的电磁转矩对电压很敏感，当电网电压降低时，将引起电磁转矩 T 大幅度降低。

可以证明，电磁转矩 T 与电动机定子绕组上所加电压 U 的平方成正比，即

$$T \propto U^2 \tag{4-4}$$

图 4-10 画出了几条不同电压时的机械特性曲线。

当电动机负载的阻力矩 T_L 一定时，由于电压降低，电磁转矩 T 下降，将使电动机有可能带不动原有的负载，于是转速下降，电流增大。如果电压下降过多，以致最大转矩也低于负载转矩时，则电动机会被迫停转，时间稍长，电动机会因过热而损坏。

4.3.3　输出转矩与输出功率的关系

若电动机在运行中带动负载转动的转矩为 T_2，轴上输出的机械功率为 P_2，转子的转速为 n_2，则由力学知识可知

$$T_2 = 9550 P_2 / n_2$$

电动机在额定状态下运行时，有

$$T_N = 9550 P_N / n_N \tag{4-5}$$

式(4-5)中，T_N 为电动机输出的额定转矩，单位为 N·m（牛顿·米）；P_N 为电动机输出的额定功率，单位为 kW

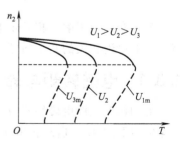

图 4-10　电源电压变化
时的机械特性曲线

（千瓦）；n_N 为电动机的额定转速，单位为 r/min（转/分钟）。

【例 4-1】 已知某三相异步电动机的额定功率 $P_N=4$kW，额定转速 $n_N=1440$r/min，试求额定转矩 T_N、启动转矩 T_{st}、最大转矩 T_m（过载能力为 2.2，启动能力为 1.8）。若电动机满载运行，定子绕组上电压下降 20% 时，电动机能否继续旋转？能否在此状态下满载启动？

【解】 额定转矩 $T_N=9550\times(P_N/n_N)=9550\times(4/1440)=26.5$N·m

启动转矩 $T_{st}=1.8T_N=1.8\times26.5=47.8$N·m

最大转矩 $T_m=2.2T_N=2.2\times26.5=58.4$N·m

当电压降低 20% 时，根据 $T\propto U^2$，对应的启动转矩、最大转矩为

$$T'_{st}=0.8^2T_{st}=0.64T_{st}=0.64\times47.8=30.6\text{N·m}$$

$$T'_m=0.8^2T_m=0.64T_m=0.64\times58.4=37.4\text{N·m}$$

满载运行时，因为 $T_L=T_N=26.5$N·m$<T'_m$，所以降压后能在新的平衡点以新的转速稳定运行。

满载启动时，因为 $T_L=T_N=26.5$N·m$<T'_{st}$，所以降压后可满载直接启动。

【例 4-2】 在【例 4-1】中，若 $U_N=380$V，$\cos\varphi=0.82$，$I_{st}/I_N=7.0$，效率 $\eta=0.84$，求额定电流、启动电流。

【解】 因为效率

$$\eta=P_N/\sqrt{3}U_N I_N\cos\varphi=4\times10^3/(\sqrt{3}\times380\times I_N\times0.82)=0.84$$

所以求得

$$I_N=8.8\text{A}，故 I_{st}=7.0I_N=7.0\times8.8=61.6\text{A}$$

4.4 三相异步电动机的启动、调速、制动

4.4.1 三相异步电动机的启动

电动机从接通电源至正常运转的过程称为启动过程。这一过程对于小型电动机需几秒钟，大型电动机则需十几秒甚至几十秒。大型电动机在启动过程中由于启动电流很大，将导致供电线路电压在电动机启动瞬间突然降低，以致影响同一线路上的其他电气设备正常工作。如果多次频繁启动，还会使电动机由于热量堆积，导致损坏。因此必须采用适当的启动方法，以减小启动电流。常用的启动方法有以下几种。

（1）直接启动（全压启动）

电动机直接与电源相连的启动方法称为直接启动。直接启动的异步电动机要受到供电变压器容量的限制，一般要求启动时线路压降不应超过线路额定电压的 5%。在线路压降允许的前提下，一般 10kW 以下的异步电动机可以直接启动。

（2）降压启动

为了保证电网供电质量及适应生产机械需要，容量较大的笼式三相异步电动机均采用降压启动。即电动机启动时降低加在电动机定子绕组上的电压，待启动结束时再恢复到额定电压运行。笼式三相异步电动机常用的降压启动方法有定子绕组串电阻（电抗）降压启动、自耦变压器降压启动、Y-△降压启动。而绕线式三相异步电动机则采用转子绕组串电阻启动。

① 定子绕组串电阻（或电抗）降压启动 如图 4-11 所示。启动时，将 SA_1 闭合，三相电源电压经电阻 R 接到三相交流电动机定子绕组上，电动机降压启动。待启动完毕后，将 SA_2 闭合，切除掉电阻 R，定子绕组直接与电源相连，全压运行。

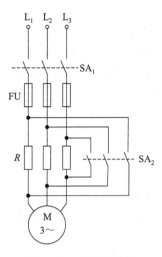

图 4-11　定子绕组串
电阻降压启动

电阻器常用合金电阻丝或铸铁制成，价格较低，但启动时发热量较大，功率损耗较大，不适合用于频繁启动的电动机。用电抗器降压启动，发热量小，功率损耗小，但价格较高。

② 自耦变压器降压启动　　如图 4-12 所示。启动时，将 SA_1 闭合，SA_2 置于降压启动位置。这时，定子绕组承受的是自耦变压器的副边电压，由于变压器变比 $K > 1$，故电动机降压启动，定子绕组电流较全压启动时减小，反映到原边电路，输电线路上的电流将更小一些。待电动机启动完毕后，将 SA_2 切换到全压运行位置上，电动机正常运行。这种方法一般适用于容量较大的笼式异步电动机。

③ 星形（Y）-三角形（△）降压启动　　如图 4-13 所示。正常工作时定子绕组三角形连接的电动机，启动时可先换接成星形。启动时，将开关 SA_1 闭合，SA_2 置于 Y 形连接的位置上，电动机定子绕组星形连接降压启动。待启动完毕后，再将开关 SA_2 切换到三角形连接的位置上，电动机正常运行。这种降压启动，由于电动机每相绕组上的电压降为额定值的 $1/\sqrt{3}$，使得启动转矩、启动电流均为三角形连接时的 $1/3$。这种方法适合于电动机轻载或空载启动。

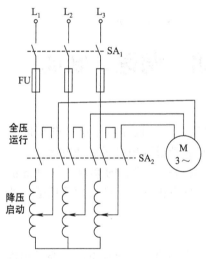

图 4-12　自耦变压器降压启动

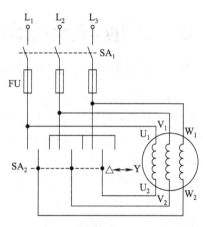

图 4-13　Y-△换接降压启动

4.4.2　三相异步电动机的调速

调速是指人为地改变电动机的转速。根据 $n_1 = 60f/p$ 可知，异步电动机的调速方法如下。

（1）变极（p）调速

这种方法是将定子绕组的接线端引出，通过转换开关改变绕组接法，以改变磁极对数，构成多速电动机。用得最多的是双速电动机，也有三速或四速的电动机。其产品为 YD 系列。通常有 4/2 极、6/4 极、8/4 极、8/6 极、12/6 极。也有 6/4/2 极、8/4/2 极、8/6/4 极，还有 12/8/6/4 极等多种产品。这种调速是步级式的调速方法。

（2）变频（f）调速

这种调速是通过改变异步电动机供电电源的频率来实现的。图 4-14 是变频调速的方框图。可控整流器先将 50 Hz 的交流电变换成电压可调的直流电，再由逆变器将直流电变换成频率可调的三相交流电，从而实现三相异步电动机的无级调速。近年来，电力半导体器件的成本在不断降低，可靠性在不断增强，这种调速方法得到了越来越广泛的使用。

图 4-14　变频调速方框图

（3）变压调速

这种调速方法是用电抗器或自耦变压器来降低定子绕组上所承受的电压，进而改变转矩，获得一定的调速范围。这种方法常用于拖动风机、泵类等负载。家用电器中的风扇就是用这种方法调速的。

4.4.3　三相异步电动机的制动

电动机电源断开后，由于惯性作用，尚需一段时间才能完全停下来。在某些应用场合，要求电动机能够准确停位和迅速停车，以提高生产效率，保证生产安全。在电动机断开电源后，采用一定措施使电动机停下来称为电动机的制动（俗称刹车）。

制动的方法有机械制动和电气制动两种，在此只介绍电气制动。常用的电气制动方法有能耗制动、反接制动、回馈制动等。

（1）能耗制动

能耗制动的原理如图 4-15 所示。当切断三相电源时，接通直流电源，直流电流通过定子绕组产生固定不动的磁场，转子电流与直流电流固定磁场相互作用产生与电动机转动方向相反的转矩，实现制动。这种方法是把电动机轴上的旋转动能转变为电能，消耗在制动器电阻上，故称为能耗制动。制动转矩的大小与直流电流的大小有关，制动电流一般为电动机额定电流的 0.5～1 倍。

能耗制动能量消耗小，制动平稳，无冲击，但需要直流电源。

（2）反接制动

反接制动的原理如图 4-16 所示。在电动机停车时，将接至定子电源线中的任意两相反

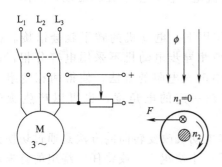

图 4-15　能耗制动

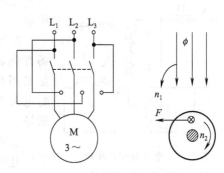

图 4-16　反接制动

接，旋转磁场将反向旋转，产生与转子惯性转动方向相反的转矩，实现制动。

应特别指出的是，当转速接近零时，应利用某种控制电路将电源自动切断，否则电动机将反转。

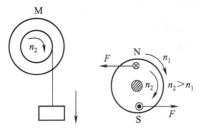

图 4-17　回馈制动

反接制动时，由于旋转磁场与转子的相对转速很大，因而电流较大，对功率较大的电动机制动时应考虑限流。

反接制动方法简单、效果较好，但能量消耗较大。

（3）回馈制动

如果电动机拖动的位能性负载下落时，电动机反而被负载拖动，此时电动机定子绕组如果通电产生旋转磁场且转速为 n_1，当负载拖动电动机使转子转速 n_2 超过同步转速 n_1 时，电动机的转子导体将受到反方向的作用力，如图 4-17 所示。此时的重物将不致因自由下落不断加速造成危险，而在制动力的作用下匀速下落，使重物能平稳地放下。这种制动方法常在起重、运输设备中被应用。

在上述制动状态下，电动机转子电流将反相，与之相应定子绕组中电流也要反相，电动机成为被下落的重物拖动的发电机，产生的能量回馈给电源，故称为回馈制动。

4.5　单相异步电动机

单相异步电动机是由单相电源供电的小功率电动机。日常生活中的电风扇、电冰箱、洗衣机、搅拌机、抽排油烟机等均采用单相异步电动机作动力。

由于单相异步电动机绕组通过单相交变电流，若电动机定子铁芯上只有单相绕组，所产生的磁通是交变脉动磁通，它的轴线在空间上是固定不变的，这样的磁通是不可能使转子启动旋转的。因此必须采用另外的启动措施。下面介绍两种常用的笼式单相异步电动机。

4.5.1　电容分相式单相异步电动机

图 4-18 为电容分相式单相异步电动机的定子电路。其定子具有两个绕组 U_1U_2、V_1V_2，它们在空间互差 90°。其中 U_1U_2 称为工作绕组，流过的电流为 i_2；V_1V_2 绕组中串有电容器，称为启动绕组，流过的电流为 i_1。两个绕组接在同一单相交流电源上。适当选择电容器 C 的容量，可使两个绕组中的电流 i_1、i_2 相位差为 90°，这样在空间上互成 90° 的两相绕组通入互差 90° 的两相交流电，便产生了旋转磁场，如图 4-19 所示。

在旋转磁场的作用下，电动机的转子就会沿旋转磁场方向旋转，有的单相异步电动机不采用电容分相，而是采用在启动绕组中串入电阻的方法，使得两相绕组中的电流在相位上存在一定的电角度，也可以产生旋转磁场。

电容分相式异步电动机改变转向的方法是通过切换开关把电容器改接到另一个绕组上，或将任一绕组的首末端互换。图 4-20 表示通过转换开关 SA_1 改变转向的电路图。

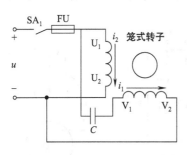

图 4-18　电容分相式单相
异步电动机的定子电路

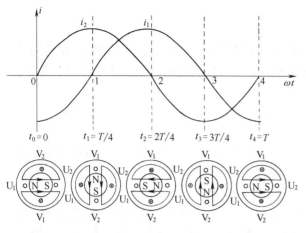

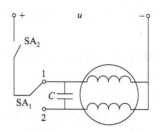

图 4-19 互差 90°的两相电流的旋转磁场　　　　图 4-20 转换开关改变转向电路图

4.5.2　罩极式单相异步电动机

　　罩极式单相异步电动机定子铁芯做成凸极式，转子仍为鼠笼式，如图 4-21 所示。在定子磁极上开一个槽，将磁柱分成两部分，在较小的磁极上套一个短路铜环，称为罩极。在磁极上绕有单相绕组，当通入单相交流电时，铁芯中便产生交变磁通。在交变磁通的作用下，铜环中产生感应电流。由楞次定律可知，感应电流产生的磁场将阻碍原来磁场的变化，使罩极穿过的磁通滞后于未罩铜环部分穿过的磁通，如同磁通总是从未罩部分向罩极移动。总体上看，好像磁场在旋转，从而获得启动转矩。图 4-22 表示电流变化半周期磁通变化的情况。

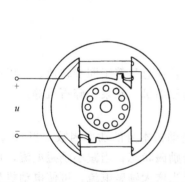

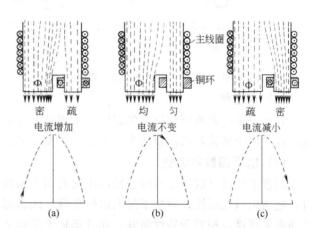

图 4-21　罩极式单相异步电动机结构　　　　图 4-22　罩极式电动机的旋转磁场

　　罩极上的铜环是固定的，而磁场总是从未罩部分向罩极移动，故磁场的转动方向是不变的。所以，罩极式单相异步电动机不能改变转向，它的启动转矩较分相式单相异步电动机的启动转矩小，一般用在空载或轻载启动的台扇、排风机等设备中。

※4.6　同步电动机

　　电动机转子的转速始终与定子旋转磁场转速相同，这类电动机称为同步电动机。同步电动机主要分三相同步电动机和微型同步电动机两类。

4.6.1 三相同步电动机

三相同步电动机也分为定子和转子两大部分。其定子与三相异步电动机的定子结构完全相同，也是由机座、定子铁芯、定子三相绕组等组成。三相绕组也可以接成星形或三角形。通入三相交流电后，产生旋转磁场。

三相同步电动机转子通常由凸出的磁极上装有直流励磁绕组，图4-23为三相同步电动机的结构示意图。

当转子励磁绕组中通入直流电时，便产生恒定的磁极，该磁极被定子旋转磁场吸住并拖动转子以同步转速旋转。图4-24为三相同步电动机的运转原理图。为了保证转子与定子旋转速度相同，转子磁极与定子旋转磁极对数必须相等。

三相同步电动机启动方式：异步启动，同步运转。即转子边沿安装许多类似笼式异步电动机转子的导条，如图4-25所示。启动时，转子上的直流励磁绕组不通电，使转子先异步启动，当转子转速接近同步转速时，再通入直流励磁电流，旋转磁场就会立即吸住转子同步运转。

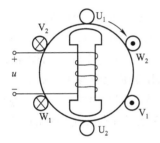
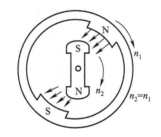
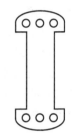

图4-23 三相同步电动机　　　图4-24 三相同步电动机运转原理　　　图4-25 三相同步电动机
　　　结构示意图　　　　　　　　　　　　　　　　　　　　　　　　　　转子笼形导条

三相同步电动机在运行中有以下特点。

（1）恒速性

只要同步电动机所带负载的阻转矩不超过允许值，其转速总是等于同步转速。所以同步电动机常用于拖动要求恒速的生产机械，例如合成氨厂的压缩机、水泵、碎石机等。

（2）功率因数可调性

同步电动机可以通过对转子励磁电流的调节来改变电动机本身的功率因数。当 $\cos\varphi = 1$ 时，电动机呈电阻性，相当于纯电阻性负载，此状态称准励磁状态；当减小励磁电流，可使电动机呈感性，相当于感性负载，此状态称欠励磁状态；当增大励磁电流，可使电动机呈容性，相当于容性负载，此状态称过励磁状态。利用三相同步电动机可将自身转变为容性负载这一特点，在电网中，可和电容器一样起到提高功率因数的作用。在工厂中，功率较大的电动机常使用同步电动机，以改善全厂的功率因数。

三相同步电动机与三相异步电动机相比较，结构复杂，价格较贵，需交、直流电源供电，且不能调速，作为动力机械使用受到一定的限制，但可以作为同步补偿机使用，使其空载运行，向电网输送无功电流，提高功率因数。

4.6.2 微型同步电动机

微型同步电动机是一种不需外加直流电源的小容量单相同步电动机。所使用的是单相交流电源。具有体积小、结构简单、运行可靠及转速恒定等特点，广泛应用于自动化装置、记录仪器、录音机、电影机设备中。

微型同步电动机的定子与单相异步电动机的定子结构基本相同，均为单相绕组，为了产生旋转磁场，其定子也有电容式和罩极式。其转子按结构和作用原理的不同，可分为反应式、磁滞式和永磁式三类。

（1）反应式同步电动机

反应式同步电动机的转子是用软磁材料做成凸极式，边沿安装笼式导条，当定子绕组通入单相交流电产生旋转磁场后，转子异步启动。当转子转速接近同步转速时，转子被旋转磁场磁化产生磁极，如图 4-26(a) 所示。当转子转速与旋转磁场的同步转速稍有差异，就会使磁力线扭曲，即旋转磁场的轴线与转子纵轴不重合，如图 4-26(b) 所示。而磁力线总是力图沿磁阻最小的路径通过，于是便有迫使转子纵轴向旋转磁场轴线重合的转矩（即磁阻转矩）产生，最终转子在磁阻转矩的作用下与旋转磁场同步旋转。

反应式同步电动机广泛应用于自动记录装置、电钟、电唱机等设备中。

（2）磁滞式同步电动机

磁滞式同步电动机的转子是用硬磁材料制成的圆柱形，转子中间开槽使转子沿不同方向的磁阻不同，在定子旋转磁场的作用下，将产生一定的磁阻转矩。另一方面，由于转子是由硬磁材料制成，具有较强的磁滞效应，又将产生磁滞转矩，见图 4-27。图 (a) 为开始时转子被定子旋转磁场所磁化的示意图。而当定子磁极旋转一角度 θ 后，转子上已被磁化的磁性并未消失，表现为旋转磁场与转子磁极轴线之间将出现空间位置的夹角 θ，即磁滞角。磁滞角 θ 的存在，使气隙中旋转磁场对转子磁极的作用力 F 分解为径向作用力 F_n 和切向作用力 F_t。切向作用力 F_t 可形成磁滞转矩，使转子沿旋转磁场方向旋转，如图 4-27(b) 所示。

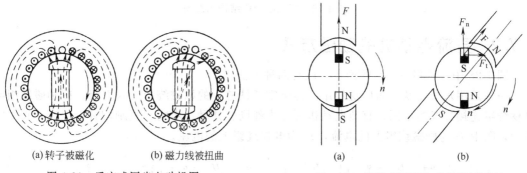

图 4-26　反应式同步电动机图

图 4-27　磁滞式同步电动机转矩原理

可见，磁滞式同步电动机是受磁滞转矩和磁阻转矩共同作用而旋转的。这种同步电动机运行功率因数较低。

（3）永磁式同步电动机

永磁式同步电动机的转子是由永久磁铁制成的凸极式。当定子绕组通过单相交流电产生旋转磁场后，转子永久磁场将产生与旋转磁场相同的磁极数，因而被定子旋转磁场拖入同步运转。为了保证转子顺利启动，转子凸极边沿上安装笼式条，使转子异步启动，若电动机转子本身惯性很小，且速度较低，也可不装笼式导条自动启动。这种电动机广泛应用于自动化仪表内的计时机构中。

※4.7 直流电动机

直流电动机以其良好的调速性能和启动性能，在电力拖动中占有一定的地位。对调速要求较高的生产机械（例如龙门刨床、镗床、轧钢机等）或者需要较大启动转矩的生产机械（例如起重机械、电力牵引设备等）往往采用直流电动机来驱动。

4.7.1 直流电动机的结构及转动原理

直流电动机主要由定子和转子两部分组成，图4-28为直流电动机结构图。图中，N、S为直流电动机定子主磁极，主磁极上绕有励磁绕组，通以直流电，产生固定磁场。线圈abcd装在可转动的圆柱形铁芯上，合称电枢，线圈称为电枢绕组。与电枢绕组两端相连的是两个彼此绝缘的圆弧形铜片，即换相片。电刷AB紧压在换相片上并与外加直流电源相通。电刷是固定不动的，而换相片随电枢一起转动，以此保证在电源极性不变的前提下，电枢线圈所受的电磁力始终维持电枢沿某一方向转动。

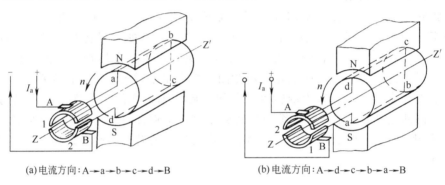

(a)电流方向：A→a→b→c→d→B　　　　(b)电流方向：A→d→c→b→a→B

图4-28　直流电动机结构示意图

4.7.2 直流电动机的励磁方式

图4-28中，磁极N、S的产生一般有两种方法。

一种是用永久磁铁。而广泛使用的是给定子铁芯上的励磁绕组通入直流。按励磁绕组与电枢绕组连接方式的不同，直流电动机可分为他励、并励、串励、复励四种，电路如图4-29所示，图中I_f为励磁绕组上的电流，I_a为电枢绕组上的电流。

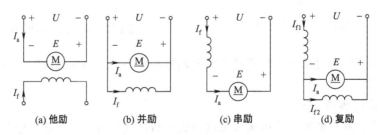

(a) 他励　　　　(b) 并励　　　　(c) 串励　　　　(d) 复励

图4-29　直流电动机的励磁方式

上述四种直流励磁电动机的机械特性曲线如图4-30所示。

他励和并励直流电动机具有硬机械特性。当负载增大时转速略有下降，但变化不大。所以这种电动机调速范围广，适用于需要调速的轧机、金属切削机床、纺织印染、造纸和印刷机械。

串励直流电动机具有软机械特性。当负载增大时转速大幅度下降，但当负载很轻或接近空载时，转速将很高。电动机转速过高，将造成人身安全及设备事故。因此串励直流电动机绝对不允许在额定电压下空载运行。为防止因负载滑脱造成事故，串励直流电动机与负载之间必须用联轴器或齿轮连接，不准用皮带传动。这种电动机主要用于起重及交通运输机械上，如起重吊车、电瓶车、城市电车、电传动机车等。

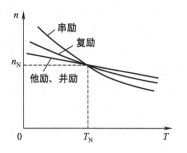

图 4-30　直流电动机的机械特性

复励直流电动机具有的机械特性曲线介于以上两种电动机的机械特性曲线之间，适用于起重转矩较大，转速变化不大的负载，如冶金辅助机械、空气压缩机等。

※4.8　控制电机

在自动控制系统中，常见各种具有特殊性能的小功率电机，应用在信号检测、转换、传递、控制及驱动执行机构等方面，称为控制电机。本节主要以伺服电动机、步进电动机为例说明。

4.8.1　伺服电动机

伺服电动机是将输入电信号转换成轴上的角位移或角速度输出。在自动化控制系统中经常作为执行元件使用，又称为执行电动机。伺服电动机按使用电源的不同可分为交流伺服电动机和直流伺服电动机两大类。图 4-31 为交流伺服电动机的电路图。

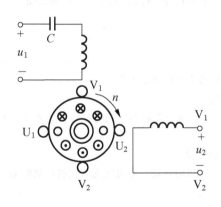

图 4-31　交流伺服电动机的电路图

交流伺服电动机的结构与单相电容式异步电动机相似。电动机定子上装有互差 90° 的两相绕组，一相为励磁绕组 U_1U_2，接交流电源 u_1；另一相为控制绕组 V_1V_2，接输入信号 u_2。励磁绕组上串接有电容器 C，起移相作用。

当交流电压 u_1 和信号电压 u_2 同时加在定子绕组上，产生旋转磁场，转子便会转动。转速的高低与信号电压的大小成正比。当无控制信号输入时，无旋转磁场产生，转子启动转矩为零，转子静止不动。信号反相时，转子反转。

国产交流伺服电动机型号 SK 系列，输出功率较小，一般为 0.5～100W。

4.8.2　步进电动机

一般电动机都是连续运转的，而步进电动机却是一步一步转动的。每给它输入一个电脉冲信号，就对应转动一个角度。所以，它是一种把输入电脉冲信号转换成为机械位移的执行元件。

图 4-32 为步进电动机原理图。定子铁芯由硅钢片叠成，其定子上装有六个均匀分布的磁极，每对磁极上都绕有控制绕组，每相绕组首端 U_1、V_1、W_1 接电源，末端 U_2、V_2、

W$_2$ 相连，以构成 Y 形连接。转子也由硅钢片叠成。转子形状为凸极，称为齿。

当向 U 相绕组通入电脉冲时，由于磁通总是沿磁阻最小的路径闭合，于是产生磁场力使转子铁芯齿 1、3 与 U 相绕组轴线对齐，见图 4-32(a)。若将电脉冲改为通入到 V 相绕组中，根据同样的原理，转子铁芯齿 2、4 与 V 相绕组轴线对齐，转子就旋转一个角度，称为步距角。见图 4-32(b)。按照以上原理分析，若定子绕组按 U—V—W—U…… 的顺序重复通入电脉冲，转子就按顺时针方向一步一步转动。通入的电脉冲频率越高，电动机的转速就越快。

如果改变通入电脉冲的顺序为 U—W—V—U…… 的顺序，转子则反方向一步一步转动。

实际中，为了提高步进电动机的精度，即减小步距角，常将步进电动机定子每一个极分成许多小齿，如图 4-33 所示。

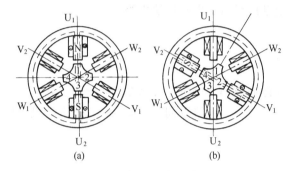
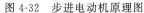

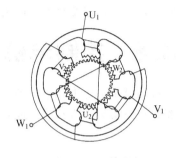

图 4-32　步进电动机原理图　　　　图 4-33　步进电动机实际结构示意图

步进电动机广泛应用于数控机床、自动记录仪表、计算机绘图仪、计算机外围设备、军事等。

思考题与习题

【4-1】试画图说明三相异步电动机两极旋转磁场产生过程，怎样改变旋转磁场方向？

【4-2】笼式转子为什么能在旋转磁场中转动，为何达不到同步转速？

【4-3】两台三相异步电动机，其额定转速分别为 2980r/min、975r/min，它们各有几对磁极？转差率分别为多少？

【4-4】试根据三相异步电动机的机械特性曲线说明电动机的启动过程。

【4-5】额定状态下三角形连接的电动机，启动时做星形连接，此时启动转矩、启动电流与直接启动时有何变化？

【4-6】简述电容分相式单相异步电动机的工作原理。

【4-7】有 Y-160M-2 和 Y-180L-8 型电动机各一台，额定功率都是 11kW，但前者额定转速为 2930r/min，后者额定转速为 730r/min，试求：①它们各自的转差率；②它们各自的额定转矩（电源的频率为 50Hz）。

【4-8】已知 Y-180M-4 型电动机的额定功率为 18.5kW，额定转速为 1470r/min，电源频率为 50Hz，过载能力为 2.2，启动能力为 2.0，求最大转矩 T_m 和启动转矩 T_{st}。

【4-9】已知 Y-225M-4 型电动机的铭牌数据为：55kW，380V，三角形连接，1480r/min，功率因数为 0.88，效率为 92.6%，$I_{st}/I_N = 7.0$，$T_{st}/T_N = 1.9$。

① 求额定运行时的线电流、相电流、输入功率；

② 求直接启动时的启动电流、启动转矩；

③ 若采用星形降压启动，启动电流、启动转矩为多少？

④ 若降压启动时所带负载为额定转矩的 80%，试计算电动机能否带负载直接启动。

第 **5** 章

电气控制技术

电气控制技术是以各类电动机为动力的传动装置和系统为对象，以实现生产过程自动化的控制技术，主要包括继电—接触器控制、可编程控制器控制技术等。其中，继电—接触器控制是一种最基本的控制方式，在通用设备控制系统中仍起着举足轻重的作用，也是学习更为先进的电气控制系统的基础，所以本章重点讨论继电—接触器控制技术。可编程控制器（PLC）是 20 世纪 60 年代诞生并发展起来的一种新型工业自动控制装置，目前应用日益广泛，本章最后简要介绍了 PLC 的基本知识。

5.1 常用低压电器

为了解控制线路的原理，必须了解其中各个电气元件的结构、动作原理以及它们的控制作用。电器的种类繁多，本节介绍一些常用的低压电器。

用于交流 1200V 以下或直流 1500V 以下电路中的电器称为低压电器，主要有开关、接触器、继电器、按钮等。

5.1.1 开关

开关是用于接通和断开电路的电器。常用的开关有刀开关、铁壳开关、组合开关和自动空气开关。

（1）刀开关

刀开关是一种最简单的手动控制电器，其结构和符号如图 5-1 所示。

刀开关分为单极、双极和三极。适用于接通或断开有电压而无负载电流的电路。因其结构简单、操作方便、价格便宜，在一般的照明电路和小于 5.5kW 电动机的控制电路中常被采用。用于照明电路时可选用额定电压 220V 或 250V，额定电流等于或大于电路最大工作电流的两极开关；用于电动机的直接启动时，可选用额定电压 380V 或 500V，额定电流等于或大于电动机额定电流 3 倍的三极开关。

在安装刀开关时刀口应朝上，如图 5-2 所示。这样，在开关断开瞬时产生电弧时，热空气上升将电弧拉长而熄灭。如果倒装，热空气的拉弧作用正好相反，电弧不易熄灭。而且也可能由于重力的作用使手柄和触刀下落造成误合闸。

常用的刀开关有 HK1 系列、HK2 系列。HK1 系列为全国统一设计产品。

（2）铁壳开关

铁壳开关又称封闭式负荷开关。是带有熔断器的刀开关放在用铸铁或薄钢板冲压而成的铁壳中。它是在闸刀开关基础上改进设计的一种开关。

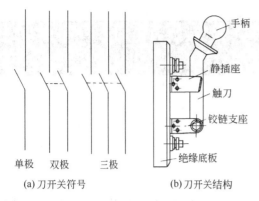

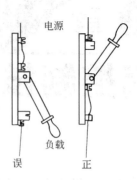

（a）刀开关符号　　　　（b）刀开关结构

图 5-1　刀开关

图 5-2　刀开关的安装

常用的铁壳开关有 HH3、HH4 系列，其中 HH4 系列为全国统一设计产品，可取代同容量的其他系列老产品。其外形及结构如图 5-3 所示。为了安全，铁壳盖上有一凸筋，其作用是：开关闭合时，手柄推上挡住凸筋，使铁壳盖不能打开。只有当开关断开后，手柄拉下，铁壳盖才能打开。铁壳盖打开后，凸筋挡住手柄，使在开盖情况下手柄无法使开关闭合。

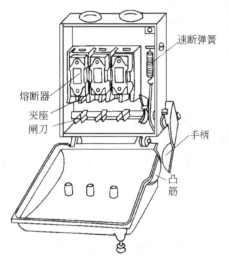

图 5-3　HH 系列铁壳开关

铁壳开关配用的熔断器，额定电流为 60A 及以下者，配用瓷插式熔断器；额定电流为 100A 及以下者，配用无填料封闭管式熔断器。

铁壳开关使用时应注意以下几点。

① 铁壳开关不允许随意放在地面上使用。

② 操作时不要面对开关，以免意外故障电流使开关爆炸，铁壳飞出伤人。

③ 开关外壳应可靠接地，防止意外漏电造成触电事故。

（3）组合开关

组合开关也称转换开关，它是由多层动触头和静触头组成，可以控制多条线路的通断。动触头均连在同一转轴上通过手柄进行控制。转动手柄，便可变换触头的通、断位置。常用的是全国统一设计产品 HZ10 系列，其外形与结构如图 5-4 所示。

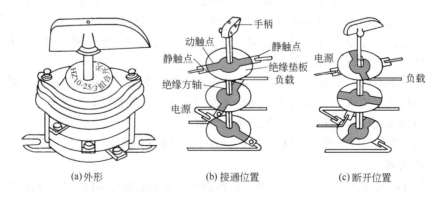

（a）外形　　　　　（b）接通位置　　　　　（c）断开位置

图 5-4　HZ10 系列组合开关

　　组合开关多用在机床电气控制线路中作为电源的引入开关，也可以用作不频繁地接通和断开电路、换接电源和负载以及控制 5kW 以下的小容量异步电动机的正反转、Y-△启动。

（4）自动空气开关

　　自动空气开关又称为自动空气断路器，是低压配电网络和电力拖动系统中非常重要的一种电器，它集控制和多种保护功能于一身，除能完成接通和分断电路功能外，还能对电路进行短路、欠压、严重过载的保护，同时也可用于不频繁地启动电动机。图 5-5 为 DZ5-20 型自动空气开关的外形及结构原理图。

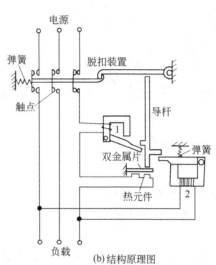

(a)外形　　　　　　　　　　　　　　(b)结构原理图

图 5-5　DZ5-20 型自动空气开关

　　电路过载时，串联在电路中的热元件产生热量使金属片受热弯曲，推动导杆向上使脱扣装置脱开，电源开关的三个触头在弹簧拉力下将电路切断。

　　电路短路时，串联在电路中的电磁铁 1 在短路电流作用下吸动衔铁，迅速推动导杆使脱扣装置脱开。

　　电路出现欠压时，一般当电源电压降至额定值的 85％ 以下（或停电）时，电磁铁 2 吸力不足，衔铁被弹簧拉向上方，推动导杆使脱扣装置脱开，从而切断电路。

5.1.2　熔断器

　　熔断器是低压配电系统和电力拖动系统中的保护电器，在使用时串接在所保护的电路中。当电路出现短路或严重过载时，其内部低熔点的熔丝或熔片将自动熔断，将电路切断。

　　熔断器主要由熔体、安装熔体的熔管和熔座三部分组成。主要有以下几种。

（1）RC1A 系列瓷插式熔断器

　　图 5-6 为 RC1A 系列瓷插式熔断器的结构、外形。它是由瓷座、瓷盖、动触头、静触头和熔丝五部分组成。使用时，电源线与负载线可分别接于熔断器瓷座的接线座上，瓷盖动触头装上熔丝，将瓷盖合于瓷座上即可。

　　该熔断器结构简单、价格低廉，一般在交流 50Hz、额定电压 380V、额定电流 200A 以下的低压线路末端或分支电路中，作为电气设备的短路保护及一定程度上的过载保护用。

（2）RL1 系列螺旋式熔断器

RL1 系列螺旋式熔断器属于填料封闭管式。外形及结构如图 5-7 所示。主要由瓷帽、熔断管、瓷套、上、下接线座及瓷座等组成。使用时，将熔断管有色点指示器的一端插入瓷座中，再将瓷帽连同熔断管一起旋入瓷座内，使熔丝通过瓷管上端金属盖与上接线座连通，瓷管下端金属盖与下接线座连通。熔丝熔断时，色点自动脱落。

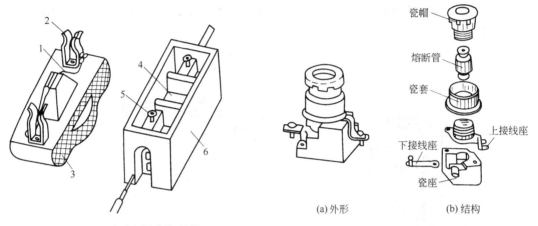

图 5-6　RC1A 系列瓷插式熔断器
1—熔丝；2—动触头；3—瓷盖；
4—空腔；5—静触头；6—瓷体

图 5-7　RL1 系列螺旋式熔断器

在装接使用时，电源线应接在下接线座，负载线应接在上接线座，这样在更换熔断管时（旋出瓷帽），金属螺纹壳上的接线座便不会带电，操作安全。

该熔断器的分断能力较强，结构紧凑、体积小、安装面积小、更换熔体方便，安全可靠，熔丝熔断后有明显信号指示，故广泛应用于控制箱、配电屏、机床设备及震动较大的场所，作为短路保护及过载保护元件。

（3）RM10 系列无填料封闭管式熔断器

RM10 系列无填料封闭管式熔断器外形及结构如图 5-8 所示。主要由熔断管、熔体、夹头及夹座等组成。使用时将刀形夹头插入开口夹座。

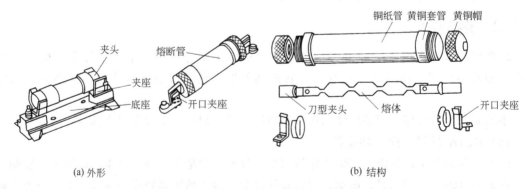

图 5-8　RM10 系列无填料封闭管式熔断器

该熔断器多用于低压电力网和成套配电装置中，作为导线、电缆及较大容量电气设备的短路或连续过载保护。为了保证能可靠地切断所规定的分断能力的电流，按要求 RM10 系列熔断器在切断过二次相当于分断能力的电流后，必须更换熔断丝管。

此外，还有 RT0 系列有填料封闭管式熔断器、RLS、RS0 系列快速熔断器、自复式熔断器等。

RT0 系列有填料封闭管式熔断器（管中填充石英砂）是一种大分断能力的熔断器。广泛应用于短路电流很大的电力网络或低压配电装置中。外形如图 5-9 所示。

RLS 系列主要用于小容量硅元件及其成套装置的短路保护和某些适当的过载保护。RS0 系列主要用于大容量晶闸管元件的短路和某些不允许过电流的保护。

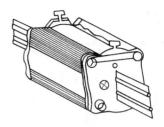

图 5-9 RT0 系列有填料封闭管式熔断器

自复式熔断器主要用于电力网络的输配电线路中，作不需要分断电路的短路保护及限制过载电流用。

5.1.3 交流接触器

交流接触器是一种自动控制电器，可频繁接通和切断电路。目前，国产交流接触器主要为 CJ10、CJ12、CJ20 系列。图 5-10 为 CJ10 交流接触器的外形、图形符号和结构示意图。

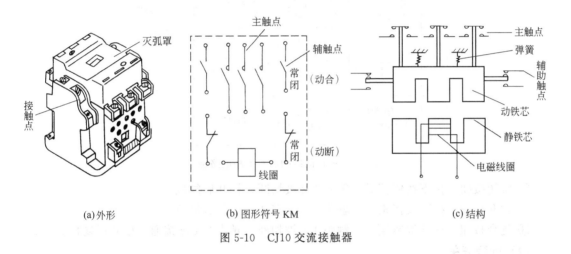

(a) 外形 　　　　(b) 图形符号 KM 　　　　(c) 结构

图 5-10 CJ10 交流接触器

交流接触器主要由电磁部分、触头部分及灭弧罩组成。

电磁部分由动铁芯、静铁芯和电磁线圈组成。电磁线圈装在静铁芯上，当电磁线圈中无电流时，铁芯中无电磁吸力，由于弹簧的作用，使动、静铁芯分开；当电磁线圈中通入交流电流后，其电磁吸力将动、静铁芯吸合。

触点部分包括三个主触点和两对辅助触点，主触点为常开触点（动合触点），允许通过的电流大，串接在主电路中，控制电路的通、断。辅助触点为两对常开（动合）、常闭（动断）触点，允许通过的电流小，接在控制电路中。所有触点均与动铁芯相连，随动铁芯动作。

灭弧罩用陶瓷制成，盖在三个主触头上，使产生的电弧迅速熄灭，不会外溅。

交流接触器的动作过程为：当电磁线圈通入交流电后，所有的触点均向相反的状态动作，即动合触点闭合，动断触点断开；电磁线圈断电后，所有的触点恢复常态。

选择交流接触器要考虑其额定电压和额定电流。额定电压是指交流接触器主触头及电磁线圈的工作电压。常用的 CJ10 系列的额定电压有 127V、220V、380V 等多种。额定电流是指主触头允许通过的电流，常用的 CJ10 系列的额定电流有 5A、10A、20A、40A 到 600A

等多种。

5.1.4 主令电器

按钮、行程开关是在自动控制系统中发出指令或信号的操纵电器，称为主令电器。其作用是用来切换控制电路，使电路接通或分断，实现对电力拖动系统的各种控制。

（1）按钮

按钮是一种手动操作接通或分断小电流控制电路的主令电器。一般情况下它不直接控制主电路的通断。按钮内部有复位弹簧存在，当松手去掉外力后，按钮恢复原位。图 5-11 为按钮的结构示意图和电路符号。

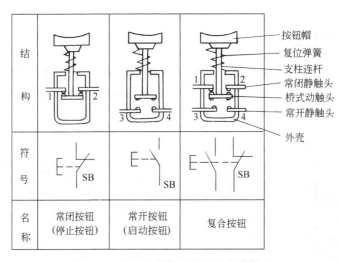

图 5-11 按钮的结构示意图和电路符号

① 常闭按钮 按下按钮帽后，触头 1-2 被切断，松开后复位。
② 常开按钮 按下按钮帽后，触头 3-4 被接通，松开后复位。
③ 复合按钮 按下按钮帽后，触头 1-2 被切断，触头 3-4 被接通，松开后复位。

（2）行程开关

行程开关又称位置开关或限位开关，是一种很重要的小电流主令电器。

行程开关的动作原理与按钮相同，只是其触头的闭合与分断不是手动操作。而是利用生产机械某些预先设置好的运动部件碰撞推杆或滚轮使其触头闭合与分断，从而实现位置控制。

行程开关按其动作及结构可分为按钮式（直动式）、旋转式（滚轮式）。其外形图、原理图如图 5-12 所示。

5.1.5 继电器

继电器是一种根据电量或非电量（如电压、电流、转速、时间、温度等）的变化，接通或断开控制电路，实现自动控制和保护电力拖动装置的电器。

继电器一般不是用来直接控制较强电流的主电路，主要用于反映控制信号，因此同接触器比较，继电器触头的分断能力较小，一般不设灭弧罩。

继电器的种类很多，可分为热继电器、电流继电器、电压继电器、时间继电器、压力继电器、速度继电器等。在此只介绍热继电器、时间继电器。

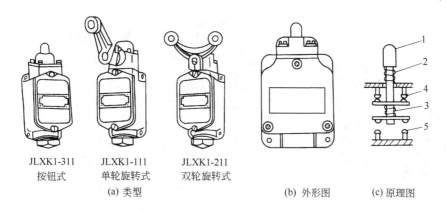

JLXK1-311　　　JLXK1-111　　　JLXK1-211
按钮式　　　　单轮旋转式　　　双轮旋转式

　　　　　　　　(a) 类型　　　　　　　　　　(b) 外形图　　　(c) 原理图

图 5-12　JLXK1 系列行程开关

1—杠杆；2—弹簧；3—触点弹簧；4—常闭触点；5—常开触点

（1）热继电器

热继电器常用来对电动机进行过载保护。电动机在运行过程中，由于种种原因，例如长期过载、频繁启动、欠压运行、断相运行等均会使流过电动机的电流超过额定值。若过电流的数值不足以使电路中的熔断器熔断时，电动机绕组就会因过流而导致过热，影响电动机寿命，严重时甚至会烧坏电动机。因此，常采用热继电器进行过载保护。

图 5-13 为热继电器的外形图、符号图及结构图。

(a)外形图　　　　　　(b)符号图　　　　　　(c)结构示意图

图 5-13　热继电器

在实际热继电器产品中，有三个发热元件的，也有两个发热元件的。图 5-13 为三个发热元件的热继电器。使用时，热元件分别串联在电动机定子绕组的主电路中，动断触点（常闭触点）则串联在电动机控制电路中。电动机在工作中若出现过载时，热继电器中的热元件发热，使膨胀系数不同的双金属片受热变形向上弯曲，脱离转杆，转杆在拉簧的作用下沿轴逆时针转动，使原来一直处于闭合的动断触点断开，从而可将控制电路切断，使电动机停转。

热继电器动作后，按下复位按钮，触点恢复常态。有的热继电器能自动复位。

在使用热继电器时，选用的热元件额定电流应根据电动机的额定电流进行整定。通常热继电器的动作电流应等于电动机的额定电流。国产热继电器有 JR0、JR10 及 JR16 等系列产品。

（2）时间继电器

时间继电器是一种能控制动作时间的继电器，其特点是电磁线圈通电后其触点经过一定时间间隔（延时）才动作。

时间继电器的种类很多，常用的有 JS7 系列空气阻尼式、JS17 系列电动式、JSJ 系列晶体管式、JS20 系列单结晶体管式。在此只介绍 JS7 系列空气阻尼式时间继电器。图 5-14 为 JS7-A 空气阻尼式时间继电器的外形图、结构图。

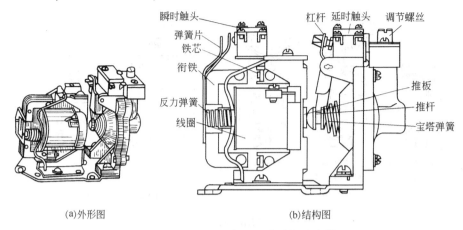

(a)外形图   (b)结构图

图 5-14 JS7-A 空气阻尼式时间继电器

空气阻尼式时间继电器又称气囊式时间继电器。它是利用气囊中的空气，通过小孔节流的原理来获得延时动作的。根据触头延时特点可分为通电延时动作和断电延时复位两种。

JS7-A 空气阻尼式时间继电器主要由电磁机构、触头系统、气室、传动机构、基座组成。

电磁机构由线圈、铁芯和衔铁组成。

触头系统由两对瞬时触头（一常开一常闭）和两对延时触头（一常开一常闭）组成。

气室为一空腔，内装一成型橡皮薄膜，随空气的增减而移动，气室顶部的调节螺钉可调节延时时间。

传动机构由推板、活塞杆、杠杆及各类型的弹簧等组成。

基座由金属钢板制成，用以固定电磁机构和气室。

图 5-15 为动作原理图，图（a）为通电延时型；图（b）为断电延时型。其动作原理分述如下。

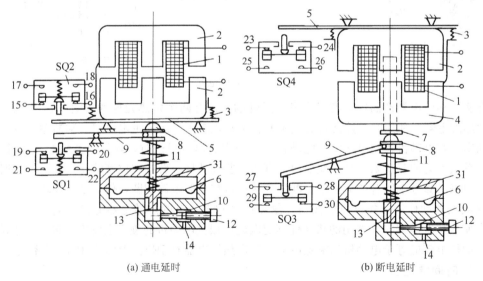

(a) 通电延时   (b) 断电延时

图 5-15 JS7-A 空气阻尼式时间继电器动作原理

1—线圈；2—衔铁；3—反力弹簧；4—铁芯；5—推板；6—橡皮膜；7—衔铁推杆；8—活塞杆；9—杠杆；10—螺旋；11—宝塔形弹簧；12—调节螺钉；13—活塞；14—进气口；SQ2：15，16—瞬时断常闭触头；SQ2：17，18—瞬时闭合常开触头；SQ1：19，20—延时断瞬时闭合常闭触头；SQ1：21，22—延时闭合瞬时断开常开触头；SQ4：25，26 与 SQ2 相同；SQ4：23，24—瞬时断常闭触头；SQ3：27，28—瞬时闭合延时断开常开触头；SQ3：29，30—瞬时断延时闭合常闭触头；31—弱弹簧

① 通电延时型动作过程　当线圈 1 通电后，铁芯 4 产生吸力，衔铁 2 克服反作用弹簧 3 的吸力被吸合，推板 5 随衔铁立即动作，并压合瞬时开关 SQ2，常闭触头 15、16 瞬时断开，常开触头 17、18 瞬时闭合。原被衔铁压缩的宝塔形弹簧 11 力图使活塞杆 8 快速复位，但由于气室内套和橡皮膜贴合，空气室容积增大产生负压；另外，空气又只能通过直径很小的锥形气孔进入而推动活塞 13 移动，所以活塞只能在依靠塔形弹簧克服气室内的阻力的情况下带动杠杆 9 缓慢移动，移动速度的快慢由进气口 14 的节流程度而定，可通过调节螺钉 12 和螺旋 10 加以调整。经过一定时间后，活塞杆 8 到达上部极限位置，通过杠杆 9 将延时开关 SQ1 压动，其常闭触头 19、20 断开，常开触头 21、22 闭合，起到通电延时的作用。

当线圈 1 断电时，衔铁 2 在反力弹簧 3 的作用下，通过活塞杆 8 将活塞推向下端。这时橡皮膜 6 下方气室内空气都通过橡皮膜 6、弱弹簧 31 和活塞 13 的局部所形成的单向阀很快地从橡皮膜下方的气室缝隙中排掉。使瞬时开关 SQ2、延时开关 SQ1 的各触头瞬时复位。

② 断电延时型动作过程　与通电延时型的分析基本相同，此处不再赘述。

延时触点符号如图 5-16 所示。

空气阻尼式时间继电器的延时范围较大（0.4～180s），且不受电压和频率波动的影响。结构较简单、寿命长、价格低廉。但延时误差大［±（10％～20％）］，无调节刻度指示，难以精确地整定时间，在对延时精度要求较高的场合不宜采用这种时间继电器。目前，半导体时间继电器发展很快，它精度高、体积小、调节方便、寿命长，因此使用日益广泛。

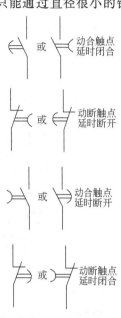

图 5-16　延时触点符号

5.2　继电接触器控制系统

继电接触器控制系统主要由继电器、接触器、按钮、行程开关等组成，由于其控制方式是断续的，故又称为断续控制系统。它具有控制简单、方便实用、价格低廉、易于维护、抗干扰能力强等优点，至今仍是许多生产机械设备广泛采用的基本电气控制形式。

继电接触器控制电路通常包括主电路和控制电路两部分。主电路中有开关、熔断器、接触器的主触头、热继电器的热元件等，它们与被控制的电动机是串联关系。控制电路包括按钮、交流接触器线圈、热继电器动断触头等，基本控制方式是接通或切断控制电路，使交流接触器电磁线圈通电或失电，主触头闭合或断开，以控制主电路。下面以三相异步电动机为控制对象，介绍几种典型的继电接触器控制电路。

5.2.1　三相异步电动机的启动电路

三相异步电动机的启动控制通常有点动控制和连续控制两种方式。

(1) 点动控制

生产机械除需正常连续运转外，往往还需要做调整运动，这时就要进行点动控制，电路如图 5-17 所示。

电路的工作过程如下。

① 接通三相电源开关 QS。

② 启动过程　按下 SB→KM 线圈得电→KM 主触点闭合→电动机 M 通电运转。

③ 停止过程　松开 SB→KM 线圈失电→KM 主触点断开→电动机 M 断电停转。

（2）连续控制

在实际应用中，经常要求电动机能够长时间转动，这种控制就是连续控制，电路如图 5-18 所示。

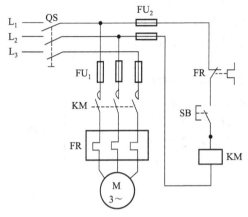

图 5-17　三相异步电动机的点动控制电路

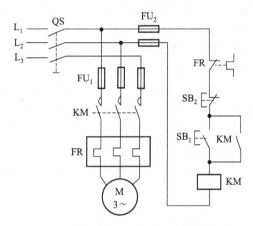

图 5-18　三相异步电动机的连续控制电路

电路的工作过程如下。

① 接通三相电源开关 QS。

② 启动过程　按下 SB_1→KM 线圈得电→KM 主触点闭合（同时与 SB_1 并联的常开辅助触点闭合）→电动机 M 通电运转。

当松开 SB_1 时，KM 线圈仍可通过其常开辅助触点保持通电，从而使电动机连续运转。这种依靠接触器自身的辅助触点保持线圈通电的电路称为自锁电路，起到自锁作用的 KM 常开辅助触点叫自锁触点。

③ 停止过程　按下 SB_2→KM 线圈失电→KM 主触点、辅助触点断开→电动机 M 断电停转。松开 SB_2，因为 KM 辅助触点已断开，控制电路不再恢复通电。

④ 电路的保护环节。

短路保护　熔断器 FU_1、FU_2 起短路保护作用。

过载保护　电动机过载时，热继电器的热元件 FR 温度升高，热继电器动作，使其接在控制电路中的常闭触点断开，切断了接触器励磁线圈的电路，使电动机停转。

失压（欠压）保护　电源电压过低或停电时，励磁线圈产生的吸力不够，也能自动切断电路。

5.2.2　三相异步电动机的正、反转控制电路

在实际工作中，常常要求电动机能够实现正、反两个方向的转动，例如机床工作台的前进与后退，起重机吊钩的提升与下降等。由电动机的原理可知，若要实现三相异步电动机的正、反转控制，只需将通入定子绕组的任意两根电源线对调即可，如图 5-19 所示。

主电路用了两个交流接触器 KM_1 和 KM_2 的两组触头。当正转接触器 KM_1 的主触头吸合后，电动机正转；当另外一个接触器 KM_2 的主触头吸合后，由于对调了两根电源线（L_1、L_3 对调），电动机反转。特别要注意，若在同一时间里两组触头同时闭合，就会造成电源相间短路。所以，在两个接触器之间必须有防止同时吸合的控制，称为联锁控制。

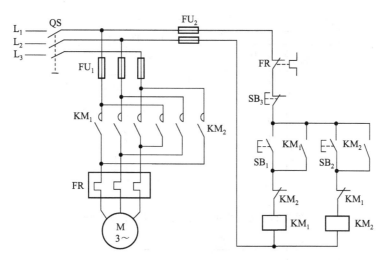

图 5-19　接触器联锁的正、反转控制电路

在控制电路中，将反转交流接触器的动断触点 KM$_2$ 与正转交流接触器线圈 KM$_1$ 串联；将正转交流接触器的动断触点 KM$_1$ 与反转交流接触器线圈 KM$_2$ 串联。当电动机正转时，正转交流接触器的动断触点断开，使反转交流接触器线圈不能通电；同理，当电动机反转时，正转交流接触器线圈不能通电，保证了两个接触器中只能有一个动作。这种控制即为联锁控制。

线路的工作原理如下。

（1）正转控制

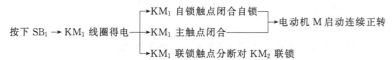

按下 SB$_1$ → KM$_1$ 线圈得电 ┬→ KM$_1$ 自锁触点闭合自锁
　　　　　　　　　　　　　　├→ KM$_1$ 主触点闭合 ──→ 电动机 M 启动连续正转
　　　　　　　　　　　　　　└→ KM$_1$ 联锁触点分断对 KM$_2$ 联锁

（2）反转控制

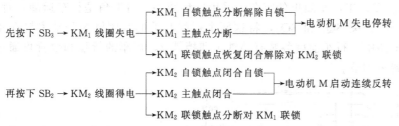

先按下 SB$_3$ → KM$_1$ 线圈失电 ┬→ KM$_1$ 自锁触点分断解除自锁
　　　　　　　　　　　　　　├→ KM$_1$ 主触点分断 ──→ 电动机 M 失电停转
　　　　　　　　　　　　　　└→ KM$_1$ 联锁触点恢复闭合解除对 KM$_2$ 联锁

再按下 SB$_2$ → KM$_2$ 线圈得电 ┬→ KM$_2$ 自锁触点闭合自锁
　　　　　　　　　　　　　　├→ KM$_2$ 主触点闭合 ──→ 电动机 M 启动连续反转
　　　　　　　　　　　　　　└→ KM$_2$ 联锁触点分断对 KM$_1$ 联锁

停止时，按下停车按钮 SB$_3$→控制电路失电→KM$_1$（或 KM$_2$）主触点分断→电动机失电停止运转。

图 5-19 所示电路工作时安全可靠，但电动机从正转到反转时，必须先按下停止按钮后才能按反转启动按钮，操作不方便。为此，可采用按钮联锁控制的正、反转控制电路，如图 5-20 所示。

按钮和接触器双重联锁的正、反转控制电路如图 5-21 所示。

5.2.3　行程控制电路

行程开关（位置开关）是一种将机械信号转换为电气信号以控制运动部件行程或位置的控制电器。行程控制就是利用生产机械运动部件上的挡铁与行程开关碰撞，使其触头动作，来接通或断开电路，以达到控制生产机械运动部件行程或位置的一种方法，行程控制又称位

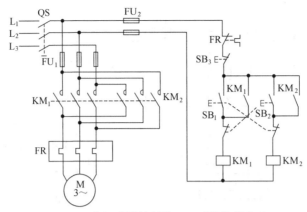

图 5-20　按钮联锁控制的正、反转控制电路

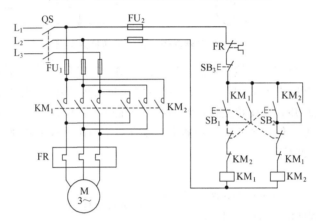

图 5-21　按钮和接触器双重联锁控制的正、反转控制电路

置控制或限位控制。

图 5-22 为行车示意图，工厂车间里的行车常采用这种线路。右下角是行车运动示意图。行车两头终点各安装一个开关 SQ_1 和 SQ_2，将这两个行程开关的常闭触头分别串接在正转控制电路和反转控制电路中。行车前后各装有挡铁 1 和挡铁 2，行车的行程和位置可通过移动行程开关的安装位置来调节。

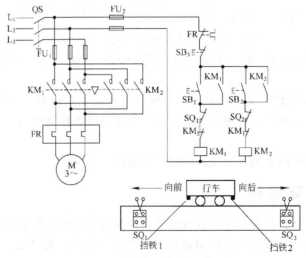

图 5-22　行程控制电路

线路的工作原理如下。

首先闭合电源开关 QS。

（1）行车向前运动时

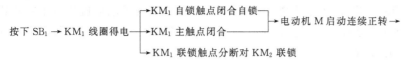

行车前进→前进到限定位置时,挡铁 1 碰撞行程开关 SQ₁→SQ₁ 常闭触点分断→KM₁ 线

此时，即使再按下 SB₁，由于 SQ₁ 常闭触点已分断，接触器 KM₁ 线圈也不会得电，保证了行车不会超过 SQ₁ 所在的位置。

（2）行车向后运动时

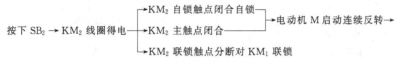

行车后退(SQ₁ 常闭触点恢复闭合)→后退到限定位置时,挡铁 2 碰撞行程开关 SQ₂→SQ₂

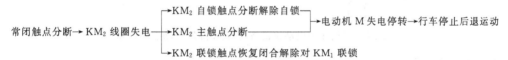

停车只需按下 SB₃ 即可。

5.2.4　多地点控制电路

能在多地点控制同一台电动机的控制方式叫电动机的多地点控制。

图 5-23 所示为两地控制线路。SB₁₁、SB₁₂ 为安装在甲地的启动和停车按钮；SB₂₁、SB₂₂ 为安装在乙地的启动和停车按钮。启动按钮 SB₁₁、SB₂₁ 要并联；停车按钮 SB₁₂、SB₂₂ 要串联。可见，多地点控制线路的特点为启动按钮要相并联，停车按钮要相串联。

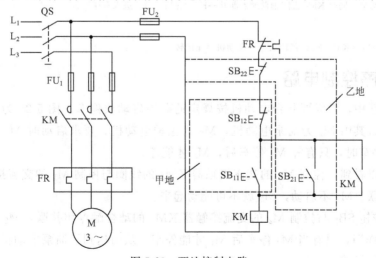

图 5-23　两地控制电路

5.2.5　延时控制电路

延时控制可通过时间继电器来实现。以三相异步电动机的 Y-△换接降压启动控制为例说明，电路如图 5-24 所示。图中应用了时间继电器 KT，从而实现了电动机从降压启动到全压运行的自动控制，只要调整好 KT 触点的动作时间，电动机从降压启动过程到全压运行过程的切换就能准确可靠地完成。

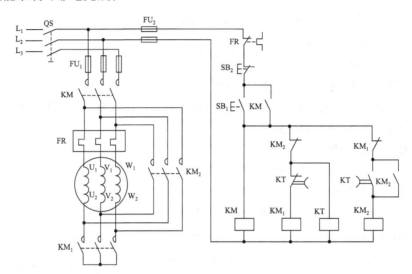

图 5-24　三相异步电动机的 Y-△换接降压启动控制电路

线路的工作过程如下。

（1）接通三相电源开关 QS

（2）启动

电动机接成三角形（同时 KM$_2$ 常闭辅助触点断开→KT 线圈失电），进入全压运行。

（3）停止

按下停止按钮 SB$_2$→KM、KM$_2$ 线圈失电→电动机停止运转。

5.2.6　顺序控制电路

在生产实践中，常需要几台电动机按规定的顺序启动或停车。图 5-25 为两台电动机的顺序控制电路。其中 M$_1$ 为油泵电动机，M$_2$ 为主轴电动机。要求启动时 M$_1$ 先启动，然后 M$_2$ 才能动；停车时，只有等 M$_2$ 停车后，M$_1$ 才能停。

从图中可以看到，控制 M$_2$ 的交流接触器 KM$_2$ 的线圈与控制 M$_1$ 的交流接触器 KM$_1$ 的动合触点相串联。M$_1$ 不启动，M$_2$ 就不可能动起来。

M$_1$ 停车按钮 SB$_1$ 与控制 M$_2$ 的交流接触器 KM$_2$ 的动合触点相并联，M$_2$ 不停车，停车按钮 SB$_1$ 不起作用，只有当 M$_2$ 停车后 M$_1$ 才能停车。从而达到了油泵电动机先开，主轴电动机先停的控制目的。

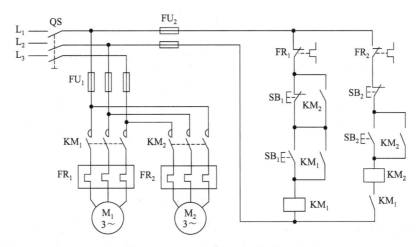

图 5-25 两台电动机的顺序控制电路

5.3 可编程控制器 PLC

5.2 节所讲的继电接触器控制装置采用的是固定接线方式，一旦生产过程发生变动，就必须重新设计线路并重新连接安装，因此通用性、灵活性较差，不利于产品的迅速更新换代。可编程控制器 PLC（Programmable Logic Controler）是在传统触点控制系统基础上发展起来的一种新型电气控制装置，是传统继电接触器控制系统与计算机技术、通信技术相结合的产物。它利用计算机控制其内部的无触点继电器、定时器、计数器，达到控制的目的，具有可现场编程、可靠性高、通用性强、方便与计算机连接、控制灵活等优点。

5.3.1 PLC 的结构和基本工作原理

PLC 的生产厂家很多，我国用户熟悉的主要有日本三菱公司的 F1、FX2、FX2N、A 系列等；欧姆龙（OMRON）公司生产的 C 系列；东芝公司的 EX 系列；西门子公司的 S7-200、S7-300、S5-95U、S5-135U；美国通用电气（GE）公司的 GE ONEJR、GE ONE-PLUS 等；A-B 公司的 SLC-500、SLC-100、PLC-3 等。

（1）PLC 的基本结构

各种 PLC 的结构、规格差别较大，但其硬件组成基本相同，如图 5-26 所示。

由图 5-26 可知，PLC 具有传统计算机的体系结构，并从控制角度出发对输入、输出进行了扩充。除可实现通常意义上的输入（如按键）、输出（如显示、打印）外，PLC 可针对不同控制对象按不同标准将信号输出（如继电器输出、晶体管集电极输出、可控硅输出等），从而方便实现对控制的编程。

（2）PLC 的基本工作原理

PLC 的等效电路可分为三部分：输入部分、内部控制部分和输出部分。在 PLC 的编程语言中，梯形图是最常用的。

① 输入部分　用来收集并保存被控对象的信息或操作命令。在 PLC 的存储器中，设置了一片区域来存放输入和输出信号的状态，分别称为输入映像寄存器和输出映像寄存器。当

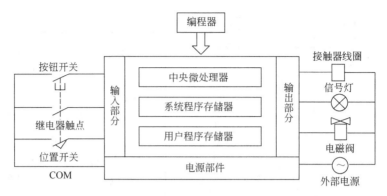

图 5-26　PLC 的硬件组成框图

外接的输入电路闭合时，对应的输入映像寄存器为 1 状态，梯形图中对应的动合触点接通，动断触点断开；当外接的输入电路断开时，对应的输入映像寄存器为 0 状态，梯形图中对应的动合触点断开，动断触点接通。

　　② 内部控制部分　是由程序实现的逻辑电路，它用软件功能取代了继电接触器控制系统中大量的中间继电器、时间继电器、计数器等部件。该部分从 I/O 映像寄存器或别的位元器件的映像寄存器中读出其 0、1 状态，并根据用户程序的要求执行相应的逻辑运算，运算结果写入到相应的映像寄存器中。因此，各映像寄存器的内容随着程序的执行而变化。

　　继电接触器控制电路中，继电器的触点可以是瞬间动作，也可以是延时动作，而 PLC 电路中的触点是瞬时动作的，延时时限通过编程设定。PLC 中还设有计数器、辅助继电器等，对这些器件的逻辑控制功能，均由编程实现。

　　③ 输出部分　根据输出寄存器的状态驱动相应的外部负载，控制系统运行。

5.3.2　用 PLC 取代继电接触器控制系统的方法

　　继电接触器控制系统是将各个独立的器件及触点用硬接线连接来实现控制，PLC 则把这种控制用软件编程形式存放在存储器中，程序代替了继电接触器控制的各种触点和连线。当要改变控制要求时，只需改变程序即可。下面以三相异步电动机的启动、控制电路为例，说明用 PLC 代替继电接触器控制系统的方法。

　　图 5-27（a）是用三菱 FX2 系列 PLC 组成的三相异步电动机的启动、控制电路，主电路与图 5-18 的主电路相同。控制电路由 PLC 与外部输入、输出电路组成。图 5-27（b）是梯形图。PLC 的输入端 X00 接启动按钮 SB$_1$、X01 接停止按钮 SB$_2$；输出端 Y30 接交流接触器的线圈 KM；输出公共端（COM）接电源，输入回路电源由 PLC 直流 24V 提供，输出回路电源则由交流电源供给。

　　用编程器将图 5-27（b）的梯形图程序输入 PLC 内，PLC 就可按照设定的控制方式工作。当 SB$_1$ 按下时，内部控制电路的动合触点 X00 闭合，因 SB$_2$ 未按下，动断触点 X01 仍然闭合，使输出继电器 Y30 线圈接通，并且 Y30 的动合触点闭合实现自锁，从而使接触器线圈 KM 通电，则主电路中 KM 接通，电动机运转；当按下 SB$_2$ 时，Y30 断开，KM 线圈失电，电动机停转。

　　PLC 从诞生到今天，发展非常迅猛，已广泛应用于自动控制的各个领域，并且与 CAD/CAM、工业机器人并称为工业自动化的三大支柱。

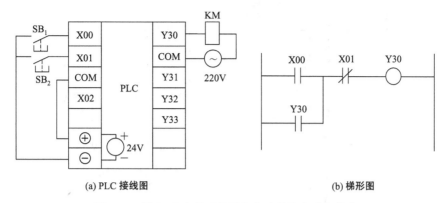

(a) PLC 接线图　　　　　　　　　　　(b) 梯形图

图 5-27　用 PLC 实现三相异步电动机的启动与停止

思考题与习题

【5-1】　简述自动空气开关的动作原理。

【5-2】　简述交流接触器、热继电器的动作原理，并说明各具备怎样的保护功能。

【5-3】　时间继电器的即时触点、延时触点是如何动作的？

【5-4】　举例说明行程开关常应用的场合。

【5-5】　什么是点动控制？试分析图 5-28 中各控制电路是否能实现点动控制？并说明原因。

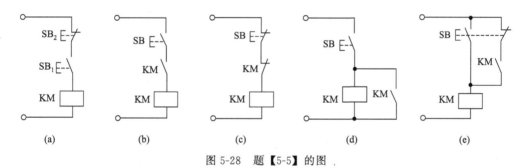

(a)　　　　　　(b)　　　　　　(c)　　　　　　(d)　　　　　　(e)

图 5-28　题【5-5】的图

【5-6】　试标出图 5-29 所示自锁控制电路中各电器符号的文字符号，检查各电路的接线是否正确，并将错误的地方改正。

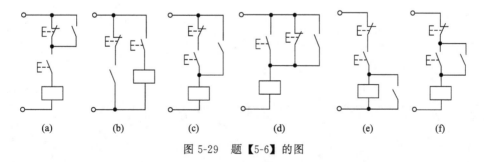

(a)　　　　(b)　　　　(c)　　　　(d)　　　　(e)　　　　(f)

图 5-29　题【5-6】的图

【5-7】　图 5-30 为电动机正、反转控制电路，检查图中哪些地方画错了，并加以改正。

【5-8】　画出利用时间继电器实现三相异步电动机定子绕组串电阻降压启动的控制电路。

【5-9】　M_1、M_2 两台电动机分别启动，但 M_2 停车后，M_1 才能停，画出控制线路。

【5-10】　三台电动机 M_1、M_2、M_3 按一定的顺序启动，要求 M_1 启动后 M_2 才能启动，M_2 启动后 M_3 才能

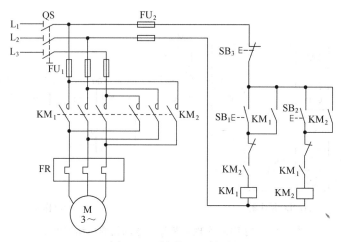

图 5-30　题【5-7】的图

　　启动，同时停车，画出控制线路。

【5-11】 可编程序控制系统与传统的继电接触器控制系统有何区别联系？

第 **6** 章

工业企业供电与用电安全技术

电能是现代工业生产的主要动力，一般工业企业消耗的电能占其总能源消耗的90%左右，因此合理安排供配电及安全用电是十分重要的，本章将简要介绍电力供电系统及用电安全技术。

6.1　供电系统概述

发电厂按照所利用的能源种类分为水力、火力、风力、核能、太阳能、沼气等几种。现在世界各国建造最多的主要是水力和火力发电厂，近年来，核电站和风力发电站的发展也很快。

大中型发电厂大多建在产煤地区或水力资源丰富的地区附近，距离用电地区往往是几十、几百甚至上千公里，为了减少输电线路上的损耗，电能从发电厂经高压输电线输送至用电地区，然后再降压分配给各用户。目前，中国交流输电有10kV、35kV、220kV、330kV、500kV等几个等级，送电距离越远，要求输电线的电压越高。

6.1.1　供电系统的组成

一个供电系统，通常由一次电路和二次电路两部分组成。一次电路又称主结线路，用来传输、分配和控制电能，通常包括有电力降压变压器、各种主开关电器、母线和电力传输线等；二次线路则是辅助性线路，用来测量和监视用电情况，以及保护和控制主电路电器工作。

供电系统的具体结构形式要根据用电负荷的大小、负荷等级等具体情况而定。以主结线路为例，对于大型用电企业，采用的是电网35～110kV的进线方式，因此，在企业中常设立二级降压方案，见图6-1。由设置在总降压变电所的电力变压器，将35～110kV的电压降至6～10kV的电压等级，通过高压母线和高压干线，传送到下一级的各变电所，由电力变压器变换成380V/220V电压，再经过低压母线和干线传送到配电室或配电柜上，分配给具体的

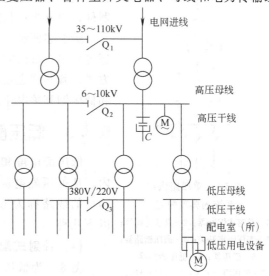

图6-1　供电系统主结线示意图

用电设备。

图 6-1 中的 Q_1、Q_2、Q_3 是不同电压等级的隔离开关,在各条干线上还有各种负荷开关、自动开关等,图中没有画出。企业中如有高压电动机或高压电力电容器,可通过高压干线直接接在高压母线上。

对于中小型用电企事业单位,进线电压一般是 $6\sim10kV$,因此只设一级变电所,高一级的变电所由供电部门统一设置和管理。通常,为了供电的可靠性,可以用来自不同的高一级的变电所提供 $6\sim10kV$ 的电源进线,用隔离开关并联连接后送到电力变压器的输入端。

对于小型用电单位,一般只设一个简单的降压变电所。而用电量在 $100kW$ 以下的单位,供电部门采用 $380V/220V$ 低压供电方法,因此用户只需设置一个低压配电室。

6.1.2　企业变配电所及一次系统

变电所的任务是接受电能、变换电压;而配电所的任务是接受电能和分配电能。两者的区别主要是有无电力变压器。在供电系统中,把 $1kV$ 以下的电压称为低压,$1kV$ 以上的电压称为高压。因此,对末一级电力变压器给出的 $380V/220V$ 的低压电实行再分配、控制的集中场所叫做低压配电所或配电室。习惯上人们把从电网进线到低压配电室为止的供电主结线路称为一次系统,有时也包括配电室中的主要大容量负荷的配电线路,主结线路形式的典型配置如下。

(1) 单回路供电方式

图 6-2 所示是只有一路电源进线、一台降压变压器和一段低压母线的主结线路,它是最

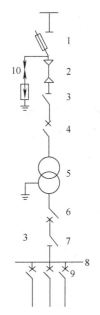

图 6-2　单回路供电系统的典型配置

1—跌落式熔断器;2—高压电缆线;
3—高压隔离开关;4—高压断路器;
5—变压器;6—低压断路器;
7—低压隔离开关;8—低压母线;
9—低压断路器;10—避雷针

简单也是最基本的,适用于具有二、三类负荷性质的中小型企事业单位的供电系统。

(2) 双回路供电方式

当具有两路电源进线,至少有两台降压变压器时,可以在两路之间的相同电压等级点上用隔离开关或用断路器搭"桥"。图 6-1 所示的隔离开关 Q_1、Q_2、Q_3 即为跨接的桥路,桥式连接方式比两路独立的单母线分段接线简化,可以节省一些电路器件,而且当有故障时切换也比较灵活。

除上述两种基本的主结线路以外,对于大型企业供电系统,还可采用双母线方式、多回路供电方式等等。但不论什么接线方式,其共同之处在于都是由变压器为核心的高压侧开关电路和低压侧开关电路所构成。

6.1.3　低压配电系统

低压配电屏集中安装在配电室或大型车间、企事业单位内。从低压配电屏的输出用电缆或电线接到各用电设备端所构成的线路称为低压配电系统,低压配电线路的连接方式有以下几种。

(1) 放射式配电线路

图 6-3 为低压放射式配电线路。它的特点是发生故障时互不影响,供电的可靠性高。但一般情况下,导线消耗量较大,

所需的开关控制设备也较多，故而投资较高。这种配电方式多用于对供电可靠性要求较高，特别是用于负载点比较分散而各个负载点又有相当大的集中负载的场合。

（2）树干式配电线路

图 6-4 为低压树干式配电线路。它的特点是采用的开关设备少，一般情况下导线的消耗量也较少，系统灵活性好。但干线发生故障时，影响范围大，故供电可靠性较低。它比较适用于供电容量小而负载分布较均匀的场合。

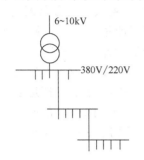
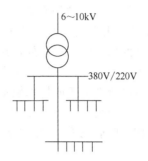

图 6-3　低压放射式配电线路　　　　图 6-4　低压树干式配电线路

（3）环形配电线路

图 6-5 分别为两台和一台变压器供电的低压环形配电线路。一个企业的全部变压器的低压侧都可以通过低压联络线相互接成环形。环形供电方式可靠，任一段线路发生故障或检修时，都不致造成供电中断，或者只是暂时中断，只要完成切换电源的操作，就能恢复供电。环形配电线路的另一优点是损耗和电压损失减少，既节约电能，又容易保证电压质量，但它的保护装置及其整定配合相当复杂，如配合不当，容易发生误动作，反而扩大故障停电范围。

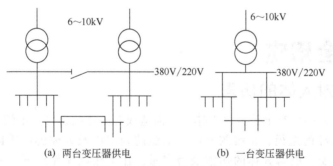

(a) 两台变压器供电　　　　　　(b) 一台变压器供电

图 6-5　低压环形配电线路

6.1.4　电网污染及其解决措施

随着现代电力电子技术和电气控制技术的发展，高新技术产品（如地铁、变频器、可控硅、计算机、彩电等）的应用在电网中产生的污染越来越严重。电网污染主要表现在瞬变，瞬变是交流正弦波电路上电流与电压的一种瞬态的畸变，是一种瞬间的具有高爆发的电能，浪涌、谐波为其主要的表现形式。它存在于几乎所有的电力系统中，无论是家用电力还是工业用电。瞬变最主要的特点有三个：超高压、瞬时态、高频次。

最普遍存在并对用电设备危害最大的是浪涌。浪涌是沿电源线或电路传播的快速上升但缓慢下降的电流、电压、功率瞬变波，浪涌是以微秒到微微秒测量的，并且可以高出正常电压的几十倍。它不仅造成电能的浪费，而且能使用电设备造成误动作或损害。

供电系统浪涌的来源分为外部（雷电原因）和内部（电气设备启停和故障等）。对于低压供电系统，浪涌引起的瞬态过电压保护通常采用分级方式来完成，即从供电系统的入口开始逐步进行浪涌能量的吸收，对瞬态过电压进行分阶段抑制。第一级防护是连接在用户供电系统入口进线各相和大地之间的大容量电源防浪涌保护器（Surge Protective Device，SPD），它们是专为承受雷电和感应雷击的大电流和高能量浪涌能量吸收而设计的，可将大量的浪涌电流分流到大地。一般要求该级 SPD 具备 100kA/相以上的最大冲击容量，要求的限制电压应小于 2800V。第二级防护是安装在向重要或敏感用电设备供电的分路配电设备处的 SPD，这些 SPD 对通过了用户供电入口浪涌放电器的剩余浪涌能量进行更完善的吸收，对于瞬态过电压具有极好的抑制作用。该处使用的 SPD 要求的最大冲击容量为 40kA/相以上，要求的限制电压应小于 2000V，一般的用户供电系统做到第二级保护就可以达到用电设备运行的要求了。对于一些特别重要或特别敏感的电子设备，具备第三级的保护是必要的，即可在用电设备内部电源部分使用一个内置式的 SPD，以达到完全消除微小的瞬态过电压的目的。该处使用的 SPD 要求的最大冲击容量为 20kA/相或更低一些，要求的限制电压应小于 1800V。

谐波存在于电力系统发、输、配、供、用的各个环节，是可以用仪表定量测量的污染。谐波产生的根本原因是由于非线性负载所致，当电流流经负载时，与所加的电压不呈线性关系，就形成非正弦电流，从而产生谐波。电网谐波对供配电线路和电力电子设备产生的危害日趋严重。我国早已于 1993 年就颁布了限制电力系统谐波的国家标准《电能质量：公用电网谐波》，规定了公用电网谐波电压限值和用户向公用电网注入谐波电流的允许值。目前应用较广泛的谐波治理方式主要是采用无源滤波器和有源滤波器，其中，有源滤波器相比无源滤波器而言受电网阻抗影响不大，不容易和电网阻抗发生谐振，能跟踪电网频率变化，并对多个谐波和无功源进行集中动态补偿，因此将在未来得到更广泛的应用。

6.2 安全用电

6.2.1 电流对人体的伤害

人触及带电物体时将有电流流过人体，从而造成对人体的伤害。电流对人身的伤害程度与电流在人体内流经的途径、持续的时间、电流的频率以及人体健康等因素有关。实验表明，25～300Hz 的交流电对人体的伤害最为严重。在工频电流作用下，一般成年男子身上通过的电流超过 1.1mA 以上就有感觉；成年女子对 0.7mA 的电流就有感觉。人触电后能够自主摆脱电源的最大电流值：男性约 10mA，女性约 6mA。通过人体的电流超过 30mA，通电时间超过数秒到数分钟，心脏跳动就会不规则，血压升高并伴有强烈痉挛或昏迷，时间再长会引起心室颤动；电流若超过 100mA，心脏将停止跳动导致死亡。

在中国一般认为，30mA 是人可以忍受的极限电流值，并规定为"安全电流"的数值。

人体触电时，致命的因素是通过人体的电流，而不是电压，但当电阻一定时，触及的带电体的电压越高，通过人体的电流就越大，危险性也就越大，安全电压决定于人体允许的电流和人体电阻值。影响人体电阻阻值的因素是很复杂的，在皮肤干燥的情况下，人体的电阻相当大，可达 10^4～$10^5 \Omega$，但皮肤潮湿、出汗、外伤使皮肤角质破坏后，人体电阻就会显著下降到 800～1000Ω。一般情况下，人体电阻可按 1000～2000Ω 考虑，若安全电流按 30mA 计算，则作用在人体上允许的电压值为几十伏。所以中国规定的安全电压等级为 12V、24V、36V 三种。

6.2.2 常见的触电方式

当直接触及带电部位，或接触设备正常不应带电的部位，但由于绝缘损坏出现漏电而产生触电时，都会有电流流过人体，造成一定的伤害，常见的触电方式有以下几种。

(1) 单相触电

是指人体触及三相四线制电源中的一根相线。其危险程度与电源中点是否接地有关。

在电源中点接地的情况下，人体上作用着三相电源的相电压，如图 6-6 所示。这时，通过人体的电流为

$$I_r = \frac{U_P}{R_r} \tag{6-1}$$

人体电阻 R_r 的大小不仅与人体本身有关，也与环境有关，在脚与地面接触良好（垫有橡皮绝缘垫或穿绝缘鞋）时，电阻就很大，这时通过人体的电流就很小。相反，若赤脚着地，电阻 R_r 就很小，这将是很危险的，因此，绝对禁止赤脚站在地面上接触电气设备。

当三相电源的中点不接地时，如图 6-7 所示。乍看起来，似乎电源中性点不接地时，不能构成电流通过人体的回路。其实不然，此时，通过人体的电流经大地及由输电线对地绝缘电阻 R_j 和对地电容 C_j 构成的阻抗 Z_j 形成回路。通过人体的电流与阻抗 Z_j 有关。当输电线绝缘情况良好（R_j 很高）且输电线路较短（C_j 较小）时，阻抗 Z_j 较高，人体触电后的危险性较小，相反，若输电线路很长（C_j 较大）时，阻抗 Z_j 下降，这时触电将是很危险的。

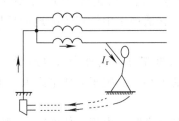

图 6-6 电源中性点接地的单相触电

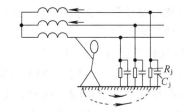

图 6-7 电源中性点不接地的单相触电

(2) 两相触电

两相触电是指人体同时触及三相电源的两根线，如图 6-8 所示。此时人体上作用着电源的线电压，这是很危险的一种触电情况。

(3) 接触正常不带电的金属体

触电的另一种情形是接触电气设备正常不应带电的部分，譬如，电机的外壳本来是不带电的，由于绕组绝缘损坏而与外壳相接触，使它也带电。人手触及带电的电机（或其他电气设备）外壳，相当于单相触电，大多数触电事故属于这一种。为了防止这种触电事故，对电气设备常采用保护接地和保护接零（接中性线）技术。

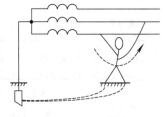

图 6-8 两相触电

6.2.3 接地和接零

电气接地和接零技术是防止人身触电及限制事故范围的有效措施。接地与接零的种类很多，按其不同的作用，主要可分为工作接地、保护接地和保护接零三种。

（1）工作接地

三相四线制 380V/220V 低压电网的中线（零线）在变电所都是连同变压器的外壳做成

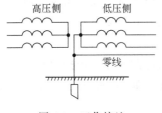

图 6-9 工作接地

直接接地，称为工作接地，如图 6-9 所示。图中的接地体是埋入地中并且直接与大地接触的金属导体（通常接地体为钢管或角铁，接地电阻不允许超过 4Ω）。

工作接地有以下作用。

① 降低触电电压　在中性点不接地的系统中，当一相因故接地而人体触及另外两相之一时，触电电压为线电压 380V；而在中性点接地的系统中，触电电压就降低到等于或接近相电压 220V。

② 迅速切断故障设备　在中性点不接地的系统中，当一相接地时，接地电流很小（导线和地面间存在电容和绝缘电阻），不足以使保护装置动作而切断电源，接地故障不易被发现，将长时间持续下去，对人身不安全。而在中性点接地的系统中，一相接地后的接地电流较大（接近单相短路），保护装置迅速动作，断开故障点。

③ 降低电气设备对地的绝缘水平　在中性点不接地的系统中，一相接地时将使另外一相的对地电压升高到线电压。而在中性点接地的系统中，则接近于相电压，故可降低对电气设备和输电线绝缘水平的要求，节省投资。

（2）保护接地

电气设备的金属外壳等，由于绝缘损坏有可能带电，为了防止这种带电后的电压危及人身安全而设置的接地称为保护接地，如图 6-10 所示，它适用于中性点不接地的低压系统中。下面分两种情况来讨论。

① 当电气设备运行正常时，不带电的金属外壳或框架漏电而外壳未接地时，人体触及外壳，相当于单相触电，这时，流经人体的电流 I_r 的大小，决定于人体电阻 R_r 和绝缘电阻 R_j；当系统的绝缘性能下降时，就有触电的危险。

② 当电气设备出现漏电而外壳接地时，人体触及外壳时，由于人体电阻 R_r 和接地电阻 R_0 并联，通常 $R_r \gg R_0$，所以通过人体的电流很小，不会有危险。

（3）保护接零

保护接零就是将电气设备的金属外壳接到零线（中性线）上，它适用于中性点接地的低压系统中。

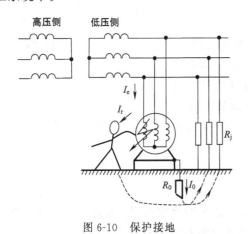

图 6-10　保护接地

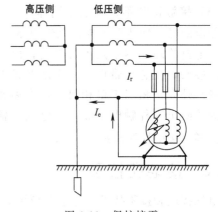

图 6-11　保护接零

　　图 6-11 所示是电动机的保护接零，当电动机外壳接零后，如果电机绝缘损坏而与外壳相接时，就形成单相短路，迅速将该相中的熔丝熔断，从而使设备与电源断开，消除触电危险，下面讨论相关的两个问题。

　　① 为什么中性点接地的系统中不采用保护接地呢？因为采用保护接地时，当电气设备的绝缘损坏时，接地电流

$$I_e = \frac{U_P}{R_0 + R_0'} \tag{6-2}$$

　　式中，U_P 为系统的相电压；R_0 和 R_0' 分别为保护接地和工作接地的接地电阻。如果系统电压为 380V/220V，$R_0 = R_0' = 4\Omega$，则接地电流

$$I_e = \frac{220}{4+4} = 27.5\text{A}$$

　　为了保证保护装置能可靠地动作，接地电流不应小于继电保护装置动作电流的 1.5 倍或熔丝额定电流的 3 倍。因此，27.5A 的接地电流只能保证断开动作电流不超过 27.5/1.5 = 18.3A 的继电保护装置或额定电流不超过 27.5/3 = 9.2A 的熔丝。如果电气设备容量较大，就得不到保护，接地电流长期存在，外壳也将长期带电，其对地电压

$$U_e = \frac{U_P}{R_0 + R_0'} R_0 \tag{6-3}$$

　　如果 $U_P = 220\text{V}$，$R_0 = R_0' = 4\Omega$，则 $U_e = 110\text{V}$，此电压对人体是不安全的。

　　② 工作零线与保护零线　在三相四线制系统中，由于负载往往不对称，零线中有电流，因而零线对地电压不为零，距离电源越远，电压越高，但一般在安全值以下，无危险性。为了确保设备外壳对地电压为零，专设保护零线，如图 6-12 所示。工作零线在进建筑物入口处要接地，进户后再另设一保护零线，这样就成为三相五线制。所有单相用电设备都要通过三孔插座（其中一孔为保护零线，其对应插头上的插脚稍长于另外两个插脚）接到保护零线上，正常工作时，工作零线中有电流，保护零线中不应有电流。

　　图 6-12(a) 是正确连接，当绝缘损坏，外壳带电时，短路电流经过保护零线将熔断器熔断，从而切断电源，消除触电事故。图 6-12(b) 的连接是不正确的，如果在 × 处断开，一旦绝缘损坏外壳带电后，将会发生触电事故。有的用户在使用日常电器（如手电钻、电冰箱、洗衣机、台式电扇等）时，忽视外壳的接零保护，插上单相电源就用，如图 6-12(c) 所示，这是十分不安全的。

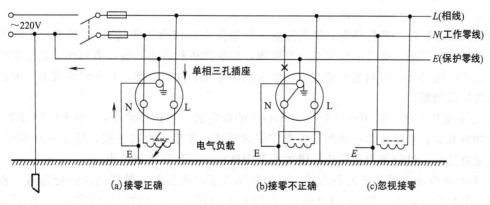

图 6-12　工作零线与保护零线

6. 2. 4 触电急救

严重的触电事故，为挽救遇难者生命，必须争分夺秒，在事故现场采取急救措施。

（1）切断电源

发生触电事故时应尽快切断电源。对低压设备，可以操作断路器、安全自动装置或保护开关，拔去电源插头，或旋出熔断器等。由于高压特别危险，对高压设备，只可由专业人员操作关断电源，关断电源后，专业人员须立即作好预防准备，保证高压设备不会意外重新合闸。

（2）使触电者脱离电源

如果不能关断电源，必须用绝缘物（如绝缘棒）使触电者从带电部分分离。救护人员也可用绝缘手套把触电者拉离危险区域，但这种救护工作务必特别小心，救护者千万注意不要直接接触触电者的身体，否则，救护者同样也有触电的危险。

（3）通知医院（医生）

断开电源或脱离危险区后要立即通知医生或救护站人员。

（4）确定伤情，进行复苏工作

在通知医生之后，救护者应毫不迟疑地确定触电者的伤情，必要时先做复苏工作。若触电者呼吸及脉搏尚正常，应将其侧卧，并在医生到达之前进行下列检查和救护。

① 烧伤检查　若触电者穿着的衣物还在燃烧，应马上扑灭烟火。对烧伤部位不可涂抹香脂香粉。

② 出血检查　有流血情况应首先处理，把出血部分肢体垫高，扎上绷带，若流血严重，采用压定绷带。

③ 呼吸及心脏检查　为了鉴定呼吸是否已经停止，在鼻孔或嘴上放一小纸片，若纸片不动，即没有呼吸的空气流动，就可以认为呼吸停止了，这时应立即进行人工呼吸。如果触电者的瞳孔在光照的情况下不缩小，可判断心脏已停止了，此时必须毫不迟疑地进行心脏按压（推拿）。

经验表明，对于被发现较早的触电者，采用人工呼吸和心脏按压的方法抢救，一般可获救。从触电一分钟内便开始抢救，90%的触电者有良好的效果，抢救越及时，效果越好。

④ 人工呼吸方法　适用于有心跳但无呼吸的触电者。救护口诀是："病人仰卧平地上，鼻孔朝天颈后仰；首先清理口鼻腔，然后松扣解衣裳；捏鼻吹气要适量，排气应让口鼻畅；吹二秒来停三秒，五秒一次最恰当。"

进行人工呼吸时，若伤员有好转的迹象（如眼皮闪动或嘴唇微动），可暂停人工呼吸数秒钟，任其自行呼吸，如其不能完全恢复呼吸，应继续进行人工呼吸，直到伤员能正常呼吸为止。人工呼吸必须长时间地坚持进行，在未见明显死亡症状之前，切务轻易放弃。死亡症状应由医生来判断。

⑤ 心脏按压方法　适用于有呼吸但无心跳的触电者。救护口诀是："病人仰卧硬地上，松开领扣解衣裳；当胸放掌不鲁莽，中指应该对凹膛；掌根用力向下按，压下一寸至半寸；压力轻重要适当，过分用力会压伤；慢慢压下突然放，一秒一次最恰当。"

⑥ 当触电者既无呼吸又无心跳时，可以并用人工呼吸法和心脏按压法进行急救。首先口对口（鼻）吹气两次（约 5s 内完成），再做心脏按压 15 次（约 10s 内完成），以后交替进行。

6.3 静电防护

因某种原因（例如摩擦带电、感应带电）使物体表面静止带电且电压较高时，通常称为静电。静电现象有可以利用的一面，如静电防尘、静电喷涂、静电植绒、静电纺纱、静电分选、静电印刷以及静电空气分离等等。但静电现象又有危害的一面，应采取必要的措施进行防护。

6.3.1 静电危害

静电危害是由于静电的放电效应和力学效应而引起的，表 6-1 列出了静电的几种主要危害。

表 6-1　静电的主要危害

危害原因	危害种类	危害形式	危害事例
放电作用	爆炸及火灾	引起可燃、易燃性液体起火或爆炸	输送汽油的设备不接地可能引起着火
		引起某些粉尘起火或爆炸	硫磺粉、铝粉、面粉等均有可能发生
		引起易燃性气体起火或爆炸	高速气流如氢气喷出时，可能引起爆炸
	人身伤害	使人遭电击	橡胶厂压延机静电很高，容易发生电击
		因电击引起二次灾害	意外电击可能引起跌倒或空中坠落
	妨碍生产	引起元件损坏或电子装置误动作	MOS 型 IC 元件损坏或使用该类型元件的装置失灵
		静电火花使胶片感光	使感光胶片报废
力学作用	妨碍生产	纤维发生缠结，吸附尘埃等	影响产品质量
		使粉尘吸附于设备	影响粉尘的过滤和输送
		印刷时纸张不齐,不能分开	影响工作效率和质量

6.3.2 静电防护

静电的防护主要从工艺上抑制静电的产生，加速静电的泄漏与中和，以及在降低易燃、易爆混合物浓度等方面采取措施。

(1) 从工艺上抑制静电的产生

① 两种互相接触或摩擦的物体的选材问题　两种材料的物体相互接触而产生静电，按其电荷的极性将材料排成如表 6-2 所示的序列，叫做静电序列。在静电序列中，排在前面（序号小）的材料带正电荷，排在后面的带负电荷，序号差别越大的两种材料摩擦时所产生的静电电荷量越大。静电序列是实验结果，可以列出多种静电序列，详见有关抗静电专业资料。

表 6-2　两种静电典型序列

序列号	1	2	3	4	5	6	7	8	9	10	11	12
材料	玻璃	头发	尼龙	羊毛	人造纤维	绸	人造丝	混纺布	纸浆	黑橡胶	涤纶	维尼纶
材料	乙基赛璐珞	酪朊	帕司派克司	塔夫塔尔	硬橡胶	醋酸赛璐珞	玻璃	金属	聚苯乙烯	聚乙烯	聚四氟乙烯	硝酸赛璐珞

在工业生产中可选序号相近的两种材料，或可以给某种物料选用前后两种序号的材料作为其先后接触的设备材料，以利于电荷的互相中和，减少物料上的静电。

② 采用管道输送易燃、易爆物料和高电阻率液体时，必须控制物料的流速。通常烃类油料的最高限制流速见表 6-3。

表 6-3 管道输出烃类油料的最高限制流速

管内径/mm	10	25	50	100	200	400	600
最高限制流速/(m/s)	8	4.9	3.5	2.5	1.8	1.3	1.0

③ 许多粉尘在其加工、储运过程中会产生大量的静电电荷，应控制粉尘的粉量，即限制其容积的体积。通常，容积在 $0.2m^3$ 以下，因静电引起爆炸的危险性极小。

④ 向容器内倾注高电阻率液体时，应防止液体飞溅和冲击。合理地设计注入口，一般都安装在容器底部，并加装分流头。

⑤ 在低导电性物质（如塑料、橡胶、化纤等）中掺入少量导电物质，以增加其导电性，从而减少静电的产生。

（2）加速静电的泄漏与中和

① 静电接地　导体上的静电可以采用接地的方法将静电电荷泄漏至大地。由于静电泄漏电流很小，所以单纯为了消除导体上静电的接地电阻不超过 $1k\Omega$ 即可。如果金属设备本身已接地，或有其他用途的接地（如保护接地），则静电接地可以兼用，不必另设。

② 涂敷导电覆盖层后接地　为了防止绝缘体表面带电，可以在绝缘体表面涂敷导电覆盖层并接地，以泄漏静电电荷。导电覆盖层的材料是掺有金属粉、石墨粉等导电性填料的聚合材料，经过专门喷刷工艺完成的厚度约 $0.1\sim0.2mm$ 的覆盖层。根据需要可以完全覆盖绝缘体，也可以不完全覆盖。

③ 设置导电性地面，有助于泄除人体上的静电。

④ 增加环境湿度，有助于非金属导体的静电泄漏。

⑤ 浸涂化学抗静电添加剂　外涂用的化学抗静电剂有多种，可浸涂于塑料表面或化纤衣料的表面，在一段时间内有助于静电泄漏。

⑥ 安装静电消除器　静电消除器是一种离子发生器，其作用是以它产生的极性相反的离子去中和物体上所带的静电，以达到消除静电的目的。

总之，静电防护和消除有时是一件相当艰巨的工作，往往需要综合多种措施才可收到满意的效果。

6.4　电气火灾的防护及急救常识

电气设备引起火灾的原因很多，其主要原因是：设备和线路过载运行；供电线路绝缘老化，受损引起漏电、短路；设备过热，温升太高引起绝缘纸、绝缘油等燃烧；电气设备运行中产生明火（如电刷火花、电弧、电炉等）引燃易燃物；静电火花引燃等。据报道，电气火灾有逐年上升的趋势，电气防火是应当引起人们重视的问题。

6.4.1　电气防火的基本措施

① 按防火要求设计和选用电气产品。

② 严格按额定值规定的条件使用电气产品。

③ 按防火要求提高电气安装和维修水平，主要从减少明火、降低温度、减少易燃物三个方面入手。

④ 配备灭火器具。

在电气设备密集的场所及含有易燃易爆气体、粉尘的场所，应配备必要的灭火器材和工具。

6.4.2 电气火灾急救常识

当发生电气火灾时，为了防止电气火灾的蔓延，使火灾损失降至最低，必须采取急救措施。

① 立即切断有关设备的电源，然后进行灭火工作。

② 对带电设备灭火时，切忌用水和泡沫灭火剂，应使用不导电的灭火器，如二氧化碳灭火器、四氯化碳灭火器、干粉灭火器、卤代烷灭火器、二氟一氯一溴甲烷（1211）灭火器等。几种灭火器的性能及用途见表6-4。对灭火器要定期检查，防止失效。

表 6-4 几种灭火器的性能及用途

灭火器种类	二氧化碳灭火器	四氯化碳灭火器	干粉灭火器	1211灭火器
规 格	2kg 以下 2～3kg 5～7kg	2kg 以下 2～3kg 5～8kg	8kg 50kg	1kg 2kg 3kg
药 剂	液态二氧化碳	四氯化碳液体，并有一定压力	钾盐或钠盐干粉，并有盛装压缩气体的小钢瓶	二氟一氯一溴甲烷，并充填压缩氮
用 途	扑救电气精密仪器、油类或酸类火灾。不能扑救钾、钠、镁、铝物质火灾	扑救电气火灾。不能扑救钾、钠、镁、铝、乙炔、二氧化硫火灾	扑救电气设备、石油产品、油漆、有机溶剂、天然气火灾。不宜扑救电机火灾	扑救电气设备、油类、化工化纤原料初起火灾
效 能	射程3m	3kg，喷射时间30s，射程7m	8kg，喷射时间14～18s，射程4.5m	1kg，喷射时间6～8s，射程2～3m
使用方法	一手拿喇叭筒对着火源，另一手打开开关	只要打开开关，液体就可喷出	提起圈环，干粉就可喷出	拔下铅封或横销，用力压下压靶
检查方法	每三个月测量一次，当减少原量1/10时应充气	每三个月试喷少许，压力不够时应充气	每年抽查一次干粉是否受潮或结块；小钢瓶内气体压力每半年检查一次，若重量减少1/10应换气	每年检查一次重量

③ 对有油的设备，应使用干燥的黄沙灭火。

④ 进行电气火灾急救时，扑救人员要特别注意自身安全，应有绝缘措施。

思考题与习题

【6-1】 为什么远距离输电要采用高电压？

【6-2】 低压配电线路的连接方式有哪几种？你单位车间的低压配电线路采用哪一种连接方式？观察配电箱的结构。

【6-3】 谈谈对电网污染的认识，如何解决电网污染问题？

【6-4】 区别工作接地、保护接地和保护接零；为什么中性点不接地的系统中不采用保护接零？

【6-5】 有些家用电器（如电冰箱等）用的是单相交流电，但为什么电源插座和插销是三眼的？试画出正确使用的电路图。

【6-6】 引起电气火灾的主要原因是什么？如何进行电气火灾的扑救？

第 **7** 章
常用半导体器件

自 1948 年美国贝尔实验室发明晶体管以来，半导体器件在电子学领域获得了极为广泛的应用。在此基础上发展起来的集成电路技术，使电子技术的发展跨入了微电子时代，并且成为当代信息技术的重要组成部分。本章扼要介绍几种常用的半导体器件。

7.1 半导体二极管

将 PN 结加上相应的电极引线和管壳，便构成了半导体二极管。图 7-1 示出了几种常见二极管的外形。

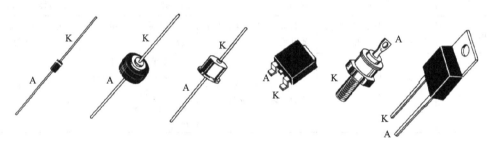

图 7-1　几种常见二极管的外形

7.1.1 二极管的分类、结构和符号

二极管的种类很多，可按不同的方式分类。

根据结构的不同，二极管可分为点接触型、面接触型和平面型。点接触型二极管是由一根金属细丝和一块半导体的表面接触，并熔结在一起构成 PN 结，外加引线和管壳密封而成，见图 7-2(a)。由于其 PN 结面积很小，所以结电容很小，适用于在高频（几百兆赫）和小电流（几十毫安以下）条件下工作。面接触型二极管是用合金或扩散工艺制成 PN 结，外加引线和管壳密封而成，见图 7-2(b)。其 PN 结面积大，故结电容也大，适宜在低频条件下工作，可允许通过较大电流（可达上千安培）。图 7-2(c) 所示是硅工艺平面型二极管的结构图，是集成电路中常见的一种形式。

根据半导体材料的不同，二极管可分为硅管、锗管、砷化镓管等。

根据用途，二极管可分为整流、检波、开关及特殊用途二极管等。

图 7-2(d) 是二极管的电路符号，其中 P 区引线称为阳极（A），N 区引线称为阴极（K），箭头方向表示正向电流方向。

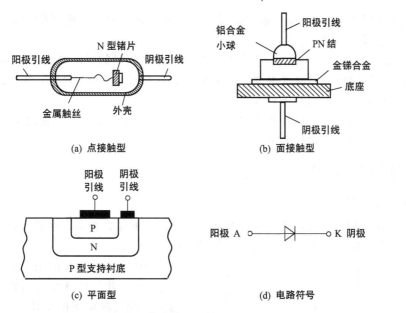

图 7-2　半导体二极管的结构及符号

7.1.2　二极管的特性和主要参数

二极管实质上是一个 PN 结，具有单向导电性，其详细特性可根据伏安特性和性能参数来说明。

（1）伏安特性

实际二极管的伏安特性如图 7-3 所示，由图可以看出二极管是非线性器件，其主要特性如下。

正向特性　当正向电压超过某一数值时，才有明显的正向电流，该电压称为门坎电压（又称死区电压）U_{th}。在室温下，硅管的 U_{th} 约为 0.5V，锗管约为 0.1V。正向导通时，硅管的压降约为 0.6～0.8V，锗管约为 0.1～0.3V。正向特性对应于图中的①段。

反向特性　对应于图中的②段，此时反向电流极小（硅管约在 0.1μA 以下，锗管约为几十微安），可认为二极管处于截止状态。

反向击穿　当反向电压增大到一定数值时，反向电流急剧增大，如图中的③段，二极管被"反向击穿"，此时所加的反向电压称为反向击穿电压 U_{BR}。U_{BR} 因管子的结构、材料的不同而存在很大的差异，一般在几十伏以上，有的甚至可达千伏以上。

（2）主要参数

器件参数是定量描述器件性能质量和安全工作范围的重要数据，是合理选择和正确使用器件的依据。二极管的主要参数如下。

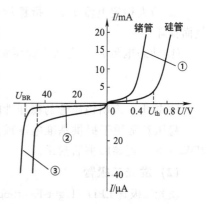

图 7-3　二极管的伏安特性

① 最大整流电流 I_F　指二极管长期运行时允许通过的最大正向平均电流，其值与 PN 结的结面积和外界散热条件等有关。在规定散热条件下，二极管正向平均电流若超过此值，它会因结温升高而被烧坏。

② 最高反向工作电压 U_{RM}　指二极管不被击穿所容许的反向电压的峰值，一般取反向击穿电压的一半或三分之二。

③ 最大反向电流 I_{RM}　指二极管加最高反向工作电压时的反向电流。I_{RM} 越小，说明二极管的单向导电性越好，并且受温度的影响也越小。由图 7-3 可以看出，锗管的反向电流比硅管的大，其值约为硅管的几十到几百倍。

除上述主要参数外，二极管还有结电容和最高工作频率等参数，附录 C 列出了常用二极管的型号和主要参数，以供参考。

7.1.3　特殊二极管

（1）稳压二极管

稳压二极管简称稳压管，它是利用特殊工艺制造的面结合型硅二极管，在电路中可以实现限幅、稳压等功能。其伏安特性及电路符号如图 7-4 所示。

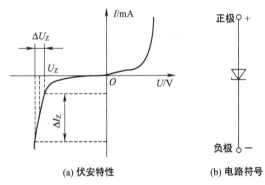

图 7-4　稳压管的伏安特性和电路符号

稳压管工作在反向击穿区，由图 7-4（a）可以看出，此时尽管反向电流有很大的变化（ΔI_Z），而反向电压的变化（ΔU_Z）极小，利用这一特性可以实现稳压。反向击穿特性曲线愈陡，稳压性能愈好。需要说明的一点是，只要在外电路上采取限流措施，使反向击穿不致引起热击穿，稳压管就不会损坏，当外加反偏压撤除后，稳压管仍可恢复其单向导电性。

稳压管的参数主要有以下几个。

① 稳定电压 U_Z　指稳压管正常工作时，稳压管两端的反向击穿电压。由于制作工艺的原因，即使同一型号的稳压管，其 U_Z 值的分散性也较大。使用时可根据需要测试挑选。

② 稳定电流 I_Z　指稳压管正常工作时的参考电流。工作电流小于此值时，稳压效果差，大于此值时，稳压效果好。

③ 最大稳定电流 I_{ZM}　指稳压管的最大允许工作电流，若超过此值，稳压管可能因过热而损坏。

④ 动态电阻 r_Z　定义为稳压管的电压变化量与电流变化量之比，即

$$r_Z = \frac{\Delta U_Z}{\Delta I_Z} \tag{7-1}$$

r_Z 越小，表明稳压管的稳压性能越好。

稳压管常用于提供基准电压或用于电源设备中，国产稳压管的常见型号为 2CW×× 和 2DW××，可参阅书后附录。

（2）发光二极管

发光二极管 LED（Light-Emitting Diode）是将电能转换为光能的一种半导体器件。它是用砷化镓、磷化镓、磷砷化镓等半导体发光材料所制成的。其电路符号如图 7-5 所示。按发光类型的不同，LED 可分为可见光 LED、红外线 LED 和激光 LED。下面介绍常用的可见光 LED。

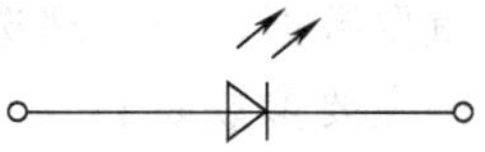

当发光二极管的 PN 结正向偏置时，载流子复合释放能量并以光子的形式放出。其发光的颜色决定于所用的半导体材料，常见的

图 7-5　发光二极管的符号

发光颜色有红、绿、黄、橙等，主要用于家用电器、电子仪器、电子仪表中作指示用。

发光二极管的主要参数可分为光参数和电参数两类。电参数与普通二极管相同，不过其正向导通电压较高，约为 2～6V，具体数值与材料有关。光参数有发光强度、发光波长等。

国产常见的发光二极管有 FG、BT、2EF、LD 等系列可供选择。

发光二极管除单作显示外，还常作为七段式或矩阵式显示器件。与其他显示器件相比，它具有体积小、重量轻、寿命长、光度强、工作稳定等优点，缺点是功耗较大。

7.2 半导体三极管

半导体三极管又称双极型三极管，简称三极管，是一种应用很广泛的半导体器件。

7.2.1 三极管的分类、结构、符号

三极管的种类很多。按照工作频率分，有高频管、低频管；按照功率分，有大、中、小功率管；按照制作材料分，有硅管、锗管等；按照管子内部 PN 结组合方式的不同，可分为 NPN 型管和 PNP 型管两种。其中硅管多为 NPN 型管，锗管几乎全是 PNP 型管。虽然种类繁多，但从其外形来看，它都有三个电极，常见的三极管外形如图 7-6 所示。

图 7-6 几种常见的三极管的外形

图 7-7 是三极管的结构示意图和相应的电路符号。由图可以看出，它是由三层半导体构成的，形成了三个区，分别是发射区、基区和集电区；由三个区引出了三个电极，即发射极 E（Emitter）、基极 B（Base）和集电极 C（Collector）；在三个区的交界面形成了两个 PN 结：即发射结和集电结。

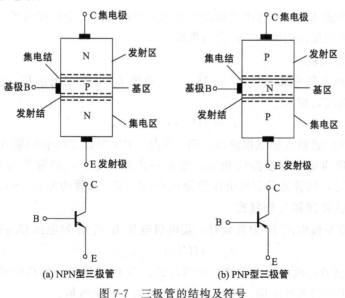

(a) NPN型三极管　　(b) PNP型三极管

图 7-7 三极管的结构及符号

为了保证三极管具有电流放大作用，其结构工艺上应具备以下特点。

① 发射区重掺杂，其掺杂浓度远远高于基区和集电区的掺杂浓度；

② 基区很薄（几微米）且为轻掺杂；

③ 集电区的面积比发射区大。

由此可见，三极管在结构上不具备电对称性，其 C、E 极不能互换使用。

NPN 型和 PNP 型三极管的符号区别在于发射极所标箭头的指向，发射极箭头的指向表明了三极管导通时发射极电流的实际流向。

7.2.2　三极管的电流分配与放大作用

三极管的电流放大作用是由内、外两种因素决定的，其结构工艺特点是实现放大的内部物质基础，而外部条件是必须给三极管加合适的直流偏置电压，即给发射结加正向偏置电压，而集电结加反向偏置电压，如图 7-8 所示。由该电路的实验数据可得出如下关系。

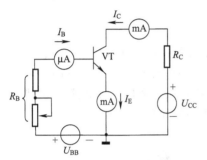

图 7-8　三极管电流放大的实验回路

①
$$I_E = I_B + I_C \qquad (7-2)$$

发射极电流 I_E 等于基极电流 I_B 和集电极电流 I_C 之和。三个电流之间的关系符合基尔霍夫定律。

②
$$I_C = \bar{\beta} I_B \qquad (7-3)$$

$$\bar{\beta} = \frac{I_C}{I_B} \qquad (7-4)$$

式中，$\bar{\beta}$ 为共发射极直流电流放大系数，表示基极电流 I_B 对集电极电流 I_C 的控制作用。

③ 当基极电流发生微小变化时，集电极电流将有较大的变化。

$$\Delta I_C = \beta \Delta I_B \qquad (7-5)$$

式中，β 为共发射极交流电流放大系数。

7.2.3　三极管的特性曲线和工作状态

三极管的特性曲线描述了各电极电压与电流之间的关系，全面反映了三极管的性能。下面讨论最常用的共射接法的输入、输出特性曲线。

（1）输入特性曲线

当集-射极间的电压为某一常数 U_{CE} 时，基极电流 I_B 与基-射电压 U_{BE} 之间的关系称为三极管的输入特性曲线，即

$$I_B = f(U_{BE})\,|_{U_{CE}=常数} \qquad (7-6)$$

通常可利用晶体管特性测试仪测出。图 7-9 是 NPN 型硅三极管的输入特性曲线。由图可见，它与二极管的正向特性曲线相似，也有一段死区电压，硅管约为 0.5V，锗管约为 0.1V。正常工作时，硅管的发射结电压约为 0.6～0.7V，锗管约为 0.2～0.3V。

（2）输出特性曲线和工作状态

输出特性是指基极电流 I_B 为常数时，集电极电流 I_C 与集-射电压 U_{CE} 的关系，即

$$I_C = f(U_{CE})\,|_{I_B=常数} \qquad (7-7)$$

图 7-10 是三极管的输出特性曲线。由图可见，当 I_B 不同时，输出特性可用一簇曲线表示。根据三极管工作状态的不同，输出特性可分为以下几个区域。

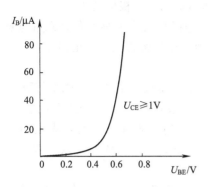

图 7-9 三极管的输入特性曲线

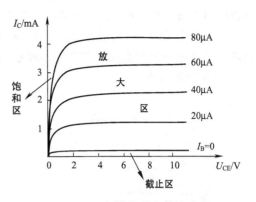

图 7-10 三极管的输出特性曲线

① 截止区 一般把 $I_B=0$ 那条曲线以下的区域称为截止区，此时，$I_C≈0$。为了使三极管可靠截止，通常在发射结上加反向电压，这样，三极管截止时，发射结和集电极均处于反向偏置。

② 放大区 特性曲线平坦的区域叫放大区，此时 $I_B>0$，$U_{CE}>1V$，$I_C=\bar{\beta}I_B$，$\Delta I_C=\beta\Delta I_B$，$I_C$ 的变化基本与 U_{CE} 无关，主要受 I_B 的控制，管子相当于一个受控的电流源。

③ 饱和区 特性曲线靠近纵轴的区域是饱和区。此时，发射结和集电极均处于正向偏置，三极管失去了电流放大作用。饱和时集-射极间的饱和压降 U_{CES} 值很小，硅管约为 0.3V，锗管约为 0.1V。

由三极管的输入、输出特性曲线不难看出，三极管也是典型的非线性器件。

7.2.4 三极管的主要参数

三极管的参数是用来表征管子性能优劣和适应范围的，它是选用三极管的依据。了解这些参数的意义，对于合理使用和充分利用三极管以达到设计电路的经济性和可靠性是十分必要的。三极管的参数很多，大致可分为以下几类。

(1) 表征放大性能的参数

① 共射极直流电流放大系数 $\bar{\beta}(h_{FE})$

$$\bar{\beta}=\frac{I_C}{I_B}$$

② 共射极交流电流放大系数 $\beta(h_{fe})$

$$\beta=\frac{\Delta I_C}{\Delta I_B}$$

虽然 $\bar{\beta}$ 和 β 的含义不同，但当输出特性曲线（图 7-10）平行等距且忽略 I_{CEO} 时，则 $\bar{\beta}≈\beta$，工程上常利用这一关系进行近似估算。

(2) 表征稳定性能的参数

① I_{CBO} 指发射极开路时，集电极-基极之间的反向饱和电流。

② I_{CEO} 指基极开路时，集电极-发射极之间的穿透电流。

$$I_{CEO}=(1+\beta)I_{CBO} \tag{7-8}$$

选用三极管时，一般希望极间反向电流越小越好，以减小温度的影响，硅管的 I_{CBO} 比锗管小 2~3 个数量级，所以在要求较高的场合常选硅管。

(3) 表征安全极限性能的参数

① 集电极最大允许电流 I_{CM} 三极管工作时，β 值基本不变。但当 I_C 超过一定值时，β

值将明显降低。I_{CM}是指 β 值下降到正常值的 2/3 时所对应的集电极电流 I_C 值。

② 集电极最大允许耗散功率 P_{CM}　指集电结上允许损耗功率的最大值，P_{CM} 与管子的散热条件和环境温度有关，三极管不能超温使用，否则其性能将恶化，甚至损坏。

③ 反向击穿电压

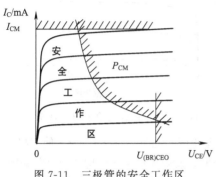

图 7-11　三极管的安全工作区

$U_{(BR)EBO}$　指集电极开路时，发射结的反向击穿电压，此值较小，一般只有几伏，有的甚至不到 1V。

·$U_{(BR)CBO}$　指发射极开路时，集电结的反向击穿电压。此值较大，一般为几十伏，有的可达几百伏甚至上千伏。

·$U_{(BR)CEO}$　指基极开路时，集电极-发射极之间的反向击穿电压。其大小与三极管的穿透电流有直接的关系，一般为几伏至几十伏。

通常将 I_{CM}、P_{CM}、$U_{(BR)CEO}$ 三个参数所限定的区域称为三极管的安全工作区，如图 7-11 所示。为了确保管子正常、安全工作，使用时不应超出这个范围。

7.2.5　温度对三极管参数的影响

严格来讲，温度对三极管的所有参数几乎都有影响，但受影响最大的是以下三个参数。

① β　三极管的 β 值会随温度的升高而增大，温度每升高 1℃，β 值约增大 0.5%～1%。

② U_{BE}　三极管的 U_{BE} 值具有负的温度系数，温度每升高 1℃，$|U_{BE}|$ 值约减小 (2～2.5)mV。

③ I_{CBO}　实验表明，I_{CBO} 随温度按指数规律变化，温度每升高 10℃，I_{CBO} 值约增加一倍，即 $I_{CBO}(T_2) = I_{CBO}(T_1) \times 2^{(T_2-T_1)/10}$。

7.3　场效应管

场效应管（FET）是一种较新型的半导体器件，其外形与普通三极管相似，但两者的控制特性却截然不同。普通三极管是电流控制器件，通过控制基极电流达到控制集电极电流或发射极电流的目的，即信号源必须提供一定的电流才能工作，因此它的输入电阻较低，仅有 $10^2 \sim 10^4 \Omega$。场效应管则是电压控制器件，其输出电流决定于输入电压的大小，基本上不需要信号源提供电流，所以它的输入阻抗很高，可达 $10^9 \sim 10^{14} \Omega$，这是它的突出优点。此外，它还具有噪声低、热稳定性好、抗辐射能力强、制造工艺简单、集成度高等优点，已经成为当今集成电路的主流器件。

7.3.1　场效应管的分类、结构、符号、特性曲线

根据结构的不同，场效应管可分为两大类：结型场效应管（JFET）和金属-氧化物-半导体场效应管（MOSFET）。

（1）结型场效应管

结型场效应管（Junction Field Effect Transistor）是利用半导体内的电场效应进行工作的，所以又称体内场效应器件，它有 N 沟道和 P 沟道之分，图 7-12 示出了 N 沟道结型场效应管的结构及工作原理示意图。

由图可见，它在一块 N 型半导体材料两边高浓度扩散制造了两个重掺杂的 P$^+$ 区，形成了

两个 PN 结。两个 P$^+$ 区接在一起引出栅极 G，两个 PN
结之间的 N 型半导体构成导电沟道，在 N 型半导体的
两端分别引出源极 S 和漏极 D。由于 N 型区结构对称，
所以其源极和漏极可以互换使用。

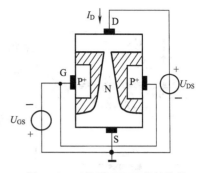

图 7-12　N 沟道 JFET 的结构及
工作原理示意图

　　N 沟道结型场效应管工作时，为了保证其高输入
电阻的特性，栅-源之间需加一负电压 U_{GS}。使栅极与
沟道之间的 PN 结反偏。在漏-源之间加一正电压 U_{DS}，
N 沟道中的多数载流子（电子）将源源不断地由源极
向漏极运动，从而形成漏极电流 I_D。U_{GS} 和 U_{DS} 的大
小直接影响着导电沟道的变化，因而影响着漏极电流
的变化。U_{GS} 控制沟道的宽窄，当 U_{GS} 由零向负值增大
时，沟道由宽变窄，沟道电阻由小变大，当 |U_{GS}| 增大到"夹断电压" $U_{GS(off)}$ 时，沟道被
全部"夹断"，沟道电阻趋于无穷。U_{DS} 控制沟道的形状，在 U_{GS} 为一固定值时，若 $U_{DS}=0$，
沟道由漏极到源极呈等宽性，$I_D=0$；当 $U_{DS}>0$ 时，由于 |U_{GD}| > |U_{GS}|，沟道不再呈
等宽性，而呈楔形，如图 7-12 所示，此时，I_D 随 U_{DS} 的增大而增大；当 U_{DS} 增大到使
$U_{GD}=U_{GS(off)}$ 时，沟道首先在靠近漏极处被夹断，此后，若继续增大 U_{DS}，夹断点由漏极向
源极移动，I_D 基本不再增加，趋于饱和。

（2）MOS 场效应管

　　MOS 场效应管简称 MOS 管，它是利用半导体表面的电场效应进行工作的，也称表面场效
应管。由于其栅极处于绝缘状态，故又称绝缘栅场效应管。MOS 管可分为增强型与耗尽型两
种类型，每类又有 N 沟道和 P 沟道之分，所以共有四类 MOS 管。

　　图 7-13 为增强型 NMOS 管的结构及工作原理示意图。它以 P 型硅片作为衬底，其上扩
散两个重掺杂的 N$^+$ 区，分别作为源区和漏区，并引出源极 S 和漏极 D，在源区和漏区之间
的衬底表面覆盖一层很薄（约 $0.1\mu m$）的绝缘层（SiO$_2$），并在其上蒸铝引出栅极 G。从垂
直衬底的角度看，这种场效应管由金属（铝）-氧化物（SiO$_2$）-半导体构成，故称为 MOS-
FET（Metal-Oxide-Semiconductor Field Effect Transistor）。

　　由图 7-13 可以看出，当 $U_{GS}=0$ 时，源区和漏区之间被 P 型衬底所隔开，形成了两个背
靠背的 PN 结，不论 U_{DS} 的极性如何，其中总有一个 PN 结是反偏的，电流总为零，管子处
于截止状态。当 $U_{GS}>0$ 时，栅极与衬底之间以 SiO$_2$ 为介质构成的电容器被充电，产生垂
直于半导体表面的电场，该电场吸引 P 型衬底的电子并排斥空穴，当 U_{GS} 达到一定值（称为
开启电压）时，在栅极附近的 P 型硅表面便形成了一个 N 型（电子）薄层，沟通了源区和
漏区，形成了沿半导体表面的导电沟道。漏-源电压 U_{DS} 将使导电沟道产生不等宽性，靠近
源极处沟道较宽，靠近漏极处沟道较窄。显然，U_{GS} 越高，电场越强，导电沟道越宽，漏极
电流 I_D 越大，因此通过改变 U_{GS} 的大小便可控制 I_D 的大小。

　　图 7-14 为耗尽型 NMOS 管的结构及工作原理示意图。这种器件在制造过程中，在 SiO$_2$ 绝缘
层中掺入了大量正离子，即使在 $U_{GS}=0$ 时，半导体表面也有垂直电场作用，并形成 N 型导电沟
道。因为它有原始导电沟道，故称为耗尽型管。当 $U_{GS}>0$ 时，指向衬底的电场增强，沟道变宽，
漏极电流 I_D 将会增大；当 $U_{GS}<0$ 时，指向衬底的电场削弱，沟道变窄，I_D 将会减小，当 U_{GS} 继
续变负并等于某一定值（称为夹断电压）时，沟道消失，$I_D=0$，管子进入截止状态。

　　以上简要介绍了几种 N 沟道场效应管，P 沟道管子的结构和工作过程与其类似，此处
不再赘述。

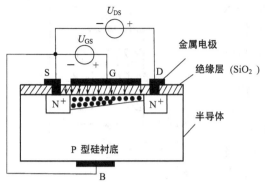

图 7-13 增强型 NMOS 管的结构及原理示意图

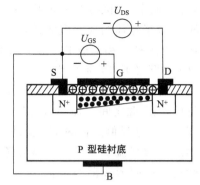

图 7-14 耗尽型 NMOS 管的结构及原理示意图

表 7-1 列出了各种场效应的符号和特性曲线，希望有助于读者进一步理解其特点。由特性曲线可以看出，场效应管也是非线性器件。

表 7-1 各种场效应的符号和特性曲线

分类	符号 特性	符 号	转移特性 $I_D = f(U_{GS})\vert_{U_{DS}=常数}$	漏极特性 $I_D = f(U_{DS})\vert_{U_{GS}=常数}$
结型场效应管	N 沟道			
	P 沟道			
绝缘栅场效应管	N 沟道 增强型			
	N 沟道 耗尽型			
	P 沟道 增强型			
	P 沟道 耗尽型			

7.3.2 场效应管的主要参数

场效应管的参数主要有以下几个。

(1) 开启电压 $U_{GS(th)}$、夹断电压 $U_{GS(off)}$

$U_{GS(th)}$ 指在一定的漏源电压 U_{DS} 下，使管子由不导通变为导通所需的临界栅源电压，该参数是针对增强型 MOS 管定义的。

$U_{GS(off)}$ 指在一定的漏源电压 U_{DS} 下，管子原始导电沟道夹断时所需的 U_{GS} 值，该参数是针对结型场效应管和耗尽型 MOS 管定义的。

(2) 饱和漏极电流 I_{DSS}

I_{DSS} 是结型场效应管和耗尽型 MOS 管的参数，是指在 $U_{GS}=0$ 的情况下产生预夹断时的漏极电流。

(3) 输入电阻 R_{GS}

它表示栅源电压与栅极电流之比。结型场效应管的 R_{GS} 大于 $10^7\,\Omega$，MOS 管的 R_{GS} 可达 $10^9\,\Omega$ 以上。由于 MOS 管的栅源电阻很高，所以栅极电容上积累的电荷不易放掉，因而，外界静电感应极容易在栅极上产生很高的电压，致使 SiO_2 绝缘层击穿，损坏 MOS 管。为此，MOS 管的栅极不能悬空，使用时需在栅极加保护电路，如栅-源之间加反向二极管或稳压二极管等。

(4) 跨导 g_m

g_m 是表征场效应管放大能力的参数，它定义为在 U_{DS} 为常数时，漏极电流的变化量与引起这一变化的栅源电压的变化量之比，即

$$g_m = \frac{\Delta I_D}{\Delta U_{GS}}\bigg|_{U_{DS}=常数} \tag{7-9}$$

(5) 栅源击穿电压 $U_{(BR)GSO}$

指漏极开路，栅源之间所允许加的最大电压。对于结型场效应管，它是使栅极与沟道间的 PN 结反向击穿的 U_{GS} 值；对于 MOS 管，它是使 SiO_2 绝缘层击穿的 U_{GS} 值。

7.3.3 场效应管与三极管的比较

表 7-2 列出了场效应管与三极管的区别，希望有助于读者以比较的方式掌握二者的主要特点。

表 7-2 场效应管与三极管的比较

类　　别	三极管	场效应管
载流子	两种不同极性的载流子(电子与空穴)同时参与导电,故称为双极型晶体管	只有一种极性的载流子(电子或空穴)参与导电,故称为单极型晶体管
控制方式	电流控制	电压控制
类　　型	NPN 和 PNP 型两种	N 沟道 P 沟道两种
放大参数	$\beta=20\sim100$	$g_m=1\sim5mA/V$
输入电阻	$10^2\sim10^4\,\Omega$	$10^9\sim10^{14}\,\Omega$
输出电阻	r_{ce} 很高	r_{ds} 很高
热稳定性	差	好
制造工艺	较复杂	简单,成本低
对应电极	基极-栅极,发射极-源极,集电极-漏极	

7.4 晶闸管

晶闸管（原名可控硅）是 1957 年研制出来的。晶闸管的出现，使半导体器件从弱电领域进入了强电领域，它具有体积小、重量轻、效率高、动作迅速、维护简单、操作方便、寿命长等优点，因而得到了广泛应用，主要用于整流、逆变、调压、开关四个方面。

7.4.1 晶闸管的分类、结构和封装形式

晶闸管的种类很多，按其特性分，有单向晶闸管、双向晶闸管、可关断晶闸管、光控晶闸管等；按电流容量分，有大功率（＞50A）、中功率（5～50A）、小功率（＜5A）晶闸管。

常用的普通单向晶闸管结构如图 7-15(a) 所示，它是具有三个 PN 结的四层半导体结构。由最外层的 P 层和 N 层引出两个电极，分别为阳极 A 和阴极 K，由中间的 P 层引出控制极（或称门极）G，图 7-15(b) 为晶闸管的表示符号。

大功率晶闸管较多采用平板金属壳封装；中功率晶闸管采用金属壳螺栓型封装；小功率晶闸管大都采用塑封结构。常见的几种晶闸管外形如图 7-16 所示。

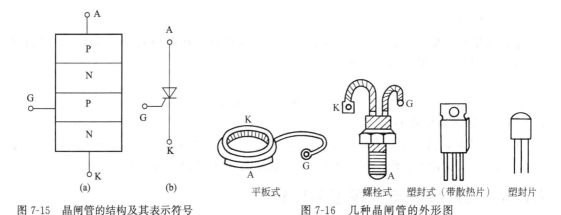

图 7-15　晶闸管的结构及其表示符号　　　　图 7-16　几种晶闸管的外形图

7.4.2 晶闸管的工作原理

为了说明晶闸管的工作原理，可按图 7-17 所示的电路做一个简单的实验。

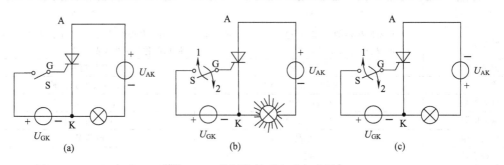

图 7-17　晶闸管导通实验电路图

实验结果如表 7-3 所示。

表 7-3 晶闸管导通实验结果

电 路	U_{AK}	U_{GK}	开关 S		灯泡	晶闸管
图 7-17(a)	>0	>0	断开		灭	截止
图 7-17(b)	>0	>0	1	闭合	亮	导通
			2	断开	亮	导通
图 7-17(c)	<0	>0	1	闭合	灭	截止
			2	断开	灭	截止

从上述实验可总结出晶闸管的工作特点如下。

① 晶闸管的导通必须同时具备两个条件，即晶闸管阳极电路加正向电压，控制极也加正向电压（实际中，控制极加正触发脉冲信号）；

② 控制极的作用仅仅是触发晶闸管使其导通，管子导通之后，控制极就失去控制作用了；

③ 要想关断晶闸管，应在晶闸管的阳极和阴极之间加反向电压或者控制极加反向电压。

7.4.3　晶闸管的伏安特性

图 7-18 为晶闸管的伏安特性曲线。由图可以看出，曲线分为四个工作区，即正向导通区、正向阻断区、反向阻断区和反向导通区。

(1) 正向阻断区

当控制极电流 $I_G = 0$，阳极和阴极间的正向电压较小时，晶闸管只流过很小的漏电流 I_{DR}，此时的晶闸管处于正向阻断状态。

(2) 正向导通区

当正向电压增大到正向转折电压 U_{BO} 时，漏电流突然增大，晶闸管由阻断状态突然导通，即由图中的 A 点跳到 B 点，沿 BC 段曲线变化。晶闸管导通后，可通过很大的电流，而它本身的管压降只有 1V 左右，所以曲线靠近纵轴而且陡直。

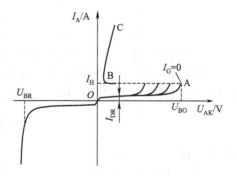

图 7-18　晶闸管的伏安特性曲线

需要说明的一点是，当控制极加有电流 I_G 时，晶闸管由阻断变为导通所需要的正向电压 U_{AK} 要小于 U_{BO}，而且 I_G 愈大，所需的 U_{AK} 愈小。

(3) 反向阻断区

当晶闸管的阳极和阴极之间加反向电压，且其值较小时，反向漏电流很小，晶闸管处于反向阻断状态。

(4) 反向导通区

当反向电压增大到反向转折电压 U_{BR} 时，反向漏电流急剧增大，使晶闸管反向导通，此时晶闸管的功耗很大，可能被损坏。

不难看出，晶闸管的反向特性和二极管的十分相似。

7.4.4　晶闸管的主要参数和型号命名方法

(1) 晶闸管的主要参数

① 正向重复峰值电压 U_{FRM}　指控制极开路，晶闸管正向阻断条件下，允许重复加在晶闸管两端的正向峰值电压。规定 U_{FRM} 为 U_{BO} 的 80%。

② 反向重复峰值电压 U_{RRM}　指控制极开路时，允许重复加在晶闸管两端的反向峰值电压。规定 U_{RRM} 为 U_{BR} 的 80%。

晶闸管的额定电压应取 U_{FRM} 和 U_{RRM} 中较小的那个电压值。

③ 额定正向平均电流 I_F　指在环境温度不大于 40℃ 和标准散热条件下，允许连续通过晶闸管的工频（50Hz）正弦半波电流的平均值。通常所说的多少安的晶闸管，就是指这个电流。I_F 值并不是一成不变的，它要受冷却条件、环境温度、元件导通角等因素的影响，这一点在实际使用中应加以注意。

④ 维持电流 I_H　指在规定的环境温度和控制极开路的情况下，维持晶闸管导通状态所需的最小阳极电流。当晶闸管的正向电流小于 I_H 时，晶闸管将自动关断。

（2）晶闸管的型号

目前，我国生产的晶闸管的型号及其含义如下。

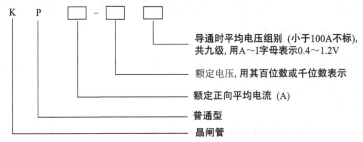

例如 KP5-7 表示额定正向平均电流为 5A，额定电压为 700V 的晶闸管。

近年来，晶闸管在制造技术上已有很大的提高，在电流、电压等指标上有了重大突破，已制造出电流在千安以上，电压达到上万伏的晶闸管，使用频率已高达几十千赫。

思考题与习题

【7-1】 填空

① 二极管的正向电阻＿＿＿＿＿＿，反向电阻＿＿＿＿＿＿。

② 在选用二极管时，要求导通电压低时应该选用＿＿＿＿＿＿材料管；要求反向电流小时应选用＿＿＿＿＿＿材料管；要求耐高温时应选＿＿＿＿＿＿管。

③ 稳压管的稳压区是其工作在＿＿＿＿＿＿。

④ 若要使三极管工作在放大状态，应使其发射结处于＿＿＿＿偏置，而集电结处于＿＿＿＿偏置。

⑤ 工作在放大区的某三极管，当 I_B 从 20μA 增大到 40μA 时，I_C 从 1mA 变到 2mA，则其 β 值约为＿＿＿＿＿＿。

⑥ 某三极管正常放大时，测得 $I_E=1mA$，$I_B=20Ma$，则 $I_C=$＿＿＿＿＿＿。

⑦ 当温度升高时，三极管各参数的变化趋势为 β＿＿＿＿＿＿；I_{CEO}＿＿＿＿＿＿；U_{BE}＿＿＿＿＿＿。

⑧ 三极管属＿＿＿＿控制型器件；而场效应管属＿＿＿＿控制型器件；场效应管的突出特点是＿＿＿＿。

【7-2】 图 7-19 中的二极管均为硅管，试判断哪个图中的二极管是导通的？

【7-3】 图 7-20 所示电路中，发光二极管的导通电压 $U_D=1.5V$，正向电流在 5～15mA 时才能正常工作。试问：

① 开关 S 在什么位置时发光二极管才能发光？

② R 的取值范围是多少？

【7-4】 现有两只稳压管，它们的稳定电压分别为 6V 和 8V，正向导通电压均为 0.7V。

① 若将它们串联连接，可得到几种稳压值？各为多少？

② 若将它们并联连接，可得到几种稳压值？各为多少？

【7-5】 测得放大电路中四个三极管各极电位分别如图 7-21 所示，试判断它们各是 NPN 管还是 PNP 管？

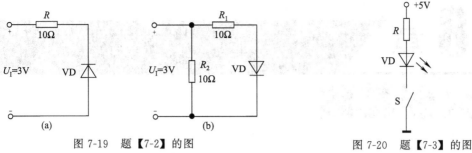

图 7-19 题【7-2】的图　　　　　　　　图 7-20 题【7-3】的图

是硅管还是锗管? 并确定每管的 B、E、C 极。

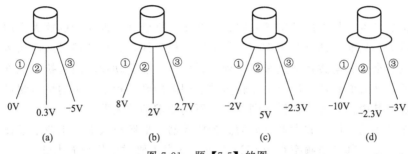

图 7-21 题【7-5】的图

【7-6】 有两只三极管, 其中一只的 $\beta=200$, $I_{CEO}=200\mu A$, 另一只的 $\beta=100$, $I_{CEO}=10\mu A$, 其他参数大致相同, 你认为应该选哪只管子? 为什么?

【7-7】 试判断图 7-22 所示各电路中的三极管是否有可能工作在放大状态?

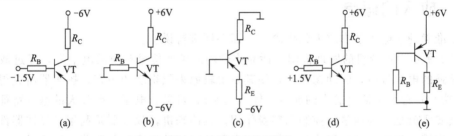

图 7-22 题【7-7】的图

【7-8】 图 7-23 是两个场效应管的特性曲线, 试指出它们分别属于哪种场效应管? 并画出相应的电路符号, 指出每只管子的 $U_{GS(off)}$ 或 $U_{GS(th)}$ 或 I_{DSS} 的大小。

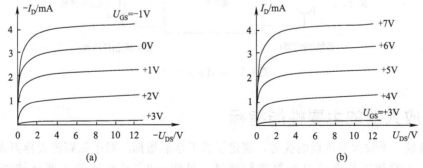

图 7-23 题【7-8】的图

【7-9】 晶闸管的导通条件是什么? 控制极的作用是什么? 在什么条件下晶闸管才能从导通变为截止? 型号为 KP200-18F 的晶闸管中各个文字和数字代表什么?

第 **8** 章
放大器基础

放大器是最基本、最常用的电子线路，它利用三极管和场效应管的放大作用，将微弱的电信号进行放大，从而驱动负载工作。例如从收音机天线接收到的信号或者从传感器获得的信号，通常只有毫伏甚至微状数量级，必须经过放大才能驱动喇叭或者执行元件。放大器的应用非常广泛，从人们日常生活接触比较多的家用电器到工程上用到的精密测量仪表、复杂的控制系统等，其中都有各种各样不同类型、不同要求的放大器。

根据工作频率的不同，放大器可分为高频放大器和低频放大器。工业电子技术中主要用到的是低频放大器，其工作频率在 20kHz 以下，本章主要讨论低频放大器。

8.1 放大器概述

8.1.1 放大的概念

为了准确理解电子学中放大的概念，下面举例进行说明。

图 8-1 所示为扩音机的原理框图。话筒将微弱的声音信号转换成电信号，经过放大器放大成足够强的电信号后，驱动扬声器，使其发出较原来强得多的声音。扬声器所获得的能量（或输出功率）远大于话筒送出的能量（输入功率），可见，电子电路放大的基本特征是功率放大，其实质就是一种能量的控制和转换作用。具体来讲，放大器是利用半导体器件（三极管或场效应管）的放大和控制作用，将直流电源的能量转换成负载所获得的能量。

图 8-1　扩音机示意图

8.1.2 放大器的主要性能指标

为了衡量一个放大器质量的优劣，规定了若干性能指标。对于低频放大器而言，一般在放大器的输入端加正弦电压对电路进行测试，见图 8-2。放大器的主要性能指标有以下几项。

（1）放大倍数

放大倍数（也称增益）是衡量放大器放大能力的重要指标。有四种不同类型的放大倍

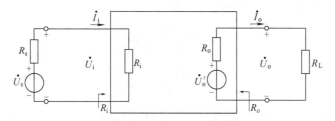

图 8-2 放大器性能指标的测试电路

数，但常用的有以下两种。

① 电压放大倍数 $\dot{A}_u$

$$\dot{A}_u = \frac{\dot{U}_o}{\dot{U}_i} \tag{8-1}$$

式中，$\dot{U}_o$ 与 $\dot{U}_i$ 分别表示放大器的输出电压与输入电压。电压放大倍数表示放大器放大电压信号的能力。

② 电流放大倍数 $\dot{A}_i$

$$\dot{A}_i = \frac{\dot{I}_o}{\dot{I}_i} \tag{8-2}$$

式中，$\dot{I}_o$ 与 $\dot{I}_i$ 分别表示放大器的输出电流与输入电流。电流放大倍数表示放大器放大电流信号的能力。

工程上，常用分贝（dB）表征放大器的放大能力，其定义如下

$$|\dot{A}_u|(\text{dB}) = 20\lg|\dot{A}_u| \tag{8-3}$$

$$|\dot{A}_i|(\text{dB}) = 20\lg|\dot{A}_i| \tag{8-4}$$

（2）输入电阻 R_i

由图 8-2 可见，当输入电压加到放大器的输入端时，在该端口产生一个相应的输入电流，也就是说，从放大器的输入端向内看进去相当于有一个等效电阻，这个电阻就是放大器的输入电阻，它定义为外加输入电压与相应的输入电流的有效值之比，即

$$R_i = \frac{U_i}{I_i} \tag{8-5}$$

R_i 表征了放大器对信号源的负载特性。对输入为电压信号的放大器，R_i 越大，放大器对信号源的影响越小；而对输入为电流信号的放大器，R_i 越小，放大器对信号源的影响越小。因此，放大器输入电阻的大小应视需要而定。

（3）输出电阻 R_o

在放大器的输入端加信号，如果改变接到输出端的负载，则输出电压 U_o 也要随之改变。这种情况就相当于从输出端看进去，好像有一个具有内阻 R_o 的电压源 U'_o，如图 8-2 所示，通常把 R_o 称为输出电阻。

在实际中，输出电阻 R_o 可按如下方法获得，测出负载开路时的输出电压 U'_o，再测出

接上负载 R_L 时的输出电压 U_o，由图 8-2 可得

$$U_o = \frac{R_L}{R_o + R_L} U_o'$$

于是

$$R_o = \frac{U_o' - U_o}{U_o} R_L \tag{8-6}$$

R_o 是表征放大器带负载能力的指标。若为电压型负载，R_o 愈小，带载能力愈强（如图 8-2）；若为电流型负载，R_o 愈大，带载能力愈强。因此放大器输出电阻的大小应视负载的需要而设计。

（4）最大输出幅度 U_{omax}（I_{omax}）

表示在输出波形没有明显失真的情况下，放大器能够提供给负载的最大输出电压（或最大输出电流）。

（5）最大输出功率 P_{om} 和效率 η

P_{om} 表示在输出波形基本不失真的情况下，放大器能够向负载提供的最大输出功率。

η 定义为放大器的最大输出功率 P_{om} 与直流电源提供的功率 P_V 之比，即

$$\eta = \frac{P_{om}}{P_V} \times 100\% \tag{8-7}$$

前面已经指出，放大器负载上所获得的较大的能量，是利用放大元件的控制作用，由放大器中直流电源的能量转换而来的。η 便是表征此转换效率的一项指标。

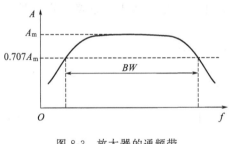

图 8-3 放大器的通频带

（6）通频带 BW

通频带用于衡量放大器对不同频率信号的放大能力。它定义为放大倍数下降到中频放大倍数 A_m 的 0.707 倍时所对应的频率范围，如图 8-3 所示。

除了以上介绍的几项性能指标外，在实际工作中还可能涉及放大器的其他性能指标，如非线性失真系数、温度漂移、信噪比、允许工作温度范围等等，请读者自行参阅有关文献资料。

8.2 放大器的构成原则和工作原理

8.2.1 放大器的构成原则

无论何种类型的放大器，均可用图 8-4 所示的框图来表示。为了保证放大器能够正常工作，应遵循以下几条构成原则。

① 放大器中必须包含具有放大作用的半导体器件，如三极管、场效应管。

② 放大器中必须有直流电源，以保证放大管被合理偏置在线性放大区，进行不失真放大；同时为放大器提供能源。

③ 耦合电路应保证将输入信号源和负载分别连接到放大管的输入端和输出端。

图 8-5 是以 NPN 型管为核心组成的基本放大器，整个电路分为输入回路和输出回路两部分，输入、输出回路共用三极管的发射极（如图中"⊥"），故称为共射放大器。

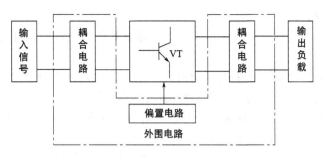

图 8-4 放大器的组成框图

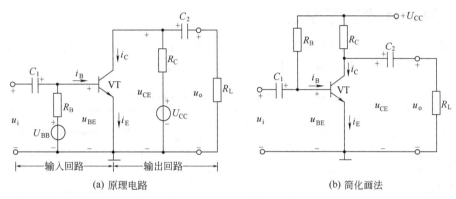

(a) 原理电路　　　　　　　　　　(b) 简化画法

图 8-5 基本共射放大器

其中各元件的作用说明如下。

（1）三极管 VT

它是整个放大器的核心元件，用来实现放大作用。

（2）基极直流电源 U_{BB}

它保证三极管的发射结处于正向偏置，为基极提供偏置电流。

（3）基极偏置电阻 R_B

其作用是为三极管提供合适的基极偏置电流，并使发射结获得必需的正向偏置电压。调节 R_B 的大小可使放大器获得合适的静态工作点（Q 点），R_B 的阻值一般在几十千欧至几百千欧的范围内。

（4）集电极直流电源 U_{CC}

它保证三极管的集电结处于反向偏置，以确保三极管工作在放大状态。同时为放大器提供能源。

（5）集电极负载电阻 R_C

其作用是将集电极电流 i_C 的变化转换成集-射电压 u_{CE} 的变换，以实现电压放大。同时，电源 U_{CC} 通过 R_C 加到三极管上，使三极管获得合适的工作电压，所以 R_C 也起直流负载的作用。R_C 的阻值一般在几千欧到几十千欧的范围内。

（6）耦合电容 C_1 和 C_2

其作用是"隔离直流，传送交流"。C_1 和 C_2 一方面用来隔断放大器与信号源之间、放大器与负载之间的直流通路，另一方面还起着交流耦合的作用，保证交流信号顺利地通过放大器。C_1 和 C_2 通常选用容量大（一般为几微法到几十微法）、体积小的电解电容，连接时电容的正极接高电位，负极接低电位。

（7）负载电阻 R_L

它是放大器的外接负载，可以是耳机、扬声器或其他执行机构，也可以是后级放大器的输入电阻。

图 8-5（b）是基本共射放大器的简化形式。图 8-5（a）需要两个直流电源（U_{CC}、U_{BB}）供电，这在实际中是很不方便的。其实，基极回路不必单独使用电源，可以通过 R_B 直接从 U_{CC} 来获得基极直流电压，以使发射结处于正向偏置。这样，整个电路就只用一个直流电源 U_{CC}。另外，画电路时可省略直流电源的符号，而仅用其电位的极性和数值来表示，如 $+U_{CC}$ 表示该点接电源的正极，而参考零电位（"⊥"）接电源的负极。

8.2.2　放大器的工作原理

放大器是以直流为基础进行交流放大的，其中既含有直流分量又含有交流分量，为了讨论方便，对放大器中各电压、电流符号的规定如表 8-1 所示。

表 8-1　放大器中各电压、电流符号的规定

	直流量 （静态值）	交流量		总电压或总电流	基本表达式
		瞬时值	有效值		
基极电流	I_B	i_b	I_b	i_B	$i_B = I_B + i_b$
集电极电流	I_C	i_c	I_c	i_C	$i_C = I_C + i_c$
基-射电压	U_{BE}	u_{be}	U_{be}	u_{BE}	$u_{BE} = U_{BE} + u_{be}$
集-射电压	U_{CE}	u_{ce}	U_{ce}	u_{CE}	$u_{CE} = U_{CE} + u_{ce}$

（1）静态工作情况

放大器输入端不加信号，即 $u_i = 0$ 时，由于直流电源的存在，电路中存在直流电压和直流电流，放大器的这种工作状态称之为静态。放大器静态值的大小反映了电路是否具有进行交流放大的合适的直流基础。静态值的确定可按如下所述方法进行。

① 电路估算法　画出放大器的直流通路（画直流通路时，电容视为开路，电感视为短路），如图 8-6(a) 所示。列输入、输出回路的 KVL 方程，进而确定静态电流（I_{BQ}、I_{CQ}）和静态电压（U_{BEQ}、U_{CEQ}）。

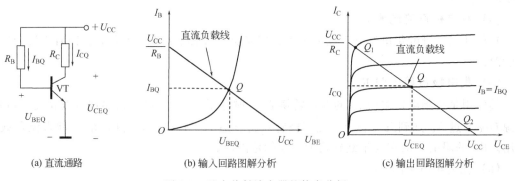

(a) 直流通路　　　(b) 输入回路图解分析　　　(c) 输出回路图解分析

图 8-6　基本共射放大器的静态分析

对输入回路，应用 KVL 得

$$R_B I_{BQ} + U_{BEQ} = U_{CC} \tag{8-8}$$

故
$$I_{BQ} = \frac{U_{CC} - U_{BEQ}}{R_B} \approx \frac{U_{CC}}{R_B} \qquad (8\text{-}9)$$

则有
$$I_{CQ} \approx \beta I_{BQ} \qquad (8\text{-}10)$$

对输出回路，应用 KVL 得
$$R_C I_{CQ} + U_{CEQ} = U_{CC}$$

故
$$U_{CEQ} = U_{CC} - I_{CQ} R_C \qquad (8\text{-}11)$$

② 图解法　在三极管的输入特性曲线上作输入回路直流负载线［式(8-8) 即为输入回路直流负载线方程］，由二者的交点即可确定 U_{BEQ} 和 I_{BQ}，如图 8-6(b) 所示。在三极管的输出特性曲线上作输出回路直流负载线［式(8-11) 即为输出回路直流负载线方程］，由它与三极管某条输出特性曲线（由 I_{BQ} 确定）的交点即可确定 U_{CEQ} 和 I_{CQ}，如图 8-6(c) 所示。

图解法可以很直观地分析和了解放大器的 Q 点是否合适。对于放大器，要求获得尽可能大的 U_{omax} 或 I_{omax}，Q 点的设置非常重要，若 Q 点过低［如图 8-5(c) 中 Q_2 的位置］，输出波形易产生截止失真；反之，若 Q 点过高［如图 8-5(c) 中 Q_1 的位置］，输出波形易产生饱和失真。

(2) 动态工作情况

当放大器加上输入信号 u_i 时，电路中的电压和电流均在静态值的基础上作相应的变化，放大器的这种工作状态称为动态。工程上常用"微变等效电路法"分析放大器的动态工作情况。"微变等效"是指在低频小信号条件下，将非线性三极管等效成线性电路模型，如图8-7所示。

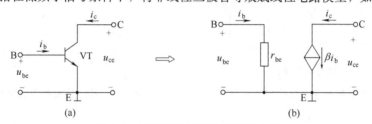

图 8-7　三极管的简化微变等效电路

放大器的动态分析步骤如下。首先画出放大器的交流通路（耦合电容、旁路电容作短路处理，直流电源也视作短路），如图 8-8(a) 所示，之后用三极管的等效模型代替三极管，见图 8-8(b)，进而求出放大器几项重要的动态指标，如 A_u、R_i 和 R_o。

由图 8-8(b) 不难求出以下指标

①
$$\dot{A}_u = \frac{\dot{U}_o}{\dot{U}_i} = \frac{-\dot{I}_c R_L'}{\dot{I}_b r_{be}} = -\frac{\beta R_L'}{r_{be}} \qquad (8\text{-}12)$$

式中，$R_L' = R_C \ // \ R_L$

$$r_{be} = r_{bb'} + (1+\beta)\frac{26(mV)}{I_{EQ}(mA)} \qquad (8\text{-}13)$$

r_{be} 是三极管的输入电阻，$r_{bb'}$ 是三极管的基区体电阻，对于低频小功率管，$r_{bb'}$ 通常取 300Ω。

式(8-12) 中的负号表示共射放大器的输出电压与输入电压反相，是反相电压放大器。

②
$$R_i = \frac{U_i}{I_i} = R_B \ // \ r_{be} \qquad (8\text{-}14)$$

③
$$R_o \approx R_C \qquad (8\text{-}15)$$

图 8-9 示出了共射放大器中各电压、电流的波形，希望有助于读者进一步理解放大器的整体工作情况。

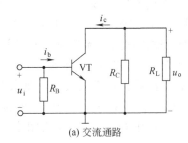

(a) 交流通路

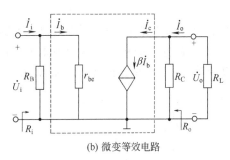

(b) 微变等效电路

图 8-8　基本共射放大器的动态分析

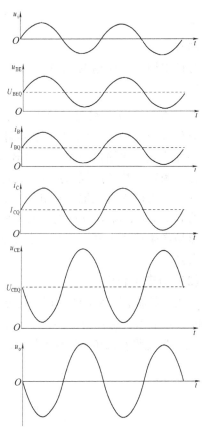

图 8-9　共射放大器中电压和电流波形图

8.3　三种基本的三极管放大器

三极管有三个电极，在组成放大器时，根据输入、输出回路共用电极的不同，可形成三种基本的放大器，分别称共射、共集和共基放大器。图 8-5 是基本共射放大器。

8.3.1　分压偏置 Q 点稳定电路

图 8-5 所示共射放大器的直流偏置电路见图 8-6（a），它虽然简单，但由于三极管的参数 $U_{BE(on)}$、β、I_{CEO} 等都是温敏参数，所以当温度变化时，Q 点会产生波动，严重时将使放大器不能正常工作，因此，常采用图 8-10 所示的分压偏置 Q 点稳定电路。

图 8-10 中，在 $I_1 \gg I_{BQ}$ 的条件下，U_{BQ} 由电源 U_{CC} 经 R_{B1} 和 R_{B2} 的分压所决定，其值不受温度的影响，且与三极管的参数无关，电路稳定 Q 点的过程如下。

$$T(℃) \uparrow \rightarrow I_{CQ}(I_{EQ}) \uparrow \rightarrow U_{EQ} \uparrow \xrightarrow{U_{BEQ}=U_{BQ}-U_{EQ}} U_{BEQ} \downarrow \rightarrow I_{BQ} \downarrow$$

$$I_{CQ} \downarrow \longleftarrow$$

图 8-10　分压偏置
Q 点稳定电路

它采用直流电流负反馈技术稳定了 Q 点（关于负反馈技术可

参阅 8.5 节内容）。

8.3.2 三种基本的三极管放大器

表8-2 给出了三种基本三极管放大器的电路形式、主要特点及应用场合，由表可以看出，共射、共集和共基放大器的性能各具特点，它们是组成多级放大器和集成电路的基本单元电路。希望读者根据 8.2.2 节阐述的方法对各电路进行较为详细的分析，以加深理解。特别值得一提的是共集电极放大器（也称射极跟随器），虽然它不具备电压放大能力，但由于其良好的电流放大能力以及高输入电阻和低输出电阻特点，在电子系统设计中应用非常广泛，常用于输入级、输出级以及中间隔离级。

表 8-2 三种基本的三极管放大器

	共射放大器	共集放大器（射极跟随器）	共基放大器
电路形式	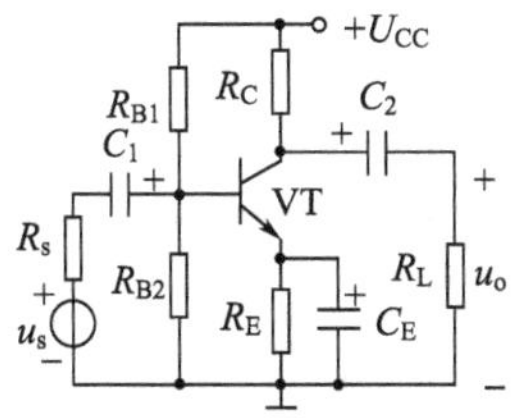	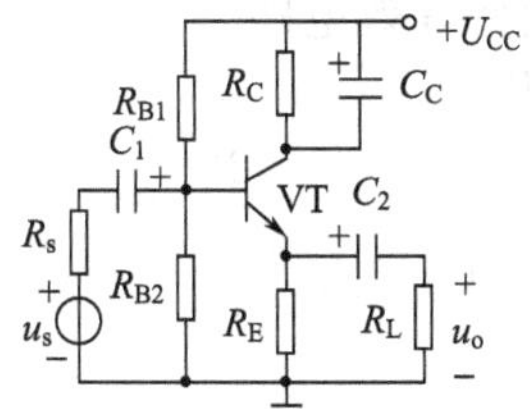	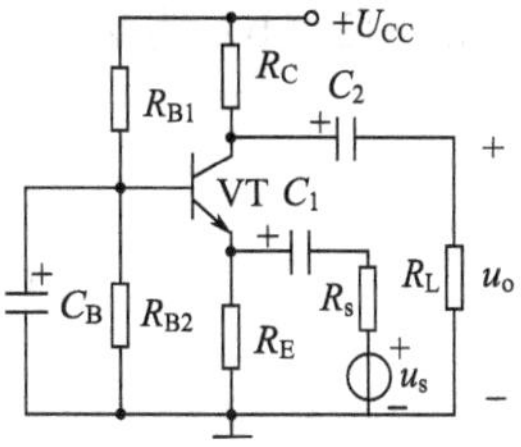
静态分析	上述三种基本放大器具有相同的直流通路，均采用了分压偏置 Q 点稳定电路，如右图	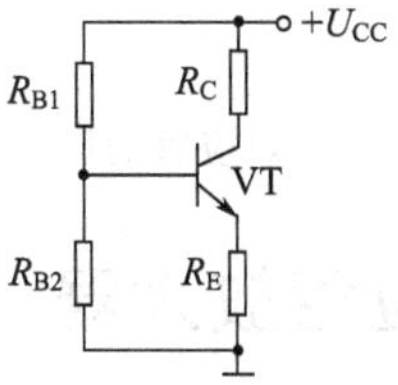	$U_{BQ} \approx \dfrac{R_{B2}}{R_{B1}+R_{B2}}U_{CC}$ $I_{CQ} \approx I_{EQ} = \dfrac{U_{CC}-U_{BE(on)}}{R_E}, I_{BQ} = \dfrac{I_{CQ}}{\beta}$ $U_{CEQ} \approx U_{CC} - I_{CQ}(R_C+R_E)$
交流通路	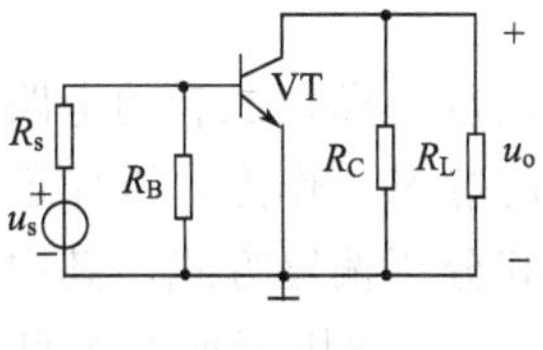	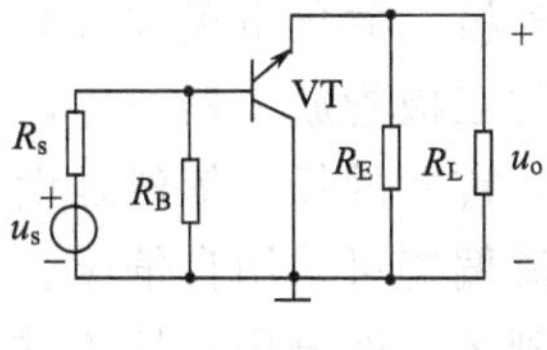	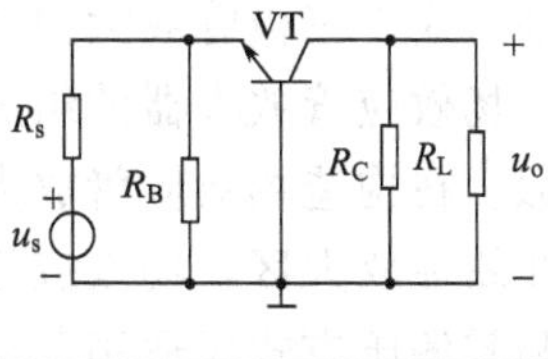
$\dot{A}_u$	$-\dfrac{\beta R_L'}{r_{be}}$（大）	$\dfrac{(1+\beta)R_L'}{r_{be}+(1+\beta)R_L'} \approx 1$	$\dfrac{\beta R_L'}{r_{be}}$（大）
R_i	$R_B \# r_{be}$（中）	$R_B \# [r_{be}+(1+\beta)R_L']$（大）	$R_E \# \dfrac{r_{be}}{1+\beta}$（小）
R_o	R_C（中）	$R_E \# \dfrac{r_{be}+R_s'}{1+\beta}$（小）	R_C（中）
$\dot{A}_{in}$	β（大）	$-(1+\beta)$（大）	$-\alpha \approx -1$
特点	输入、输出电压反相 既有电压放大作用 又有电流放大作用	输入、输出电压同相 有电流放大作用 无电压放大作用	输入、输出电压同相 有电压放大作用 无电流放大作用
应用	作多级放大器的中间级，提供增益	作多级放大器的输入级、输出级、中间隔离级	作电流接续器构成宽带放大器

※ 8.4 场效应管放大器

由于场效应管具有高输入电阻的特点，因此，它适用于作为多级放大器的输入级，尤其对高内阻的信号源，采用场效应管才能有效地进行电压放大。

8.4.1 场效应管的低频等效电路

分析场效应管放大器的关键问题是如何理解管子在交流小信号条件下的线性等效模型。由前面的叙述可知，场效应管的栅极不取电流，故输入回路相当于开路；输出电流 $\dot{I}_d$ 受控于栅源电压 $\dot{U}_{gs}$，因此，输出回路相当于一个受电压控制的电流源，其大小为

$$\dot{I}_d = g_m \dot{U}_{gs} \tag{8-16}$$

图 8-11（b）为场效应管的微变等效电路。

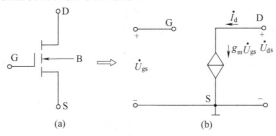

图 8-11 效应管的微变等效电路

8.4.2 三种基本的场效应管放大器

与三极管放大器类似，场效应管放大器有共源极、共漏极和共栅极三种基本接法，它们分别对应于三极管放大器的共发射极、共集电极和共基极接法。

场效应管放大器的组成原理与三极管放大器一样，分析方法也一样，二者的电路结构也类似。在构造场效应管放大器时，首要的任务依然是设置合适的静态工作点，以保证管子工作在线性放大区，场效应管的直流偏置可采用自偏压、零偏压和分压偏置方式，其中，自偏压和零偏压方式仅适用于耗尽型管子，而分压偏置方式（见表 8-3）适用于所有类型的场效应管。

表 8-3 给出了三种基本场效应管放大器的电路形式及主要性能指标，希望读者将其与表8-2 作比较学习。

表 8-3 三种基本的场效应管放大器

	共源放大器	共漏放大器（源极跟随器）	共栅放大器
电路形式			

续表

	共源放大器	共漏放大器(源极跟随器)	共栅放大器
交流通路	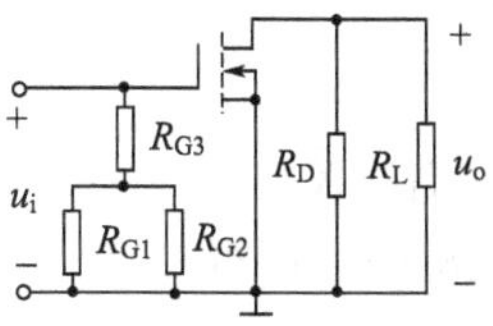	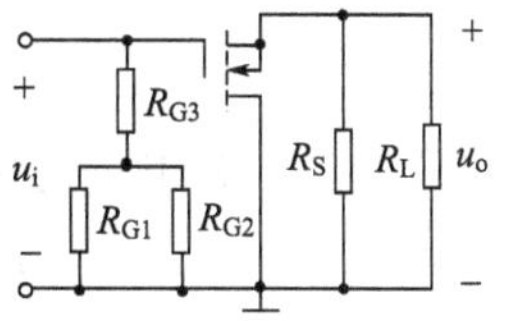	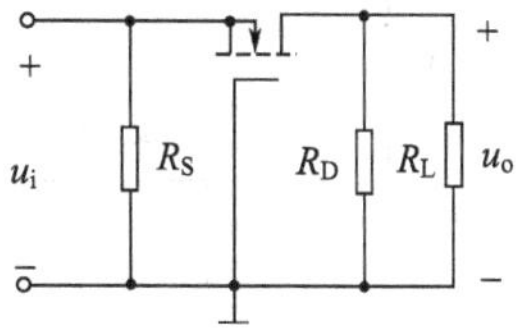
微变等效电路	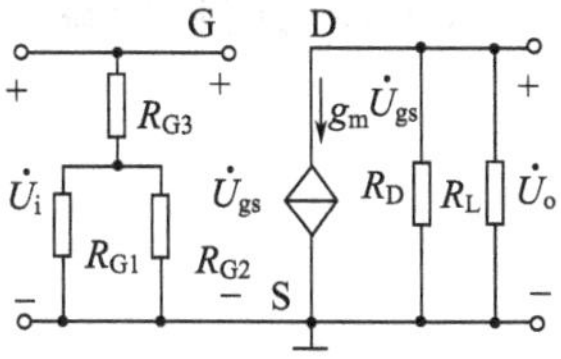	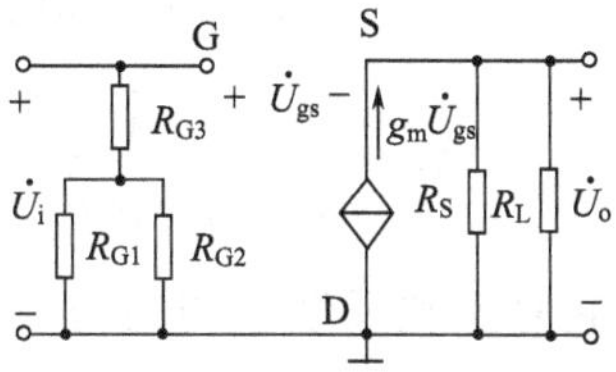	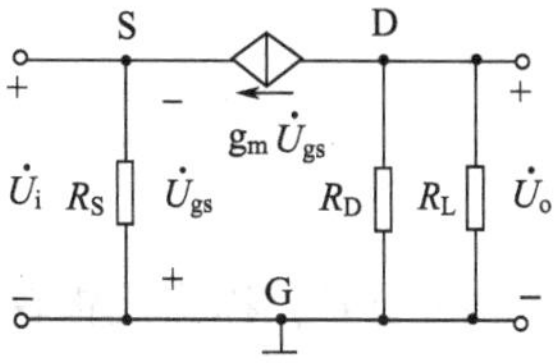
$\dot{A}_u$	$-g_m R'_L$	$\dfrac{g_m R'_L}{1+g_m R'_L}\approx 1$	$g_m R'_L$
R_i	$R_{G3}+R_{G1}/\!/R_{G2}$	$R_{G3}+R_{G1}/\!/R_{G2}$	$R_S/\!/\dfrac{1}{g_m}$
R_o	R_D	$R_S/\!/\dfrac{1}{g_m}$	R_D

对比表 8-3 和由表 8-2，不难看出，三种基本场效应管放大器与相对应的三极管放大器有着相似的性能特点，场效应管放大器中的 g_m 对应于三极管放大器中的 $\dfrac{\beta}{r_{be}}$ 或 $\dfrac{1+\beta}{r_{be}}$。

8.5 放大器中的负反馈

负反馈是改善放大器工作性能的一种重要手段，负反馈在低频放大器中应用非常广泛。在其他科学技术领域，负反馈的应用也很普遍，例如自动控制系统就是通过负反馈实现自动调节的。所以研究负反馈具有一定普遍意义。

8.5.1 反馈的概念及负反馈放大器的闭环增益方程

所谓反馈，是指将某一系统（如放大器）输出量的一部分或全部通过某种方式引回到其输入端，从而对输入量产生影响的物理过程。

反馈放大器的方框图如图 8-12 所示。它包含基本放大器和反馈网络两部分，其中 $\dot{X}_i$、$\dot{X}'_i$、$\dot{X}_o$ 和 $\dot{X}_f$ 分别表示放大器的输入信号、净输入信号、输出信号和反馈信号。它们可以是电压量，也可以是电流量。$\dot{A}$ 表示基本放大器的放大倍数，又称开环放大倍数。$\dot{F}$ 表示反馈网络的传输系数，称为反馈系数。$\dot{A}$ 和 $\dot{F}$ 均为广义的放大倍数和反馈系数。符号 $\otimes$ 表示比较环节，$\dot{X}_i$ 与 $\dot{X}_f$ 比较后得到 $\dot{X}'_i$，$\dot{X}_f$ 可以增强 $\dot{X}_i$（正反馈），也可以削弱 $\dot{X}_i$（负反馈）。

下面推导负反馈放大器的闭环增益方程，由图 8-12 可以看出

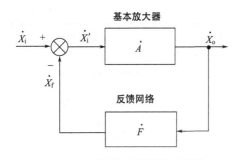

图 8-12 反馈放大器的基本框图

$$\dot{A} = \frac{\dot{X}_o}{\dot{X}'_i} \tag{8-17}$$

$$\dot{F} = \frac{\dot{X}_f}{\dot{X}_o} \tag{8-18}$$

对于负反馈 $\dot{X}'_i = \dot{X}_i - \dot{X}_f$ (8-19)

由式（8-17）～式（8-18）可得

$$\dot{X}_o = \dot{A}\dot{X}'_i = \dot{A}(\dot{X}_i - \dot{X}_f) = \dot{A}(\dot{X}_i - \dot{F}\dot{X}_o)$$

整理上式得到负反馈放大器的闭环增益为

$$\dot{A}_f = \frac{\dot{X}_o}{\dot{X}_i} = \frac{\dot{A}}{1 + \dot{A}\dot{F}} \tag{8-20}$$

$|1 + \dot{A}\dot{F}|$ 称为反馈深度，它是反映反馈强弱的物理量。

8.5.2 反馈的分类及判别方法

在实际的放大器中，可以根据不同的要求引入各种不同类型的反馈，反馈的分类方法很多，下面分别加以介绍。

(1) 正反馈和负反馈

根据反馈的极性分类，可以分为正反馈和负反馈。

放大器引入反馈后，若反馈信号增强了外加输入信号的作用，使放大倍数比原来有所提高，称之为正反馈；若反馈信号削弱了外加输入信号的作用，使放大倍数降低，则称之为负反馈。

引入负反馈可以改善放大电路的性能指标，因此在放大电路中被广泛采用；正反馈多用于振荡和脉冲电路中。

判别正、负反馈通常用瞬时极性法。首先假设输入信号的瞬时极性为正（用⊕表示）或负（用⊖表示），然后逐级推断电路其他有关各点信号的瞬时极性，最后将反馈信号与输入信号的极性相比较。若反馈信号与外加输入信号加到输入级的同一个电极上，则二者极性相反为负反馈，相同为正反馈；若两者加到输入级的两个不同电极上，则二者极性相同为负反馈，相反为正反馈。

正反馈常用来构成振荡电路，而负反馈可以改善放大器的性能指标。

(2) 直流反馈和交流反馈

根据反馈信号中包含的交、直流成分来分，可以分为直流反馈和交流反馈。

若反馈信号中只包含直流成分，称为直流反馈；若反馈信号中只包含交流成分，则称为交流反馈。大多数情况下，放大器中存在交、直流两种性质的反馈。

判别交、直流反馈时，通常根据交、直流通路来分析。

直流负反馈的作用是稳定静态工作点；交流负反馈用于改善放大器的动态性能。

(3) 电压反馈和电流反馈

根据反馈采样方式的不同，可以分为电压反馈和电流反馈。

若反馈信号取自输出电压，即反馈信号与输出电压成正比，称为电压反馈；若反馈信号取自输出电流，即反馈信号与输出电流成正比，则称为电流反馈。

判断是电压反馈还是电流反馈通常可从电路结构形式上来区别，除公共地线外，若反馈线与输出线接在同一点上，为电压反馈；若接在不同点上，则为电流反馈。

电压负反馈用于稳定输出电压；而电流负反馈用于稳定输出电流。

（4）串联反馈和并联反馈

根据反馈信号与外加输入信号在放大器输入回路的连接方式分类，可以分为串联反馈和并联反馈。

若反馈信号与外加输入信号在输入回路中以电压形式比较，即二者相互串联，称为串联反馈；若反馈信号与外加输入信号在输入回路中以电流形式比较，即二者在输入回路中并联，则称为并联反馈。

判断是串联反馈还是并联反馈，通常可从电路结构形式上来区别，除公共地线外，若反馈线与输入信号线接在同一点上，为并联反馈；若反馈线与输入线接在不同点上，则为串联反馈。

综合考虑反馈信号在输出端的采样方式以及在输入回路连接方式的不同组合，负反馈可分为四种组态，分别为电压串联负反馈、电压并联负反馈、电流串联负反馈和电流并联负反馈。

除了以上介绍的几种分类方法之外，反馈还可以分为本级反馈和级间反馈。本级反馈表示反馈信号从某一级放大器的输出端采样，只引回到该放大器的输入回路，本级反馈只能改善一个放大器内部的性能；级间反馈表示反馈信号从多级放大器某一级的输出端采样，引回到前面另一个放大器的输入回路中去，级间反馈可以改善整个反馈环路内放大器的性能。

【例 8-1】 试判断图 8-13 所示各电路级间反馈的类型。

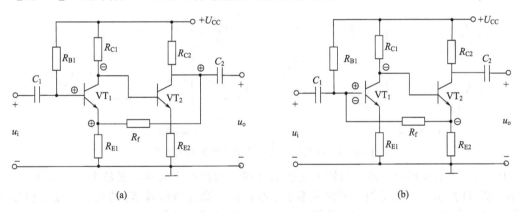

图 8-13   【例 8-1】的图

【解】 图（a）中，反馈信号引至 VT_1 的发射极，输入信号送至 VT_1 的基极，故为串联反馈；二者瞬时极性相同（如图中所示），故为负反馈；由于反馈线与输出线接于同一点，所以为电压反馈；反馈支路既存在于直流通路，又存在于交流通路，因此属交、直流反馈。综合起来看，图（a）中所引入的是交、直流电压串联负反馈。同样的方法可判断图（b）电路中所引入的是交、直流电流并联负反馈。

8.5.3 负反馈对放大器性能的影响

负反馈虽然使放大器的放大倍数降低，但却以此为代价，换来了放大器其他各方面性能的改善，各项性能指标的改善均与反馈深度 $|1+\dot{A}\dot{F}|$ 有关，$|1+\dot{A}\dot{F}|$ 愈大，改善的程度也愈大。具体讨论如下。

（1）提高放大倍数的稳定性

讨论放大器工作在中频段，并假设反馈网络由纯电阻元件组成，则式（8-20）可用实数形式表示如下

$$A_f = \frac{A}{1+AF} \tag{8-21}$$

将上式对变量 A 求导数，可得

$$\frac{dA_f}{dA} = \frac{(1+AF)-AF}{(1+AF)^2} = \frac{1}{(1+AF)^2}$$

即

$$dA_f = \frac{dA}{(1+AF)^2}$$

用式（8-21）来除上式，可得

$$\frac{dA_f}{A_f} = \frac{1}{1+AF} \cdot \frac{dA}{A} \tag{8-22}$$

对于负反馈，$(1+AF) > 1$，所以 $\dfrac{dA_f}{A_f} < \dfrac{dA}{A}$，这表明闭环放大倍数的相对变化量只有开环相对变化量的 $\dfrac{1}{1+AF}$，即放大倍数的稳定性提高了 $(1+AF)$ 倍。

（2）减小非线性失真以及抑制干扰和噪声

由于放大器中的放大元件（如三极管、场效应管）为非线性元件，所以常使放大器产生非线性失真，引入负反馈后，可以抑制非线性失真，如图 8-14 所示。

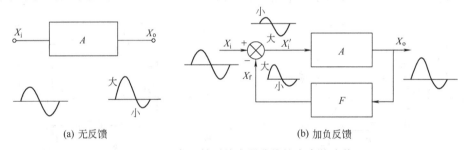

(a) 无反馈   (b) 加负反馈

图 8-14　负反馈对放大器非线性失真的改善

图（a）中的开环放大器，当输入正弦信号时，输出产生失真，其波形正半周大，负半周小。图（b）引入了负反馈，若反馈系数是线性的，则反馈信号 X_f 的失真与输出信号 X_o 一样，又因为 $X_i' = X_i - X_f$，所以净输入信号 X_i' 的波形为正半周小，负半周大，正好与无反馈时 X_o 的失真相反，使失真得到补偿，从而改善了输出波形。

同样道理，凡是由电路内部产生的干扰和噪声，引入负反馈后均可得到补偿。应当注意的是，负反馈只能改善由放大器本身引起的非线性失真以及抑制反馈环路内的干扰和噪声，对外加输入信号本身所固有的非线性失真和噪声，负反馈将无能为力。

（3）展宽频带

负反馈对任何原因引起的放大倍数的变化都有抑制能力，对于因信号频率升高或降低而产生的放大倍数的变化，当然也可自动调节减小其变化，使得放大倍数幅频特性平稳的区间加宽，即展宽了频带。

（4）改变输入、输出电阻

在放大器中引入不同的负反馈，将对输入、输出电阻产生不同的影响。

串联负反馈使输入电阻增大，并联负反馈使输入电阻减小；电压负反馈使输出电阻减

小，电流负反馈使输出电阻增大。

8.6 功率放大器

多级放大器中最后一级（又称为输出级）通常在大信号下工作，其任务是在允许的失真限度内，向负载提供尽可能大的输出功率，用来推动负载工作（使喇叭发声、继电器动作、执行电机运转等）。这类电路称为功率放大器。

8.6.1 功率放大器的特点和分类

（1）功率放大器的特点

①输出功率大　在规定的非线性失真范围内，能向负载提供尽可能大的输出功率。

② 效率高　功率转换效率 η 是功率放大器的一项重要指标。

$$\eta = \frac{P_o（负载获得的功率）}{P_V（直流电源供给的功率）} \times 100\% \tag{8-23}$$

式中
$$P_o = U_{ce}I_c（交流有效值）$$
$$P_V = U_{CC}I_C（直流静态值）$$

③ 非线性失真尽可能小。

④ 散热好。

（2）功率放大器的分类

通常按照三极管静态工作点所处位置的不同，低频功率放大器可分为甲类、乙类、甲乙类三种，如图 8-15 所示。

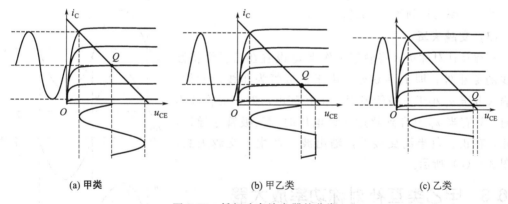

(a) 甲类　　　　　　(b) 甲乙类　　　　　　(c) 乙类

图 8-15　低频功率放大器的分类

图（a）中，Q 点处在交流负载线的中点，在信号的一个周期内，功放管始终导通，其导电角 $\theta = 360°$，称这种工作状态为甲类。此时，不论有无输入信号，电源提供的功率 $P_V = U_{CC}I_C$ 总是不变的。当 $u_i = 0$ 时，P_V 全部消耗在管子和电阻上；当 $u_i \neq 0$ 时，P_V 的一部分转换为有用的输出功率 P_o，u_i 愈大，P_o 也愈大。可以证明，在理想情况下，甲类功率放大器的效率只能达到 50%。

由式(8-23)可以看出，欲提高效率，需从两方面着手；一是通过增大功放管的动态工作范围增加输出功率 P_o；二是减小电源供给的功率 P_D。而后者要在 U_{CC} 一定的条件下使静态电流 I_C 减小，即使 Q 点沿交流负载线下移，如图（b）所示，此时功放管的导电角 $180° < \theta < 360°$，称这种工作状态为甲乙类。若将 Q 点再向下移到静态集电极电流 $I_C \approx 0$ 处，则

此时功放管的导电角 $\theta=180°$，其静态管耗为最小，称这种工作状态为乙类，如图（c）所示。

功率放大器工作在甲乙类和乙类状态时，虽然降低了静态管耗，提高了效率，却产生了波形失真，为此，在电路形式上一般采用互补对称射极限随器的输出方式。

8.6.2 乙类互补对称功率放大器

（1）电路组成

图 8-16 是乙类互补对称功率放大器的原理图。其中，VT_1 是 NPN 型三极管，VT_2 是

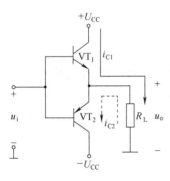

图 8-16 乙类互补对称
功率放大器

PNP 型三极管，它们的基本特性参数值要很相近。该电路是一个具有正、负电源的射极限随器，信号由基极输入，从射极输出。

（2）工作原理

静态（$u_i=0$）时，两管均处于截止状态，负载上没有电流流过，输出电压 u_o 等于零。由于两管电流均为零，故乙类功放在静态工作时，直流电源不消耗能量。

动态（$u_i \neq 0$）时，在信号的正半周，VT_1 管导通，VT_2 管截止，$i_L=i_{C1}$；在信号的负半周，VT_1 管截止，VT_2 管导通，$i_L=i_{C2}$。可见，当输入正弦电压 u_i 时，两管轮流导通，使得负载 R_L 上获得了一个完整的正弦电压波形，如图 8-17(d) 所示。

当输入信号足够大且忽略管子的饱和压降时，乙类功放的最大输出功率为

$$P_{om}=\frac{1}{2} \cdot \frac{U_{CC}^2}{R_L} \qquad (8-24)$$

最大效率可达到约 78.5%。

（3）交越失真

乙类互补对称功放将静态工作点 Q 设置在三极管特性曲线的截止处，即 $I_C=0$ 处。由于三极管为非线性元件，当输入电压 u_i 小于三极管发射结的死区电压时，两管都不导通。只有当 u_i 上升到超过死区电压时，三极管才导通，因此，在正、负半周交接处，输出波形产生了交越失真，如图 8-17(e) 所示。

8.6.3 甲乙类互补对称功率放大器

为了克服交越失真，应将 Q 点稍微上移，使功放管工作在甲乙类状态，如图 8-18 所示。其中，R_1、VD_1、VD_2 和 R_2 组成分压偏置电路，给 VT_1 和 VT_2 管的发射结提供正向偏置电压，使 VT_1 和 VT_2 管在静态时处于微导通状态，这样，即使在输入电压 u_i 很小时，也总能保证功放管始终导通，从而消除了交越失真。

图 8-18 所示电路中，由于功放管与负载之间无输出耦合电容，所以，该电路通常称为 OCL（output capacitor-less）电路。OCL 电路需要双电源供电。

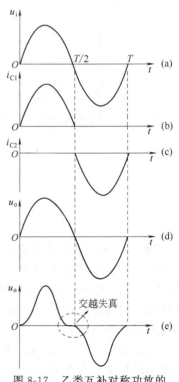

图 8-17 乙类互补对称功放的
电压、电流波形

为了不用双电源供电,采用图 8-19 所示的 OTL(output transformerless)电路,它省掉了负电源,接入了一个大电容 C。在静态时,适当选择 R_1 和 R_2 使 E 点的电位为 $U_{CC}/2$,则电容上所充直流电压为 $U_{CC}/2$,以代替 OCL 电路中的负电源 $-U_{CC}$,所以 OTL 电路实际上是具有 $\pm U_{CC}/2$ 电源供电的 OCL 电路。

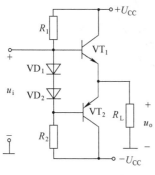

图 8-18 OCL 电路

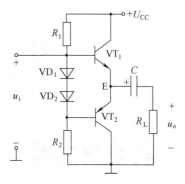

图 8-19 OTL 电路

8.6.4 桥式功率放大器

OTL 电路虽然采用单电源供电,但它需要一个很大的电容,这样会给整个设备增加重量和增大体积,此外,在同样 U_{CC} 的情况下,其最大输出功率只有 OCL 电路的 1/4。为了实现单电源供电,且不用大电容,可采用桥式功率放大器(balanced transformer less,BTL),如图 8-20 所示。

当有交流信号输入时,四只三极管两两轮流导通。在信号的正半周,VT_1、VT_4 管导通,VT_2、VT_3 管截止,电流如图中实线所示,负载上获得正半周电压;在信号的负半周,VT_2、VT_3 管导通,VT_1、VT_4 管截止,电流如图中虚线所示,负载上获得负半周电压。这样,负载上就获得了一个完整的信号电压。

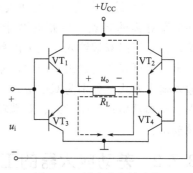

图 8-20 桥式功率放大器

若忽略三极管的饱和压降,桥式功率放大器的最大输出功率如式(8-24)。目前在需要大功率输出的情况下多采用这种电路形式。市场上也有将四只三极管集成在一起的器件出售,使用起来十分方便。

最后,需要强调的是,桥式功率放大器的负载是不能接地的。

8.6.5 功放管的散热问题

在功率放大器中,功放管既要流过大电流,又要承受高电压,因此容易损坏。功率管损坏的重要原因是其实际耗散功率超过额定值 P_{CM}。而管子的允许管耗受其结温(主要是集电结)的限制,因此改善功放管的散热条件,可以保证管子安全工作,并提高其输出功率。两种散热器如图 8-21 所示。经验表明,当散热器垂直或水平放置时,有利于通风,散热效果好;散热器表面钝化涂黑,有利于热辐射。在产品资料中给出的最大集电极耗散功率是在指定散热器(材料、尺寸等)及一定环境温度下的允许值,若改善散热条件,如加大散热器、用电风扇强制风冷,则可获得更大一些的耗散功率。

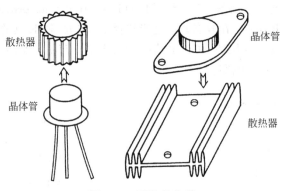

图 8-21　两种散热器

8.7　差动放大器

差动放大器是一种可提供两个输入端和两个输出端的放大器，这种电路为系统中的不同接口提供了方便。差动放大器由于具有抑制零漂（温漂）的能力，因而被广泛地应用在运算放大器等集成电路中。

8.7.1　差动放大器的原理电路

图 8-22 是一个简单的差动放大器，它由两个共射放大器组成，具有电路结构对称、元件参数对称的特点。电路有两个输入端和两个输出端。信号可以双端输入，也可以单端输入；可以双端输出，也可以单端输出。因此，差动放大器共有四种输入输出方式，分别为双端输入、双端输出；双端输入、单端输出；单端输入、双端输出；单端输入、单端输出。

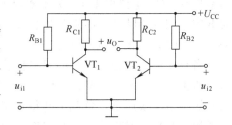

图 8-22　差动放大器原理电路

8.7.2　差动放大器的工作情况

（1）静态工作情况

静态时，$u_{i1} = u_{i2} = 0$，由于电路结构及元件参数的对称性，两边的集电极电流相等，集电极电位也相等，即

$$I_{C1} = I_{C2} = 0, U_{C1} = U_{C2} = 0$$

故输出电压 $\qquad U_O = U_{C1} - U_{C2} = 0$

当温度升高时，两管的集电极电流增大，集电极电位下降，且两边的变化量相等，即

$$\Delta I_{C1} = \Delta I_{C2}, \ \Delta U_{C1} = \Delta U_{C2}$$

虽然每只管子都产生了零点漂移，但是在双端输出时，两管集电极电位的变化相互抵消，所以输出电压仍为零，即

$$U_O = (U_{C1} + \Delta U_{C1}) - (U_{C2} + \Delta U_{C2}) = 0$$

可见，零点漂移完全被抑制了，对称差动放大器对两管所产生的同向漂移（不管是什么

原因引起的）都具有抑制作用，这是它的突出优点。

（2）动态工作情况

当有信号输入时，差动放大器的工作情况可分为下列情形来讨论。

① 共模输入　差动放大器两个输入端作用着大小相等、极性相同的两个信号时，称为共模输入。此时，对于完全对称的差动放大器而言，两管的集电极电位变化相同，因而双端输出时电压等于零，即差动放大器对共模信号有抑制作用。差动放大器对零点漂移的抑制就是抑制共模信号的一个特例。

实际上，由于电路元件参数值的微小差异，晶体管特性的差异，输入共模信号 u_{ic} 时，共模输出电压 u_{oc} 不等于零。u_{oc} 与 u_{ic} 之比定义为共模电压放大倍数 A_{uc}，即

$$A_{uc} = \frac{u_{oc}}{u_{ic}} \tag{8-25}$$

A_{uc} 越小，表明差动放大器抑制共模信号的能力越强。

② 差模输入　差动放大器两输入端作用着大小相等、极性相反的信号时，称为差模输入。差动放大器能有效地放大差模信号，定义差模输出电压 u_{od} 与差模输入电压 u_{id} 之比为差模电压放大倍数 A_{ud}，即

$$A_{ud} = \frac{u_{od}}{u_{id}} \tag{8-26}$$

可以证明，图 8-22 所示差动放大器双端输出时的 A_{ud} 与单管共射放大器的 A_u 相同。

③ 共模抑制比　对差动放大器而言，差模信号是有用信号，要求对它有较大的放大倍数；而共模信号是需要抑制的，因此，对它的放大倍数要越小越好。对共模信号的放大倍数越小，就意味着电路的零点漂移越小，抗共模干扰能力越强。为了综合衡量差动放大器的性能，通常引入共模抑制比 K_{CMR}，其定义为

$$K_{CMR} = \left| \frac{A_{ud}}{A_{uc}} \right| \tag{8-27}$$

或用对数形式表示

$$K_{CMR} = 20\lg \left| \frac{A_{ud}}{A_{uc}} \right| (dB) \tag{8-28}$$

显然，K_{CMR} 越大，差动放大器放大差模信号的能力越强，而受共模信号的影响越小。对于双端输出的差动放大器，若电路完全对称，则有 $A_{uc} = 0$，$K_{CMR} \to \infty$，这是理想情况。而实际上电路不可能完全对称，K_{CMR} 也不可能趋于无穷大。

8.7.3　典型的差动放大器

图 8-22 所示的差动放大器是依靠电路的对称性来抑制零点漂移的。实际上，完全对称的理想情况并不存在，所以仅靠提高电路的对称性来抑制零点漂移是有限度的。另外，在单端输出时，图 8-22 所示的电路根本无法抑制零漂。为此，常采用图 8-23 所示的电路，该电路与图 8-22 相比，去掉了两个基极偏置电阻 R_{B1} 和 R_{B2}，增加了发射极电阻 R_{EE}、负电源 U_{EE} 和电位器 RP。

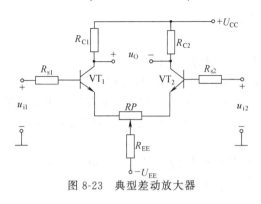

图 8-23 典型差动放大器

R_{EE} 称为共模负反馈电阻。凡是由于种种原因引起的两管的同向漂移，R_{EE} 对它们都有电流负反馈作用，使每管的漂移都受到削弱，从而增强电路抑制零漂和共模干扰信号的能力。R_{EE} 对差模信号不起负反馈作用，所以它不影响电路放大差模信号的能力。

负电源 U_{EE} 的接入是用来抵偿 R_{EE} 两端的直流压降，从而获得合适的静态工作点。

RP 称调零电位器。调节 RP 可保证在输入电压为零时，输出电压等于零，它用于调整电路的对称性。应该注意的是，RP 对差模信号将起负反馈作用，所以其阻值不宜过大，一般在几十欧至几百欧之间。

8.7.4 恒流源差动放大器

图 8-23 所示电路中，R_{EE} 愈大，抑制共模信号的能力愈强，但是若 R_{EE} 过大，R_{EE} 上的直流压降增大，相应地要求负电源 U_{EE} 的电压很高；而且，在集成中制造大电阻十分困难。为了达到既能增强负反馈的作用，又不必使用大电阻，也不致要求 U_{EE} 电压过高的目的，采用恒流源电路替代 R_{EE} 在电路中的作用，见图 8-24（a）。图 8-24（b）为其简化画法。

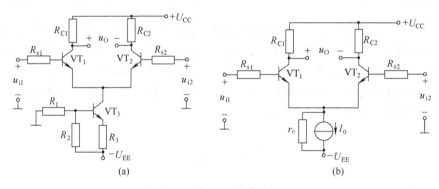

(a)   (b)

图 8-24 恒流源差动放大器

8.8 集成运算放大器

集成运算放大器的内部实质上是一个高增益的直接耦合多级放大器。运算放大器的早期应用主要用于信号运算，用来完成加、减、积分、微分、乘、除等运算功能，其名称也由此而来。随着半导体集成工艺的发展，运算放大器的应用已远远超出了信号运算的范畴，在信号处理、信号测量及波形产生方面获得了广泛应用。

8.8.1 集成运放的结构、符号与封装形式

（1）结构

集成运放通常由输入级、中间级、输出级和偏置电路四部分组成，如图 8-25 所示。为了获得高增益、低温漂、高共模抑制比、高输入电阻、低输出电阻及频率响应好等性能，集成运放的输入级多采用差动放大器；中间级常为共射极电路；输出级多采用互补对称射极输

出器形式；偏置电路则采用恒流源电路，给上述各级放大器提供适当的偏置电流。

（2）符号

图 8-26 所示为集成运放的电路符号。由于集成运放的输入级一般由差动放大器组成，因此有两个输入端，其中一个输入端的信号与输出信号之间为反相关系，称为反相输入端，在图中用符号"－"标注；另一个输入端的信号与输出信号之间为同相关系，称为同相输入端，在图中用符号"＋"标注。运放有一个输出端。图中"∞"表示运放开环电压增益的理想化条件。

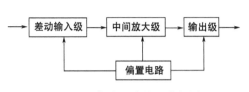

图 8-25 集成运放的组成框图

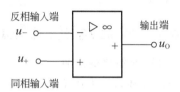

图 8-26 集成运放的电路符号

（3）封装形式

集成运放是一种集器件与电路于一体的组件，集成芯片封装方式通常有金属圆壳式、双列直插式和扁平式三种，分别如图 8-27(a)、(b)、(c) 所示。

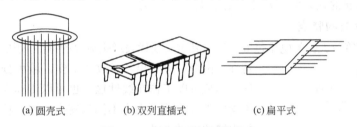

(a) 圆壳式　　　　(b) 双列直插式　　　　(c) 扁平式

图 8-27 集成芯片的封装形式

8.8.2 集成运放的主要技术指标

（1）最大输出电压 U_{OPP}

指使输出电压与输入电压保持不失真关系的最大输出电压。通用型运放 μA741 的最大输出电压约为±13V。

（2）开环差模电压增益 A_{od}

指在规定负载的情况下，运放开环（不加反馈）时的差模电压增益。常用分贝（dB）表示，其分贝数为 $20\lg|A_{od}|$。A_{od} 一般为 $10^4 \sim 10^7$，即 $80 \sim 140$dB。A_{od} 越大，所构成的运算电路越稳定，运算精度也越高。

（3）最大共模输入电压 U_{ICM}

运算放大器对共模信号具有抑制能力，但这个性能是在规定的共模电压范围内才具备。U_{ICM} 表示运放输入端所能承受的最大共模电压，若超出此值，运放的共模抑制性能将急剧恶化，甚至可能造成器件损坏。

（4）差模输入电阻 R_{id}

R_{id} 指当运放加差模信号时，从运放两个输入端看进去的等效电阻。以三极管为输入级的运放 R_{id} 一般最大为数兆欧。输入级采用场效应管的运放，R_{id} 可高达 10^6MΩ。

(5) 共模抑制比 K_{CMR}

K_{CMR}指运放的开环差模电压增益与开环共模电压增益之比，通常用分贝表示，即

$$K_{CMR} = 20\lg\left|\frac{A_{od}}{A_{oc}}\right|\text{(dB)} \tag{8-29}$$

K_{CMR}愈大，表示运放对共模信号的抑制能力愈强。一般运放的 K_{CMR} 在 80dB 以上，优质运放的 K_{CMR} 可达 160dB。

以上介绍了集成运放的几项主要技术指标。除此之外，还有其他许多指标，读者可自行查阅相关的文献，此处不再赘述。

8.8.3 理想运放的概念及其特点

(1) 理想化的条件

① 开环差模电压增益 $A_{od} \to \infty$；

② 差模输入电阻 $R_{id} \to \infty$；

③ 差模输出电阻 $R_{od} \to 0$；

④ 共模抑制比 $K_{CMR} \to \infty$。

由于实际运放的上述指标接近理想化的条件，因此，在分析运放电路时，用理想运放代替实际运放所引起的误差并不严重，在工程上允许的。

(2) 理想运放的特点

图 8-28 为运算放大器的电压传输特性，其中实线代表理想运放的特性，虚线表示实际运放的特性。由图可以看出，运放的工作区域可分为线性区和饱和区，运放可以工作在线性区，也可以工作在饱和区。运放在不同的工作区域呈现出不同的特点，这些特点是分析各类运放电路的重要依据。

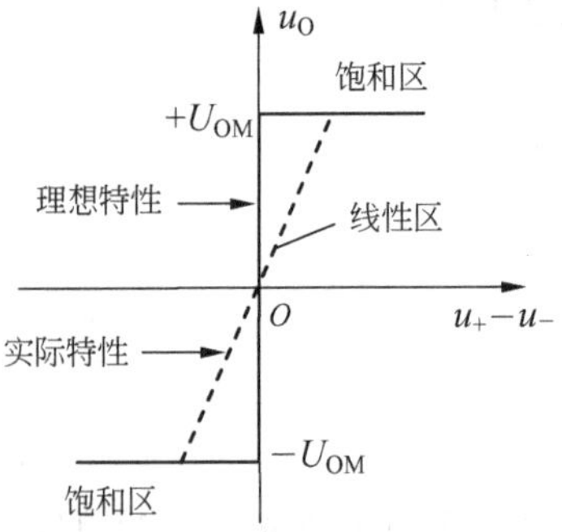

图 8-28 集成运放的电压传输特性

① 线性区的特点 理想运放工作在线性区时有两个重要的特点："虚短"和"虚断"。即

$$u_+ \approx u_- \tag{8-30}$$
$$i_+ = i_- \approx 0 \tag{8-31}$$

式(8-30) 表示集成运放的同相输入端与反相输入端的电压近似相等，如同将该两点虚假短路一样。若运放其中一个输入端接"地"，则有 $u_+ \approx u_- = 0$，这时称"虚地"。

式(8-31) 表示没有电流流入运放（因为理想运放的差模输入电阻 $R_{id} \to \infty$），如同运放的两个输入端被断开一样。

② 饱和区的特点 理想运放工作在饱和区时，"虚断"的概念依然成立，但"虚短"的概念不再成立。这时

$$\text{当 } u_+ > u_- \text{ 时，} u_O = +U_{OM} \tag{8-32}$$
$$\text{当 } u_+ < u_- \text{ 时，} u_O = -U_{OM}$$

8.8.4 集成运放的基本应用电路

(1) 在信号运算方面的应用

运算放大器能完成比例、加、减、积分与微分、对数与指数以及乘除等运算，表 8-4 列出了几种常用的基本运算电路。

表 8-4　基本的信号运算电路

名　称	电　路　图	输出与输入关系	电阻匹配
反相比例运算电路		$u_o = -\dfrac{R_f}{R_1}u_i$	$R_2 = R_1 /\!/ R_f$
同相比例运算电路		$u_o = \left(1 + \dfrac{R_f}{R_1}\right)u_i$	$R_2 = R_1 /\!/ R_f$
电压跟随器		$u_o = u_i$	
加法运算电路		$u_o = -\left(\dfrac{R_f}{R_1}u_{i1} + \dfrac{R_f}{R_2}u_{i2} + \dfrac{R_f}{R_3}u_{i3}\right)$	$R' = R_1 /\!/ R_2 /\!/ R_3 /\!/ R_f$
减法运算电路		$u_o = \dfrac{R_f}{R_1}(u_{i2} - u_{i1})$	$R_1 = R_2 , R_3 = R_f$
积分运算电路		$u_o(t) = u_C(0) - \dfrac{1}{RC}\displaystyle\int_0^t u_i(t)\,\mathrm{d}t$	$R_1 = R_2 = R$

　　信号运算电路中的运放通常引入负反馈，一般工作在线性区，因此电路的分析常利用"虚短"和"虚断"的概念。例如表 8-4 中反相比例运算电路的分析如下。

　　因为 $i_+ \approx 0$，所以 $u_+ \approx 0$，而 $u_+ \approx u_-$，故 $u_- \approx 0$。

　　又因为 $i_- \approx 0$，故对 u_- 节点应用 KCL 定律得：$i_1 = i_f$，即 $\dfrac{u_i - u_-}{R_1} = \dfrac{u_- - u_o}{R_f}$。

　　因此 $u_o = -\dfrac{R_f}{R_1}u_i$。其他运算电路可按类似的方法进行分析，不再一一举例。

（2）在信号处理方面的应用

　　在自动控制系统中，常用的信号处理电路有滤波电路、采样保持电路及信号比较电路等。其中电压比较器的用途非常广泛，电压比较器的作用是比较输入电压和参考电压的大小，然后将比较的结果反映在输出端。比较器的输出只有高、低电平两种状态，因此比较器中的运放通常工作在饱和区。从电路结构上来看，比较器中的运放往往处于开环或正反馈状态。表 8-5 列出了几种常见的电压比较器电路。

表 8-5　常见的电压比较器

名　称	电　路　图	电压传输特性	备　注
单限电压比较器			U_{REF} 可正、可负、可为零。$U_{REF}=0$ 时，称过零比较器。U_{REF} 可加在同相端，也可加在反相端
双限电压比较器			双限比较器又称窗口比较器，是一种判断输入电压是否处于两个已知电平之间的比较器。常用于自动测试、故障检测等场合
滞回电压比较器			$U_{TH}=\dfrac{R_1 U_{REF}+R_2 U_Z}{R_1+R_2}$ $U_{TL}=\dfrac{R_1 U_{REF}-R_2 U_Z}{R_1+R_2}$ $\Delta U_T=\dfrac{2R_2}{R_1+R_2}U_Z$

　　由于比较器中的运放通常工作在饱和区，因此分析电路时要利用饱和区的特点。例如表 8-5 中单限电压比较器的功能分析如下。

　　因为 $i_+=i_-\approx 0$，故 $u_-\approx u_i$，$u_+\approx U_{REF}$。

　　当 $u_+>u_-$，即 $u_i<U_{REF}$ 时，$u_o'=+U_{OM}$，由于稳压管的限幅作用，$u_o=+U_Z$；

　　当 $u_+<u_-$，即 $u_i>U_{REF}$ 时，$u_o'=-U_{OM}$，由于稳压管的限幅作用，$u_o=-U_Z$。

　　电压传输特性如表中所示。

　　电压比较器广泛应用于自动控制和自动测量等技术领域，例如可用于实现 A/D 转换、组成数字仪表以及各种非正弦信号的产生和变换电路等。

8.8.5　集成运放的使用注意事项

（1）集成运放的分类和选用

　　集成运放根据应用来分可分为两大类，一类为通用型运放，另一类为专用型运放。通用型运放适用于一般无特殊要求的场合；专用型运放是为了适应各种不同的特殊需要而设计的，其中有高速型、高阻型、低功耗型、大功率型、高精度型等。集成运放按其内部电路可分为双极型（由三极管组成）和单极型（由场效应管组成）两大类。按每一集成片中运算放大器的数目可分为单运放、双运放、四运放。

　　通常是根据实际要求来选用运算放大器。选好后，根据引线端子图和符号图连接外部电路，包括电源、外接偏置电阻、消振电路及调零电路等。

（2）集成运放的保护

使用集成运放时，为了防止损坏，应在电路中采取适当的保护措施，常用的保护有输入端保护、输出端保护和电源保护，如图 8-29（a）、（b）、（c）所示。

当输入端所加的差模或共模电压过高时会损坏输入级的三极管。为此，在输入端接入反向并联的二极管，将输入电压限制在二极管的正向压降以下，见图 8-29（a）。

为了防止输出电压过大，可利用稳压管来保护，将两个稳压管反向串联，把输出电压限制在（U_Z+U_D）的范围内，其中，U_Z 是稳压管的稳定电压，U_D 是它的正向压降，见图 8-29（b）。

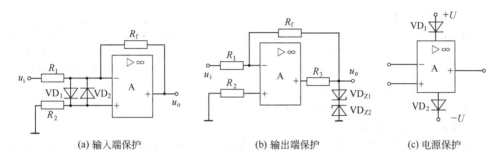

(a) 输入端保护　　　　　(b) 输出端保护　　　　　(c) 电源保护

图 8-29　集成运放的保护

为了防止因电源极性接反而损坏运放，可分别在正、负两路电源和运放电源端之间串入二极管进行保护，见图 8-29（c）。

（3）调零

由于运算放大器内部管子的参数不可能完全对称，所以当输入信号为零时，仍有输出信号，为此，在使用时要外接调零电路，图 8-30 为 μA741 的调零电路。

有时，可能碰到运放无法调零的异常现象，产生该现象的原因有：调零电位器 RP 不起作用；调零电路接线有误；反馈极性接错或负反馈开环；存在虚焊点；运放已损坏等。这时，应仔细分析原因并及时排除故障。

（4）消振

由于运算放大器内部管子的极间电容和其他寄生电容的影响，很容易产生自激振荡，破坏正常工作。为此，在使用时要

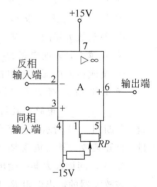

图 8-30　μA741 的调零电路

注意消振。通常是外接 RC 消振电路或消振电容，用它来破坏产生自激振荡的条件。是否已消振，可将输入端接"地"，用示波器观察输出有无振荡波形。目前，由于集成工艺水平的提高，运算放大器内部已有消振元件，无需外部消振。

思考题与习题

【8-1】　判断以下说法是否正确，并在相应的括弧中打"√"或"×"。

① 在两种不同的放大元件（三极管和场效应管）中，场效应管具有输入电阻高的特点，因此，适用于作为多级放大器的输入级。（　　）

② 放大器的输入电阻 R_i 愈大，匹配电压源的能力愈强；输出电阻 R_o 愈大，带负载能力愈强。（　　）

③ 若某电路输入电压的有效值为 1V，输出电压的有效值为 0.9V，则可判断该电路不是一个放大器。（　　）

④ 已知某放大器在某瞬间的输入电压为 0.7V，输出电压为 7V，则该放大器的放大倍数等于 10。（　　）

⑤ 在基本单管共射放大器中，因为 $\dot{A}_u = -\dfrac{\beta R_L'}{r_{be}}$，所以换上一只 β 比原来大一倍的三极管，则 $|\dot{A}_u|$ 也基本增大一倍。（　　）

【8-2】 填空

① 放大器的静态工作状态是指 ＿＿＿＿＿＿＿；动态工作状态是指 ＿＿＿＿＿＿＿。放大器的直流通路是指 ＿＿＿＿＿；交流通路是指 ＿＿＿＿＿＿＿。在放大器电路中，若 Q 点偏低，容易出现 ＿＿＿＿＿失真；若 Q 点偏高，容易出现 ＿＿＿＿＿＿＿失真。画三极管的微变等效电路时，三极管的 B、E 极间可用一个 ＿＿＿＿＿等效；C、E 极间可用一个 ＿＿＿＿＿等效。

② 射极输出器的主要特点是 ＿＿＿＿＿＿＿，它的主要用途有 ＿＿＿＿＿＿＿＿＿＿＿。

③ 负反馈使放大器的放大倍数 ＿＿＿＿，正反馈使放大器的放大倍数 ＿＿＿＿；直流负反馈的作用是 ＿＿＿＿＿，交流负反馈的作用是 ＿＿＿＿；电压负反馈稳定输出 ＿＿＿＿，使输出电阻 ＿＿＿＿；电流负反馈稳定输出 ＿＿＿＿，使输出电阻 ＿＿＿＿；并联负反馈使输入电阻 ＿＿＿＿，串联负反馈使输入电阻 ＿＿＿＿。

④ 为了分别达到以下要求，应该引入何种类型的反馈

a. 降低放大器对信号源索取的电流：＿＿＿＿＿＿＿；

b. 农村广播系统中的放大器，当在其输出端并联上不同数目的喇叭时，要求音量基本保持不变：＿＿＿＿＿＿＿；

c. 某传感器产生的是电压信号（几乎不能提供电流），经放大后希望输出电压与信号电压成正比，所使用的放大器中应引入 ＿＿＿＿＿＿＿；

d. 需要一个阻抗变换电路，要求 R_i 大，R_o 小：＿＿＿＿＿＿＿。

⑤ 对功率放大器的主要要求是：＿＿＿＿＿＿＿；"交越"失真现象是由于器件的 ＿＿＿＿特性而引起的，为了克服"交越"失真，通常让功放管工作在 ＿＿＿＿＿放大状态。

⑥ 差动放大器的 A_{ud} 愈 ＿＿＿＿愈好，而 A_{uc} 愈 ＿＿＿＿愈好；共模抑制比 K_{CMR} 是 ＿＿＿＿＿＿＿之比，K_{CMR} 越大，表明电路的 ＿＿＿＿＿能力越强。

⑦ 集成运放内部一般包括四个组成部分，它们是 ＿＿＿＿、＿＿＿＿、＿＿＿＿和 ＿＿＿＿。集成运放的输入级几乎都采用 ＿＿＿＿＿电路，其目的是 ＿＿＿＿＿；输出级通常采用 ＿＿＿＿＿电路，其目的是 ＿＿＿＿＿。

【8-3】 判断图 8-31 所示各电路有无放大作用，并简述理由。

【8-4】 已知某放大器当负载 $R_L = \infty$ 时，测得输出电压 $U_o' = 1V$，当接上 $R_L = 10k\Omega$ 的负载电阻时，$U_o = 0.5V$，问该放大器的输出电阻 R_o 为多大？如果要求接上 $10k\Omega$ 的负载电阻 R_L 后，$U_o = 0.9V$，则该放大器的输出电阻 R_o 应为多大？

【8-5】 在图 8-2 中，当 $U_s = 1V$，$R_s = 1k\Omega$ 时，测得 $U_i = 0.6V$，问该放大器的输入电阻 R_i 为多大？如果另一个放大器的输入电阻 $R_i = 10k\Omega$，接在同一信号源（$U_s = 1V$，$R_s = 1k\Omega$）上，那么可获得多大的输入电压 U_i？

【8-6】 电路如图 8-32 所示，其中，三极管选用 3DG100，$\beta = 45$，$r_{be} = 1.5k\Omega$，试分别计算 R_L 开路和 $R_L = 5.1k\Omega$ 时的电压放大倍数 $\dot{A}_u$。

【8-7】 图 8-33 所示电路能够输出一对幅度大致相等、相位相反的电压。已知 $U_{CC} = 12V$，$R_B = 300k\Omega$，$R_C = R_E = 2k\Omega$，三极管的 $\beta = 50$，$r_{be} = 1.5k\Omega$。

① 试画出电路的微变等效电路；

② 分别求从射极输出时的 A_{u2} 和 R_{o2} 及从集电极输出时的 $\dot{A}_{u1}$ 和 R_{o1}，并分析当 $\beta \gg 1$ 时，$\dot{A}_{u1}$ 和 $\dot{A}_{u2}$ 有什么关系？

【8-8】 试说明图 8-34 所示各电路中分别存在哪些反馈支路？指出反馈元件，并分析反馈类型。假设电路

中各电容的容抗均可忽略。

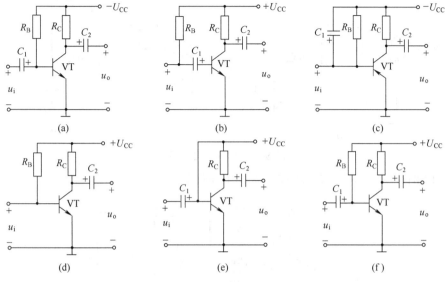

图 8-31 题【8-3】的图

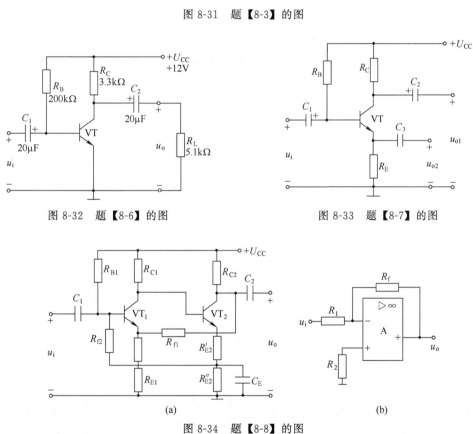

图 8-32 题【8-6】的图

图 8-33 题【8-7】的图

图 8-34 题【8-8】的图

【8-9】 图 8-35 所示电路中，假设各运放均为理想运放。稳压管的稳定电压 $U_Z = 6V$，正向导通电压 $U_D = 0.7V$。

① 分别指出图中各电路的功能；

② 分别画出图中各电路的电压传输特性。

【8-10】 图 8-36 是应用运放测量电压的原理图，共（0.5，1，5，10，50）V 五种量程，试计算电阻 $R_{11} \sim$

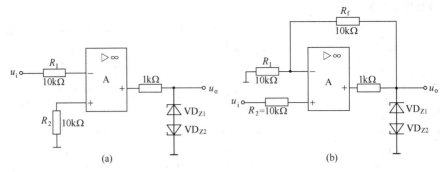

(a)   (b)

图 8-35   题【8-9】的图

R_{15} 的阻值，输出端接有满量程 5V，500μA 的电压表。

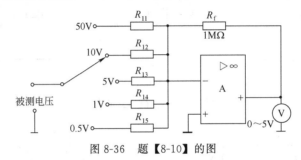

图 8-36   题【8-10】的图

第9章
直流稳压电源

在生产、科研和日常生活中，除了广泛使用交流电外，在某些场合，例如电解、电镀、蓄电池充电、直流电动机供电、同步电机励磁等，都需要直流电源。为了获得直流电，除了利用直流发电机外，在大多数情况下，广泛采用各种半导体直流电源。

9.1 直流稳压电源的组成

一般小功率半导体直流稳压电源由电源变压器、整流电路、滤波电路和稳压电路四部分组成，其原理框图及各部分输出波形如图9-1所示。

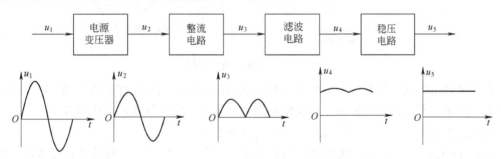

图9-1 小功率直流稳压电源的组成框图

图中，电源变压器的作用是将电网供给的交流电压变换为符合电子设备所要求的电压值。比如，它可将220V的电压变换为十几伏或几十伏的电压值。目前，有些电路不用变压器，而采用其他方法降压。

整流电路的作用是将变压器次级正、负交替变化的交变电压 u_2 变换为单向脉动的直流电压 u_3，通常由具有单向导电性能的元件组成。

滤波电路的作用是滤除整流输出 u_3 中的脉动成分，从而获得比较平滑的直流电压 u_4。一般由电容、电感等储能元件组成。

稳压电路的作用是当电网电压波动、负载和温度变化时，维持输出直流电压稳定，以获得足够高的稳定性。它是半导体直流电源的重要组成部分，其性质的优劣往往决定着直流电源的主要技术性能。

9.2 单相桥式整流电路

整流电路有多种形式。从所用交流电源的相数，可把整流电路分为单相和三相整流电路；从电路的结构形式，可把整流电路分为半波、全波和桥式整流电路。本节只讨论常用的单相桥式整流电路。

9.2.1 电路组成及工作原理

单相桥式整流电路如图 9-2(a) 所示，它由四只二极管组成，并接成电桥的形式，故称为桥式整流电路。图 9-2(b) 是电路的简化画法。

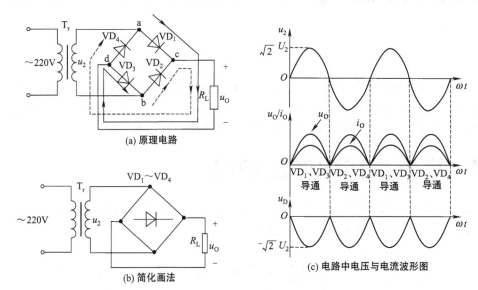

(a) 原理电路

(b) 简化画法

(c) 电路中电压与电流波形图

图 9-2　单相桥式整流电路

为了使问题简化，假定负载为纯电阻性，整流二极管和变压器都是理想的，即认为二极管的正向压降为零，正向电阻为零，反向电阻为无穷大，变压器无内部压降等。

设变压器副边电压 $u_2 = \sqrt{2}U_2\sin\omega t$，$U_2$ 为其有效值。

在 u_2 的正半周，变压器副边电压的极性上"＋"下"－"，二极管 VD_1、VD_3 导通，VD_2、VD_4 截止，电流由 a 经 $VD_1 \rightarrow R_L \rightarrow VD_3 \rightarrow$ b 形成通路，如图 9-2(a) 中实线所示。这时，二极管 VD_2、VD_4 承受反向电压。

在 u_2 的负半周，变压器副边电压的极性上"－"下"＋"，二极管 VD_2、VD_4 导通，VD_1、VD_3 截止，电流由 b 经 $VD_2 \rightarrow R_L \rightarrow VD_4 \rightarrow$ a 形成通路，如图 9-2(a) 中虚线所示。这时，二极管 VD_1、VD_3 承受反向电压。

由上述分析可以看出，尽管 u_2 的方向是交变的，但通过负载 R_L 的电流 i_O 及其两端电压 u_O 的方向不变，因此，负载上得到了大小变化而方向不变的脉动直流电流和电压。u_O、$i_O(i_D)$ 及二极管承受的电压 u_D 的波形如图 9-2(c) 所示。

负载上得到的脉动直流电压，常用一个周期的平均值来说明它的大小。

$$U_O = \frac{1}{T}\int_0^{2\pi} u_O \mathrm{d}(\omega t) = \frac{1}{2\pi}\int_0^{2\pi} \sqrt{2}U_2\sin\omega t \,\mathrm{d}(\omega t) = \frac{2\sqrt{2}U_2}{\pi} \approx 0.9U_2 \qquad (9\text{-}1)$$

$$I_O = \frac{U_O}{R_L} = 0.9\frac{U_2}{R_L} \qquad (9\text{-}2)$$

9.2.2 整流二极管的选择

由工作原理的分析可知，每个周期中，VD_1、VD_3 串联与 VD_2、VD_4 串联各轮流导电

半周，故每个二极管中流过的平均电流只有负载电流的一半，即

$$I_D = \frac{1}{2}I_O = 0.45\frac{U_2}{R_L} \tag{9-3}$$

由图 9-2(a) 可以看出，二极管截止时承受的最高反向电压为 u_2 的最大值，即

$$U_{RM} = \sqrt{2}U_2 \tag{9-4}$$

因此，选用整流二极管时，应使

$$U_{RM} > \sqrt{2}U_2 \tag{9-5}$$

$$I_F > \frac{1}{2}I_O \tag{9-6}$$

在工程实际中，为了保证电路安全、可靠地工作，在选择二极管时应留有充分的余量，避免整流管处于极限运行状态。

目前，器件生产厂商已经将四个整流二极管封装在一起，构成模块化的整流桥，使用起来十分方便。

※9.3　可控整流电路

9.2 节讨论的二极管整流电路在应用上有一个很大的局限性，就是在输入的交流电压一定时，输出的直流电压也是一个固定值，一般不能任意调节。但是，在许多情况下，都要求直流电压能够调节，即具有"可控"的特点，晶闸管整流电路便适应了这种需求。晶闸管整流广泛应用于直流电动机的调速、电解、电镀、电焊、蓄电池充电及同步电机励磁等方面。

常用的单相半控桥式整流电路（简称半控桥）如图 9-3 (a) 所示。该电路与单相不可控桥式整流电路 ［图 9-2 (a)］相似，只是其中两个桥臂中的二极管被晶闸管所取代。该电路输出电压较高，触发电路简单，广泛应用于中、小容量的整流电路中。

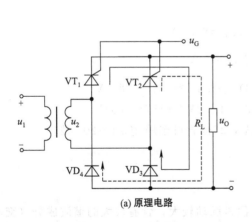

(a) 原理电路

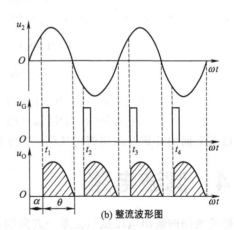

(b) 整流波形图

图 9-3　单相桥式可控整流电路

当 u_2 为正半周时，VT$_1$、VD$_3$ 承受正向电压，这时，若对晶闸管 VT$_1$ 引入触发信号 u_G，则 VT$_1$、VD$_3$ 导通，电流由 u_2 正端经 VT$_1$、R_L、VD$_3$ 流回 u_2 负端形成回路（如图中实线所示）。此时，VT$_2$ 和 VD$_4$ 因承受反向电压而截止。

同理，当 u_2 为负半周时，VT$_2$、VD$_4$ 承受正向电压而导通（对 VT$_2$ 引入触发信号），

电流经 VT_2、R_L、VD_4 形成回路（如图中虚线所示）。在此期间，VT_1 和 VD_3 因承受反向电压而截止。

电路中 u_2、u_G 和 u_O 的波形如图 9-3（b）所示，图中，$\alpha = \omega t_1$，称为控制角；$\theta = \pi - \alpha$ 称为导通角；ω 为输入正弦电压的角频率。

输出电压的平均值 U_O 与控制角 α 有关，具体表达式如下

$$U_O = \frac{1}{\pi} \int_0^\pi \sqrt{2} U_2 \sin\omega t \, d(\omega t) = 0.9 U_2 \frac{1 + \cos\alpha}{2} \tag{9-7}$$

可见，当输入电压的有效值 U_2 一定时，改变控制角 α 就可以改变输出电压的平均值 U_O。

图 9-3（a）所示电路中，晶闸管 VT_1、VT_2 所承受的最大正、反向电压 U_{FM}、U_{RM} 以及二极管 VD_3、VD_4 所承受的最大反向电压 U_{RM} 均为 $\sqrt{2} U_2$，即

$$U_{FM} = U_{RM} = \sqrt{2} U_2 \tag{9-8}$$

流过晶闸管和二极管的平均电流为

$$I_T = I_D = \frac{1}{2} I_O = 0.45 \frac{U_2}{R_L} \cdot \frac{1 + \cos\alpha}{2} \tag{9-9}$$

为了保证晶闸管在出现瞬时过电压时不致损坏，通常根据下式选择晶闸管

$$U_{FRM} \geqslant (2 \sim 3) U_{FM}$$

$$U_{RRM} \geqslant (2 \sim 3) U_{RM} \tag{9-10}$$

【例 9-1】 有一纯电阻负载，需要可调的直流电压 $U_O = 0 \sim 60V$，电流 $I_O = 0 \sim 10A$。现采用单相半控桥式整流电路。试计算变压器副边的电压，并选用整流元件。

【解】 设晶闸管的导通角 $\theta = \pi$（控制角 $\alpha = 0$）时，$U_O = 60V$，电流 $I_O = 10A$。由式（9-7）可知

$$U_2 = \frac{2 U_O}{0.9(1 + \cos\alpha)} = \frac{U_O}{0.9} = \frac{60}{0.9} \approx 66.7 \text{ V}$$

由式（9-8）、式（9-9）、式（9-10）得

$$U_{FM} = U_{RM} = \sqrt{2} U_2 \approx 94.3 \text{ V}$$

$$I_T = I_D = \frac{1}{2} I_O = 5 \text{ A}$$

$$U_{FRM} \geqslant (2 \sim 3) U_{FM} = (2 \sim 3) \times 94.3V \approx (187 \sim 283) V$$

$$U_{RRM} \geqslant (2 \sim 3) U_{RM} = (2 \sim 3) \times 94.3V \approx (187 \sim 283) V$$

根据上面的计算，晶闸管可选用 KP20-7 型，二极管可选用 2CZ10/200 型。

9.4　滤波电路

整流电路的输出电压虽然是单一方向的，但是脉动较大，含有较大的谐波成分（交流分量），不能适应大多数电子电路和设备的要求，因此，需要用滤波电路滤除交流分量，以得到比较平滑的直流电压。本节介绍几种常用的滤波电路。

9.4.1　电容滤波电路

电容滤波电路是最常见、最简单和最有效的一种滤波电路，其基本工作原理就是利用电容的充放电作用，使负载电压趋于平滑。

(1) 电路组成及工作原理

图 9-4（a）所示为单相桥式整流电容滤波电路。整流电路不接滤波电容 C 时，负载 R_L 上的脉动电压 u_O 的波形如图 9-4（b）中虚线所示。

考虑电路接入滤波电容 C 时的情况。设 C 上无初始储能，且电源在 $\omega t = 0$ 时接通。

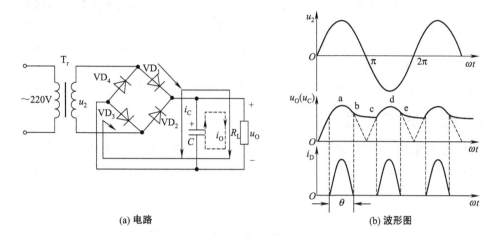

(a) 电路   (b) 波形图

图 9-4　单相桥式整流电容滤波电路及其波形

在 u_2 的正半周，VD_1 和 VD_3 导通，电源除向负载 R_L 提供电流 i_O 外，也给电容 C 充电，电容上电压 u_C 的极性上"＋"下"－"，且 $u_C = u_2$。当 u_2 上升到峰值 $\sqrt{2}U_2$（图中 a 点）时，u_C 充电到最大值 $\sqrt{2}U_2$。此后，u_2 按正弦规律从峰值开始下降，电容因放电其两端电压 u_C 也开始下降。由于电容以时间常数 $\tau = R_L C$ 按指数规律放电，所以当 u_2 下降到一定值时，u_C 的下降速度就会小于 u_2 的下降速度，使 $u_C > u_2$（如图中 b 点），此后，VD_1、VD_3 因承受反向电压而截止，电容 C 继续通过 R_L 放电，u_O 按指数规律缓慢下降。

在 u_2 的负半周，当 u_2 的数值大于 u_C（图中 c 点）时，VD_2 和 VD_4 导通，电源再次向电容 C 充电，当 u_C 达到峰值（图中 d 点）之后，随着 u_2 数值的减小，电容再次放电，直到 u_2 的数值小于 u_C（图中 e 点），此后，VD_2、VD_4 截止，u_O 按指数规律缓慢下降。

上述过程周而复始地循环，在输出端便得到了比较平滑的直流电压，如图 9-4（b）中实线所示。

(2) 电容滤波电路的特点

① 电容滤波电路放电时间常数（$\tau = R_L C$）愈大，放电过程愈慢，输出中脉动成分愈小，输出电压愈高，滤波效果愈好。

② 滤波电容的选取

实验证明，为了获得较好的滤波效果，一般按下式选择滤波电容

$$R_L C \geqslant (3 \sim 5)\frac{T}{2} \tag{9-11}$$

式中，T 为电网交流电的周期。一般情况下滤波电容的容量都比较大，从几十微法到几千微法，所以通常选用有极性的电解电容器，在接入电路时，应注意极性不要接反，电容的耐压值应大于 $\sqrt{2}U_2$。

③ 输出电压的平均值

在整流电路的内阻不太大（几欧姆）和放电时间常数满足式（9-11）时，单相桥式整流

电容滤波电路输出电压的平均值约为

$$U_O \approx 1.2U_2 \tag{9-12}$$

④ 整流二极管的选取

未加滤波电容 C 之前，每只整流二极管均有半个周期处于导通状态，即其导通角 θ 等于 π。加滤波电容后，只有当 $|u_2| > u_C$ 时，整流管才导通，因此每只整流管的导通角都小于 π。并且 $R_L C$ 的值愈大，θ 愈小，整流管在短暂的导通时间内有很大的冲击电流流过，如图 9-4（b）所示。这对于管子的使用寿命不利，因此应选取较大容量的二极管，要求它承受正向电流的能力应大于输出平均电流的 2～3 倍。

⑤ 电容滤波电路适用于输出电压较高，负载电流较小而且变化不大的场合。

9.4.2　电感滤波电路

在大电流负载的情况下，若采用电容滤波，使得整流管及电容器的选择很困难，有时甚至不可能，这时，可采用电感滤波。电感滤波就是在整流电路与负载电阻之间串联一个电感线圈 L，如图 9-5 所示。

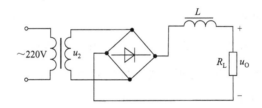

图 9-5　电感滤波电路

在第 2 章已经讲过，当通过电感线圈的电流变化时，电感线圈将产生自感电动势阻止电流的变化。当通过电感线圈的电流增加时，电感线圈产生的自感电动势与电流方向相反，阻止电流的增加；当通过电感线圈的电流减小时，自感电动势与电流方向相同，阻止电流的减小，从而使负载电流的脉动成分大大降低，波形变得平滑。

L 愈大，R_L 愈小，滤波效果愈好，电感滤波适用于负载电流比较大的场合。

9.4.3　复式滤波电路

无论是电容滤波电路还是电感滤波电路，它们都有各自的优点及不足。为了提高滤波效果，进一步减小输出电压中的脉动成分，可用电容和电感组成复合式滤波电路。表 9-1 示出了几种复式滤波电路的形式、性能特点及适用场合，可供选用时参考。

表 9-1　几种常用的复式滤波电路

类型	LC 滤波	LC-π 滤波	RC-π 滤波
电路形式			
U_O	$\approx 1.2U_2$	$\approx 1.2U_2$	$\approx 1.2 \dfrac{R_L}{R+R_L}U_2$
整流管冲击电流	小	大	大
适用场合	大电流且变动大的负载	小电流负载	小电流负载

【例 9-2】 单相桥式整流电容滤波电路如图 9-6 所示，已知交流电源频率 $f=50\text{Hz}$，负载电阻 $R_L=200\Omega$，要求直流输出电压 $U_O=30\text{V}$，试选择整流二极管和滤波电容器。

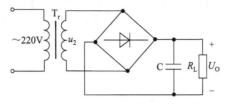

图 9-6 【例 9-2】的图

【解】 ① 选择整流二极管

流过二极管的电流为 $I_D=\dfrac{1}{2}I_O=\dfrac{1}{2}\times\dfrac{U_O}{R_L}=\dfrac{1}{2}\times\dfrac{30}{200}\text{A}=0.075\text{A}=75\text{mA}$

根据式(9-12)，取 $U_O=1.2U_2$，可求得变压器副边电压的有效值为

$$U_2=\frac{U_O}{1.2}=\frac{30}{1.2}\text{V}=25\text{V}$$

二极管承受的最大反向电压为

$$U_{RM}=\sqrt{2}U_2=\sqrt{2}\times25\text{V}\approx35\text{V}$$

因此可选用二极管 2CP11，其最大整流电流为 100mA，最高反向工作电压为 50V。

② 选择滤波电容

根据式(9-11)，取 $R_LC=5\times\dfrac{T}{2}=5\times\dfrac{0.02}{2}\text{s}=0.05\text{s}$

则
$$C=\frac{0.05}{R_L}=\frac{0.05}{200}\text{F}=250\times10^{-6}\text{F}=250\mu\text{F}$$

电容的耐压值应大于 $\sqrt{2}U_2\approx35\text{V}$。

所以，选用容量为 $250\mu\text{F}$，耐压为 50V 的电解电容器。

9.5 稳压电路

整流滤波后得到的平滑直流电压会随着电网电压的波动和负载的变化而改变，这种电压不稳定会引起负载工作的不稳定，甚至不能正常工作。而精密的电子测量仪器、自动控制、计算装置及晶闸管的触发电路都要求有稳定的直流电源供电。为了得到稳定的直流输出电压，需要采取稳压措施。稳压电路的种类很多，下面扼要介绍几种稳压电路的原理及特点。

9.5.1 硅稳压管稳压电路

最简单的直流稳压电源是采用稳压管来稳定电压的，如图 9-7 所示。经过桥式整流电容滤波后得到的直流电压 U_I，再经过由限流电阻 R 和稳压管 VD_Z 组成的稳压电路接到负载电阻 R_L 上，这样，负载上得到的就是一个比较稳定的电压。

下面简述该稳压电路的稳压作用。

当电网电压升高而使 U_I 上升时，输出电压 U_O 应随之上升。但稳压管两端反向电压（U_O）的微小增量，会引起稳压管电流 I_Z 的急剧增加［见图 7-4(a)］，从而使 I_R 增大，相应地 R 上的压降 U_R 也增大，以抵偿 U_I 的上升，使输出电压 U_O（$U_O=U_I-U_R$）基本保持不

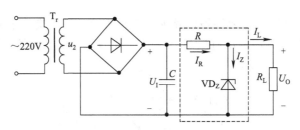

图 9-7 硅稳压管稳压电路

变。相反，当因电网电压降低而使 U_I 减小时，输出电压 U_O 应随之减小，这时稳压管的电流 I_Z 急剧减小，从而使 I_R 减小，U_R 也减小，仍然保持输出电压 U_O 基本不变。

同理，当因负载变动而引起输出电压 U_O 波动时，电路仍能起到稳压作用。例如，当因负载电阻 R_L 减小即负载电流 I_L 增大时，I_R 随之增大，U_R 也随之增大，在电网电压稳定的前提下，输出电压 U_O 会有所下降。而 U_O 的微小下降，导致 I_Z 的显著减小，若参数选择恰当，可使 $\Delta I_Z = -\Delta I_L$，从而使 I_R 基本不变，U_R 基本不变，因此输出电压 U_O 也基本保持不变。

可见，稳压管的电流调节作用是图 9-7 所示电路能够稳压的关键。它利用稳压管电压的微小变化，引起电流的较大变化，通过电阻 R 实现电压的调整作用，从而保证输出电压基本恒定。

选择稳压管时，一般取

$$\begin{cases} U_Z = U_O \\ I_{ZM} = (1.5 \sim 3) I_{OM} \\ U_I = (2 \sim 3) U_O \end{cases} \tag{9-13}$$

硅稳压管稳压电路的优点是结构简单，缺点是负载电流变化范围小，输出电压不能调节，且电压稳定性不够高，因此，仅适用于输出电压固定且要求不高的场合。

9.5.2 串联反馈式稳压电路

串联反馈式稳压电路如图 9-8 所示。其稳压原理可简述如下。

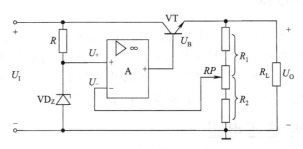

图 9-8 串联反馈式稳压电路

当由于某种原因使输出电压 U_O 升高时，由图 9-8 可知

$$U_- = \frac{R_2}{R_1 + R_2} U_O$$

也升高，而 $U_B = A_{od}(U_+ - U_-) = A_{od}(U_Z - U_-)$，故 U_B 随之减小，由于 VT 接成射极跟随器的形式，所以 VT 的发射极电位，也即输出电压 U_O 必然随之降低。具体稳压过程如下

$$U_O \uparrow \rightarrow U_- \uparrow \rightarrow (U_+ - U_-) \downarrow \rightarrow U_B = A_{od}(U_+ - U_-) \downarrow$$

$$U_O \downarrow \xleftarrow{\text{VT 为射极跟随器}}$$

当输出电压降低时，其稳压过程相反。

可见输出电压的变化量经过运放放大后去调整三极管 VT（通常称为调整管）的输出，从而达到稳定输出电压的目的。这个自动调整过程实质上是一个负反馈过程，图 9-8 引入的是电压串联负反馈，故该电路称为串联反馈式稳压电路。

根据同相比例运算电路（见表 8-4）的输入输出关系可得

$$U_O = \left(1 + \frac{R_1}{R_2}\right)U_Z \tag{9-14}$$

可见调节电位器 RP 便可调节输出电压 U_O。当 RP 的滑动端移到最上端时，输出电压最小；移到最下端时，输出电压最大。

9.5.3 线性集成稳压电路

随着集成电路工艺的发展，目前已生产出各种类型的集成稳压器，并得到了广泛应用。集成稳压器的类型很多，按结构形式可分为串联型、并联型和开关型；按输出电压类型可分为固定式和可调式；按封装引线端的多少可分为三端式和多端式。目前常用的集成稳压器除开关型稳压器外，基本上是串联型三端固定和可调稳压器，其中可调三端稳压器的性能优于固定三端稳压器的性能。

（1）三端固定式稳压器

三端固定式稳压器的输出电压是固定的，如果不采取其他的方法，其输出电压一般是不可调的。三端固定式稳压器有 W78×× 和 W79×× 两个系列。W78×× 为正电压输出，W79×× 为负电压输出。×× 为集成稳压器输出电压的标称值，78 或 79 系列集成稳压器的输出电压有 5V、6V、8V、9V、10V、12V、15V、18V、24V 等。其额定输出电流以 78 或 79 后面所加的字母来区分。L 表示 0.1A，M 表示 0.5A，无字母表示 1.5A。如 W78L05 表示该稳压器输出电压为 +5V，最大输出电流为 0.1A。三端固定式稳压器的外形及引线排列如图 9-9 所示。

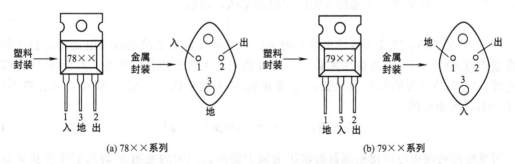

(a) 78×× 系列　　　　(b) 79×× 系列

图 9-9　三端固定式稳压器的外形及引线排列

三端固定式稳压器的使用非常方便，图 9-10 给出了几种典型应用电路。

图（a）为基本应用电路。图中，其中 C_1 用以减小纹波以及抵消输入端接线较长时的电感效应，防止自激振荡，并抑制高频干扰，其值一般取 0.1～1μF。C_2 用以改善由于负载电流瞬时变化而引起的高频干扰，其值可取 1μF。二极管 VD 用作保护。

图（b）所示电路能使输出电压高于固定输出电压。它是采用稳压管来提高输出电压

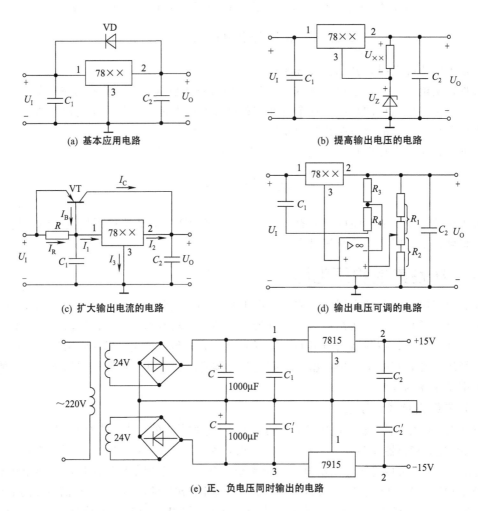

图 9-10 三端固定式稳压器的典型应用电路

的，其中，$U_{\times\times}$ 为 W78$\times\times$稳压器的固定输出电压，显然

$$U_O = U_{\times\times} + U_Z \tag{9-15}$$

图（c）是一种扩展稳压器输出电流的电路。当直流电源要求的输出电流超过稳压器的额定输出电流时，可采用外接功率管 VT 的方法来扩大输出电流。图中，I_2 为稳压器的输出电流，I_C 为功率管的集电极电流，I_R 是电阻 R 上的电流，一般 I_3 很小，可忽略不计，则 $I_1 \approx I_2$，因而得出

$$I_C = \beta I_B = \beta(I_1 - I_R) \approx \beta(I_2 - I_R) \tag{9-16}$$

可见电路的输出电流比稳压器的输出电流大得多。图中的电阻 R 的阻值要使功率管只能在输出电流较大时才导通。

图（d）是一种输出电压可调的电路。图中，$U_- \approx U_+$，于是由 KVL 定律可得

$$\frac{R_3}{R_3 + R_4} U_{\times\times} = \frac{R_1}{R_1 + R_2} U_O$$

即

$$U_O = \left(1 + \frac{R_2}{R_1}\right) \times \frac{R_3}{R_3 + R_4} U_{\times\times} \tag{9-17}$$

可见，用可调电阻来调整 R_2 与 R_1 的比值，便可调节输出电压 U_O 的大小。

图（e）是利用 W78×× 与 W79×× 相配合，得到正、负输出电压的稳压电路，其中，W78×× 与 W79×× 的使用方法相同，只是要特别注意输入与输出电压的极性以及外引线的正确连接。

（2）三端可调式稳压器

三端可调式稳压器是在三端固定式稳压器基础上发展起来的一种性能更为优异的集成稳压组件。它除了具备三端固定式稳压器的优点外，可用少量的外接元件，实现大范围的输出电压连续可调（调节范围为 $1.2 \sim 37V$），应用更为灵活。其典型产品有输出正电压的 W117、W217、W317 系列和输出负电压的 W137、W237、W337 系列。同一系列的内部电路和工作原理基本相同，只是工作温度不同，如 W117、W217、W317 的工作温度分别为 $-55 \sim 150℃$、$-25 \sim 150℃$、$0 \sim 125℃$。根据输出电流的大小，每个系列又分为 L 型系列（$I_O \leqslant 0.1A$）、M 型系列（$I_O \leqslant 0.5A$），如果不标 M 或 L，则表示该器件的 $I_O \leqslant 1.5A$。三端可调式稳压器的外形及引线排列如图 9-11 所示。

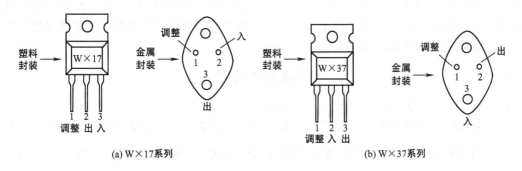

(a) W×17系列　　　　(b) W×37系列

图 9-11　三端可调式稳压器的外形及引线排列

正常工作时，三端可调式稳压器输出端与调整端之间的电压为基准电压 U_{REF}，其典型值为 $1.25V$。流过调整端的电流的典型值 $I_{adj}=50\mu A$。三端可调式稳压器的基本应用电路如图9-12所示。由图可知

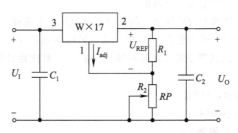

图 9-12　三端可调式稳压器的基本应用电路

$$U_O = U_{REF} + \left(\frac{U_{REF}}{R_1} + I_{adj}\right)R_2 = U_{REF}\left(1 + \frac{R_2}{R_1}\right) + I_{adj}R_2$$

$$\approx 1.25 \times \left(1 + \frac{R_2}{R_1}\right) \tag{9-18}$$

调节电位器 RP 可改变 R_2 的大小，从而调节输出电压 U_O 的大小。

需要强调的是，在使用集成稳压器时，要正确选择输入电压的范围，保证其输入电压比

输出电压至少高 2.5～3V，即要有一定的压差。另一个不容忽视的问题是散热，因为三端集成稳压器工作时有电流通过，且其本身又具有一定的压差，所以就有一定的功耗，而这些功耗一般又转换为热量。因此，使用中、大电流三端稳压器时，应加装足够尺寸的散热器，并保证散热器与稳压器的散热头（或金属底座）之间接触良好，必要时两者之间要涂抹导热胶以加强导热效果。

※9.5.4 开关型稳压电路

由于串联型线性稳压电路中的调整管工作在放大区，工作时调整管中一直有电流通过，所以自身功耗很大，电源效率一般只能达到 30%～50% 左右。开关型稳压电路中调整管工作在开关状态（饱和或截止），自身功耗小，所以电源效率可提高到 75%～85% 以上，而且它体积小、重量轻、使用方便。目前，开关型稳压电源已成为宇航、计算机、通信和功率较大电子设备中电源的主流，应用日趋广泛。

随着集成技术的发展，开关型稳压电源已逐渐集成化。集成开关型稳压电源可分为脉宽调制型（PWM）、频率调制型（PFM）和混合调制（脉宽-频率调制）型三大类，其中脉宽调制型开关电源使用较为普遍。限于篇幅，关于各类开关型稳压电路的工作原理此处不再赘述，有兴趣的读者可参阅相关书籍。

思考题与习题

【9-1】 判断下列说法是否正确，并在相应的括弧中填√或×。

① 单相桥式整流电路中，因为有四只二极管，所以流过每个二极管的平均电流 I_D 等于总平均电流 I_O 的四分之一（　　）。由于电流通过的两个二极管串联，故每管承受的最大反向电压 U_{RM} 应为 $\frac{\sqrt{2}}{2}U_2$（　　）。如果有一个二极管的极性接反了，则会使变压器次级短路，造成器件损坏（　　）。

② 整流电路加了滤波电容后，输出电压的直流成分提高了（　　）。二极管的导通时间加大了（　　）。

③ 由于整流滤波电路的输出电压中仍存在交流分量，所以需要加稳压电路（　　）。利用稳压管实现稳压时，稳压管应与负载并联连接（　　）。

【9-2】 有一额定电压为110V，阻值为55Ω的直流负载，采用单相桥式整流电路供电。试计算

① 变压器副边绕组的电压和电流的有效值；

② 每个二极管流过的电流的平均值和承受的最大反向电压，并选择二极管。

【9-3】 今要求负载电压 $U_O=30V$，负载电流 $I_O=150mA$，采用单相桥式整流、电容滤波电路供电。已知交流电源频率为50Hz。试选择整流二极管和滤波电容器；并比较带滤波电容前后，二极管承受的最大反向电压是否相同。

【9-4】 某稳压电源如图 9-13 所示，试问：

① 输出电压的极性和大小如何？

② 电容器 C_1 和 C_2 的极性如何？

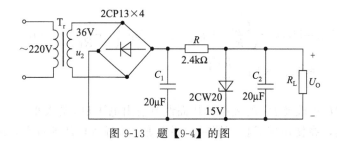

图 9-13 题【9-4】的图

【9-5】电路如图 9-14 所示，试求输出电压 U_O 的可调范围是多少？

【9-6】可调恒流源电路如图 9-15 所示。假设 $I_{adj} \approx 0$，当 $U_{21} = U_{REF} = 1.2\text{V}$，$R$ 从 $0.8 \sim 120\Omega$ 变化时，恒流电流 I_O 的变化范围是多少？

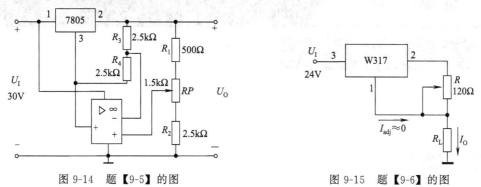

图 9-14 题【9-5】的图　　　　图 9-15 题【9-6】的图

【9-7】电路如图 9-16 所示。已知 u_2 的有效值足够大，合理连线，使之构成一个 5V 的直流电源。

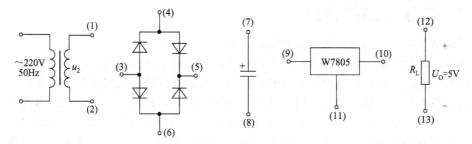

图 9-16 题【9-7】的图

第 10 章
数字电路基础

10.1 概述

数字电路是应用数字信号完成测量、运算、控制等功能的电路。

10.1.1 数字电路的特点

为了说明数字信号和数字电路的特点，下面先举一个例子。

如果要用电的测量方法测量一台电机的转速，通常可以在被测电机的轴上装上一只微型测速发电机。通过它把转速这个物理量转化为电信号，即测速发电机的输出电压，然后在控制盘上装一只电压表，即可测知电机的转速，如图 10-1(a) 所示。这一电压信号的大小是随电机转速的高低而变化的，并且这种变化总是连续的，通常称为模拟信号。这种测量方法应用很广，但存在一定的缺点。因为测速发电机不可能是理想元件，所以输出电压与转速之间的正比关系会有误差；在生产环境中，周围的强电场和强磁场也会对测量线路中的电压信号产生影响；电压表的指示读数一般也只能达到三位有效数字，最后一位往往是目测估计，所有这些因素都使测量精度不可能很高。

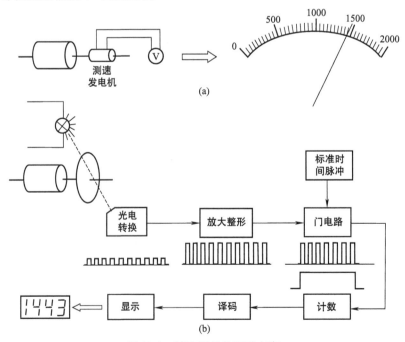

图 10-1 转速测量的两种方案

再看图 10-1（b）所示的另一种方案。在被测电机上装一个圆盘，圆盘上打一个孔，用光源照射，光线通过小孔到达光电管，电机每转一周，光电管被照射一次，输出一个短暂的电流，称为脉冲信号。而后对这一信号进行必要的处理：先放大，使它的幅度和功率都增大；再整形，使它成为规则的矩形脉冲。因为转速是每单位时间的转数，所以要让脉冲信号通过一个用标准时间脉冲控制的门电路，使通过门电路的脉冲数是一个单位时间的个数，最后用计数器计数，并通过译码器和显示器，由显示器读出的数据即为电机的转速。这种测量方法可以达到较高的精度，如上述电机的转速测量可以精确到 1 转。若在圆盘上沿圆周均匀打 10 个孔，每个脉冲就代表 1/10 转，测量精度也就达到了 1/10 转，如果需要，还可以再提高。

另外，数字信号用两个相反的状态来表示，在电路中具体表现为高电平和低电平（通常用 1 和 0 表示），外部的电磁场干扰，器件工作不稳定都只影响脉冲信号的幅度，影响不了测量结果。因此数字信号的抗干扰能力很强，工作稳定可靠。

从原理框图上看使人明显感到数字信号的处理电路比较复杂，但因信号本身波形十分简单，它只有两种状态：脉冲的有或无，电路只要能区分出这两个相反的状态即可，所以用于数字电路的三极管不是工作在放大状态而是工作在开关状态，要么饱和导通，要么截止。因此对元件和电路的精度要求不高、功耗小，易于集成化，随着数字集成电路制作技术的发展，数字电路获得了广泛的应用。

本章以集成电路为主，对一些主要的数字单元电路进行讨论，介绍其原理和应用。

10.1.2 数制和代码

（1）数制

数制是数的表示方法，十进制数是人们日常生活中最熟悉的数值表示方法。在数字电路中广泛采用二进制计数体制，在书写计算机程序时，还常使用八进制和十六进制计数体制。下面介绍几种数制的表示方法以及二进制数与十进制数之间的转换方法。

① 十进制　十进制数是用 0～9 十个数码按照一定规律排列来表示数值大小的，数码的个数为基数，十进制数的计数规律是"逢十进一"，故称为十进制，如

$$[1851]_{10} = 1 \times 10^3 + 8 \times 10^2 + 5 \times 10^1 + 1 \times 10^0$$

由上式可知，每个十进制数码在不同数位上表示的数值不同。任何一个 n 位十进制数都可以写成

$$D = \sum_{i=0}^{n-1} K_i \times 10^i \tag{10-1}$$

其中，K_i 是第 i 位的系数，为 0～9 十个数码中的任何一个。10^i 为对应数位的权。

② 二进制　二进制数是用 0 和 1 两个数码按照一定规律排列来表示数值大小的，其计数规律是"逢二进一"。它是以 2 为基数的计数体制，如

$$[1011]_2 = 1 \times 2^3 + 0 \times 2^2 + 1 \times 2^1 + 1 \times 2^0$$

与十进制数的表示方法相似，任意一个 n 位二进制数正整数可展开为

$$D = \sum_{i=0}^{n-1} K_i \times 2^i \tag{10-2}$$

式中，K_i 的取值只能是 0 或 1。2^i 为对应数位的权。

③ 八进制　八进制数的计数基数为 8，有 0～7 八个数字符号，计数规律是"逢八进一"，各位数的权是 8 的幂，n 位八进制数正整数的表达式为

$$D = \sum_{i=0}^{n-1} K_i \times 8^i \tag{10-3}$$

例 $[263]_8 = 2 \times 8^2 + 6 \times 8^1 + 3 \times 8^0$

④ 十六进制 十六进制数的计数基数为 16，有十六个数字符号：0，1，2，3，4，5，6，7，8，9，A，B，C，D，E，F。计数规律是"逢十六进一"，各位数的权是 16 的幂，n 位十六进制数正整数的表达式为

$$D = \sum_{i=0}^{n-1} K_i \times 16^i \tag{10-4}$$

⑤ 二-十进制数的转换

二进制数转换为十进制数的方法是："按权展开，取各位加权系数之和"。

【例 10-1】 将 $[1001]_2$ 转换为十进制数。

【解】 $[1001]_2 = 1 \times 2^3 + 0 \times 2^2 + 0 \times 2^1 + 1 \times 2^0$

$= 8 + 0 + 0 + 1$

$= [9]_{10}$

十进制数转换为二进制数的方法，对整数部分是采用"除 2 取余，后余先排"法。

【例 10-2】 将 $[13]_{10}$ 转换为二进制数。

【解】

```
2 | 13 … 1 ↑
2 | 6  … 0
2 | 3  … 1
2 | 1  … 1   读数方向
    0
```

所以 $[13]_{10} = [1101]_2$

(2) 码制

数字电路中的十进制数码不仅表示数字的大小，还用来表示各种文字、符号、图形等非数值信息。通常把表示文字、符号等信息的数码称为代码，如运动会上运动员的编号。它仅表示和运动员的对应关系，而无数值大小的含义。建立这种代码与文字、符号或其他特定对象之间一一对应关系的过程，称为编码。

由于在数字电路中经常用到二进制数码，而人们更习惯于使用十进制数码，所以，常用四位二进制数码来表示一位十进制数码，称为二-十进制编码（Binary Coded Decimals System，简称 BCD 码），表 10-1 所示是常用的 8421BCD 码。

表 10-1 8421BCD 码编码表

十进制数码	8421BCD 码			
	位权 8(2^3)	位权 4(2^2)	位权 2(2^1)	位权 1(2^0)
0	0	0	0	0
1	0	0	0	1
2	0	0	1	0
3	0	0	1	1
4	0	1	0	0
5	0	1	0	1
6	0	1	1	0
7	0	1	1	1
8	1	0	0	0
9	1	0	0	1

例如
$$[6]_{10} = [0110]_{8421BCD}$$
$$[274]_{10} = [0010\ 0111\ 0100]_{8421BCD}$$

10.2 逻辑门电路

用以实现基本逻辑关系的电子电路称为门电路。门电路按基本逻辑功能可分为三种：与门、或门、非门。在数字电路中，门电路是最基本的逻辑部件。

10.2.1 与门电路

与逻辑关系是指当几个条件同时满足时，结果才成立。例如图 10-2 中的灯泡 L，只有当 S_1、S_2 两个开关全部接通时它才能发光。"灯泡 L 发光"和"开关 S_1 闭合"、"开关 S_2 闭合"两个条件之间的逻辑关系就是与逻辑关系。

图 10-3 所示是二极管与门电路，它有两个输入端 A 和 B，输出端为 Y。

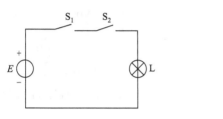
图 10-2　与逻辑关系

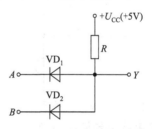
图 10-3　二极管与门电路

如果 A、B 两端都输入 $+3V$，那么两个二极管 VD_1、VD_2 都会正向导通，于是输出端 Y 的电位也是 $+3V$；若两端只有一端（如 A 端）输入 $+3V$，而另一端（如 B 端）为 $0V$，则 VD_2 优先导通并将输出端 Y 的电位钳制在 $0V$，从而迫使 VD_1 处于反偏而截止。由此可以看出：输出端与两个输入端之间存在着与逻辑关系。

把 $+3V$ 称为高电平，用"1"表示；把 $0V$ 称为低电平，用"0"表示，可以写出与门电路的逻辑状态表，见表 10-2。

表 10-2　与门电路的逻辑状态表

A	B	Y	A	B	Y
0	0	0	1	0	0
0	1	0	1	1	1

与逻辑关系还可以用逻辑表达式表示
$$Y = A \cdot B \tag{10-5}$$

称为逻辑与（逻辑乘）。但应注意这和普通代数中数的乘法运算完全是两回事，逻辑与运算只有有限的几种情况，即

$$0 \cdot 0 = 0$$
$$0 \cdot 1 = 0$$
$$1 \cdot 0 = 0$$
$$1 \cdot 1 = 1$$

与逻辑门电路可以用图 10-4 所示的符号表示。

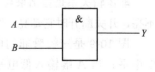
图 10-4　与门电路符号

与门电路可以有三个或更多输入端，它们的电路、逻辑状态、逻辑表达式和逻辑符号等，读者可自行推导得出。

10.2.2　或门电路

或逻辑关系是指在几个条件中，只要其中一个得到满足，结果就成立。例如图 10-5 中的灯泡 L，只要 S_1、S_2 两个开关中有一个接通，它就发光。"灯泡 L 发光"和"开关 S_1 闭合"、"开关 S_2 闭合"两个条件之间就具有或逻辑关系。

图 10-6 是二极管或门电路，A、B 两个输入端只要有一个输入 +3V 例如 A 端，VD_1 优先导通，输出端 Y 的电位被钳制在 +3V，从而迫使 VD_2 处于反偏而截止；若两端都输入 +3V，则 VD_1、VD_2 同时导通，输出仍为 +3V；只有两端都输入 0V 时，输出端才是 0V。可见输出端 Y 与输入 A、B 之间符合或逻辑关系。

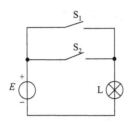

图 10-5　或逻辑关系

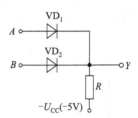

图 10-6　二极管或门电路

或门电路的逻辑状态表见表 10-3。

表 10-3　或门电路的逻辑状态表

A	B	Y	A	B	Y
0	0	0	1	0	1
0	1	1	1	1	1

或逻辑用逻辑表达式表示如下

$$Y = A + B \tag{10-6}$$

逻辑或运算有以下几种情况

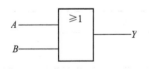

图 10-7　或门电路符号

$$0 + 0 = 0$$
$$0 + 1 = 1$$
$$1 + 0 = 1$$
$$1 + 1 = 1$$

或逻辑门电路的逻辑符号见图 10-7。

可用二极管组成更多输入端的或门电路，读者不难自行推导，此处不再赘述。

10.2.3　非门电路

非逻辑关系是指结果与条件相反，也称为逻辑反。例如图 10-8 中的灯泡 L，开关 S 闭合时它不亮，开关断开时它却亮，"开关 S 闭合"和"灯泡 L 亮"之间的逻辑关系就是非逻辑关系。

图 10-9 是三极管非门电路，当输入端 A 为高电平时，三极管 VT 饱和导通，Y 端输出低电平；当 A 端输入低电平时，三极管 VT 截止，Y 端输出高电平。所以非门电路也称反相器，加负电源 U_{BB} 是为了使三极管可靠截止。

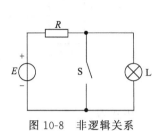

图 10-8　非逻辑关系

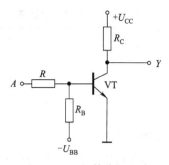

图 10-9　三极管非门电路

非门电路的逻辑状态表见表 10-4。

表 10-4　非门电路的逻辑状态

A	Y
0	1
1	0

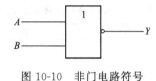

图 10-10　非门电路符号

非逻辑关系的逻辑表达式为

$$Y = \overline{A} \tag{10-7}$$

它的运算只有两种情况

$$\overline{0} = 1$$
$$\overline{1} = 0$$

非门的逻辑符号见图 10-10。

10.2.4　复合门电路

实际的逻辑问题往往要比与、或、非复杂得多，常常需要用与、或、非的组合来实现。常见的复合逻辑有与非、或非、与或非、异或、同或等。

(1) 与非门电路

与非门电路是与门和非门的组合，其逻辑表达式为

$$Y = \overline{A \cdot B} \tag{10-8}$$

与非门的逻辑状态表见表 10-5，逻辑电路符号如图 10-11 所示。

表 10-5　与非门的逻辑状态表

A	B	Y
0	0	1
0	1	1
1	0	1
1	1	0

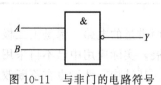

图 10-11　与非门的电路符号

(2) 或非门电路

或非门电路是或门和非门的组合，其逻辑表达式为

$$Y = \overline{A + B} \tag{10-9}$$

或非门的逻辑状态表见表 10-6，逻辑电路符号如图 10-12 所示。

表 10-6 或非门的逻辑状态表

A	B	Y
0	0	1
0	1	0
1	0	0
1	1	0

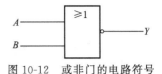

图 10-12 或非门的电路符号

(3) 与或非门电路

与或非门电路由与门、或门和非门组成,其逻辑表达式为

$$Y=\overline{A \cdot B + C \cdot D} \tag{10-10}$$

与或非门的逻辑状态表见表 10-7,逻辑电路符号如图 10-13 所示。

表 10-7 与或非门的逻辑状态表

A	B	C	D	Y
0	0	0	0	1
0	1	0	1	1
1	0	1	0	1
1	1	1	1	0
0	0	0	1	1
0	1	0	0	1
·	·	·	·	·
·	·	·	·	·
·	·	·	·	·
·	·	·	·	·

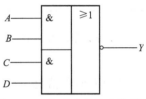

图 10-13 与或非门的电路符号

(4) 异或门电路

异或门电路的特点是当两个输入端信号不同时输出为"1";相同时输出为"0"。它的逻辑表达式为

$$Y=\overline{A} \cdot B + A \cdot \overline{B} \tag{10-11}$$

或写成

$$Y=A \oplus B \tag{10-12}$$

异或门的逻辑状态表见表 10-8,逻辑电路符号如图 10-14 所示。

表 10-8 异或门的逻辑状态表

A	B	Y
0	0	0
0	1	1
1	0	1
1	1	0

图 10-14 异或门的电路符号

前面讲过的电路,都是由二极管、三极管组成的简单的分立元件电路,随着集成电路技术的发展,实际应用中已不再采用分立元件电路。非常复杂的逻辑电路完全可以集成在一个芯片上,其结构、性能也在不断改进,如提高输入电阻、降低输出电阻以提高带负载能力、降低自身损耗、提高工作速度、提高抗干扰能力等等。产品也有很多品种,如 TTL(Transistor-Transistor Logic)电路、CMOS(Complementary Metal-Oxide-Semiconductor)电路等等。型号、系列也有多种并且不断更新,对于这些具体产品,本书不再详细介绍。书后列出了常用集成门电路的型号及名称,供读者选用时参考。

【例 10-3】 在图 10-1(b) 所示电路中,测定电机转速时,必须用一个门电路来限定在一个单位时间（1秒）内的脉冲信号通过。试选择一种门电路来实现这一功能。

【解】 用一个有两个输入端的与门电路即可实现上述功能，如图 10-15 所示。

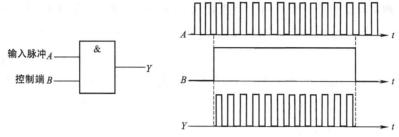

图 10-15 【例 10-3】的图

以 B 端作为控制端，当 B 端输入为"1"时，Y 端的输出信号与 A 端的输入信号相同，相当于门被打开，信号通过了这个门；当 B 端输入为"0"时，不论 A 端输入信号为何种状态，Y 端输出均为"0"，相当于门被关闭，信号不能通过这个门。因此，只要控制端 B 输入为"1"的时间为一个单位时间（1秒），通过的脉冲信号就被限定在此时间之内。

用一个有两个输入端的或门电路也可实现【例 10-3】的功能，有兴趣的读者请自行完成。

【例 10-4】 图 10-16(a) 所示逻辑电路的输入信号波形如图 10-16(b) 所示，试画出输出端 Y 的信号波形。

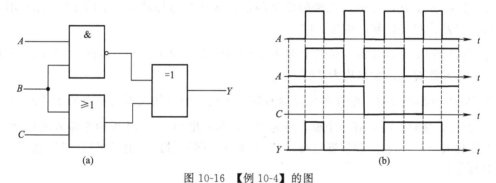

图 10-16 【例 10-4】的图

【解】 根据图示逻辑电路写出输出端

逻辑表达式为 $Y=\overline{A \cdot B} \oplus (B+C)$。根据各段时间 A、B、C 的状态求出相应 Y 的状态，计入表 10-9，并画出 Y 的波形如图 10-16(b) 所示。

表 10-9 【例 10-4】的逻辑状态表

A	B	C	Y	A	B	C	Y
0	0	1	0	1	1	0	1
1	1	1	1	0	0	0	1
0	1	1	0	1	1	1	0
1	0	1	0	0	1	1	0
0	1	0	0				

10.3 触发器

触发器是一种具有记忆功能的逻辑元件，它有两个相反的稳定输出状态。现在的触发器都由集成门电路组成。为了了解触发器的功能，下面首先介绍一种最简单的触发器。

10.3.1 基本 RS 触发器

基本 RS 触发器是由两个集成与非门或者或非门各自的输入、输出端相互交叉耦合而成的。图 10-17(a) 是由与非门构成的基本 RS 触发器，图 10-17(b) 是它的代表符号。$\overline{S}_D$、$\overline{R}_D$ 是输入端，$\overline{S}_D$ 称为置位端（置 "1" 端），$\overline{R}_D$ 称为复位端（置 "0" 端）；Q 是输出端，通常说触发器为 "0" 状态或 "1" 状态，就是指输出端 Q 的状态。此外，还有另一端永远输出与 Q 端相反的信号，记为 $\overline{Q}$ 端，并在这一端标注有一个小圆圈。

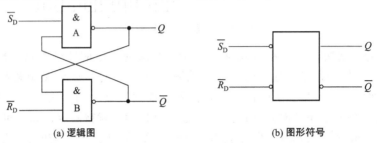

(a) 逻辑图   (b) 图形符号

图 10-17 　基本 RS 触发器

基本 RS 触发器的工作过程如下。

① 当 $\overline{S}_D=0$，$\overline{R}_D=1$ 时，无论触发器的初始状态为何种状态，由图 10-17(a) 不难确定，此时触发器 Q 端的输出均为 "1"。

② 当 $\overline{R}_D=0$，$\overline{S}_D=1$ 时，无论触发器的初始状态为何种状态，由图 10-17(a) 不难确定，此时触发器 Q 端的输出均为 "0"。

③ 当 $\overline{R}_D=\overline{S}_D=1$ 时，触发器保持原有状态不变。假设触发器的初态处于 "0" 态，即 $Q=0$，$\overline{Q}=1$，这时，门 B 有一个输入端为 "0"，其输出 $\overline{Q}=1$；门 A 两个输入端均为 "1"，所以其输出 $Q=0$。可见，触发器保持 "0" 态不变。同样触发器也可保持 "1" 态不变，读者可自行分析。

④ 当 $\overline{R}_D=\overline{S}_D=0$ 时，门 A、门 B 均输出 "1" 态，这就不能满足 Q、$\overline{Q}$ 为互补输出的要求。而且，当负脉冲同时撤除后，触发器将由各种偶然因素决定其最终状态，它究竟稳定在 "0" 态还是 "1" 态是无法确定的。因此，基本 RS 触发器在使用中应禁止出现这种情况，它的输入信号之间是存在约束关系的。

表 10-10 和图 10-18 给出了基本 RS 触发器输入、输出端的逻辑关系及工作波形，希望有助于读者进一步理解其工作特征。

表 10-10 　基本 RS 触发器的逻辑状态表

$\overline{S}_D$	$\overline{R}_D$	Q
1	1	保持不变
0	1	1(置 1)
1	0	0(置 0)
0	0	不定

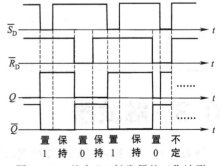

图 10-18 　基本 RS 触发器的工作波形

由上述分析可以看出，图 10-17(a) 所示基本 RS 触发器的置位（$\bar{S}_D$）、复位（$\bar{R}_D$）信号低电平有效，即需要负脉冲（"0" 电平）来置 "1" 或置 "0"。所以在符号图的引出线前有一个小圆圈（若无此小圆圈表明要用正脉冲触发，或非门构成的基本 RS 触发器是用正脉冲触发的）。

10.3.2 同步 RS 触发器

当整个数字电路中有多个触发器时，往往需要各个触发器协调动作，步调一致，这时就需要用一个统一的脉冲信号进行控制。因而出现了同步 RS 触发器。

在基本 RS 触发器的基础上，再增加两个与非门 C 和 D（称为控制门），就构成了同步 RS 触发器，如图 10-19(a) 所示，与基本 RS 触发器相比，它增加了三个输入端，其中，CP 称为时钟脉冲输入端；S、R 称为同步置位、复位端，其作用受控于 CP，置 "1" 或 "0" 时都用正脉冲触发，所以符号图中不标小圆圈，如图 10-19(b) 所示；$\bar{S}_D$、$\bar{R}_D$ 仍具有置位、复位功能，但与 S、R 所不同的是，其作用不受 CP 的控制，故又称为异步置位、复位端。

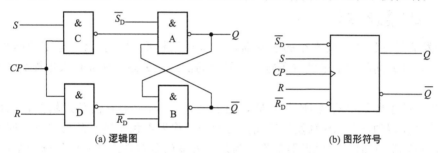

(a) 逻辑图　　　　　　　　　　(b) 图形符号

图 10-19　同步 RS 触发器

下面简要叙述同步 RS 触发器的工作过程。

① 当异步输入端 $\bar{S}_D$、$\bar{R}_D$ 有效（$\bar{S}_D = 0$，$\bar{R}_D = 1$ 或 $\bar{R}_D = 0$，$\bar{S}_D = 1$）时，触发器不受 CP 的控制直接置 "1" 或置 "0"。

② 当异步输入端 $\bar{S}_D$、$\bar{R}_D$ 无效（$\bar{S}_D = \bar{R}_D = 1$）时，$CP$ 控制触发器的动作。

· 当 $CP = 0$ 时，门 C、D 被封锁，此时，不论 S、R 为何种状态，控制门输出均为 "1"。触发器保持原有状态不变。

· 当 $CP = 1$ 时，门 C、D 被打开，此时，S、R 端的信号通过控制门传递到门 A 和门 B 的输入端使触发器置 "1" 或置 "0"。因为控制门是与非门，所以 S、R 端需要输入正脉冲，通过控制门才能转换成负脉冲使触发器置 "1" 或置 "0"。

表 10-11 列出了同步 RS 触发器各输入端信号与输出之间的关系，图 10-20 示出了其工作波形。

表 10-11　同步 RS 触发器输入与输出之间的关系

$\bar{S}_D$　$\bar{R}_D$	CP	S　R	Q^{n+1}
0　1	×	×　×	1（异步置 1）
1　0	×	×　×	0（异步置 0）
1　1	0	×　×	Q^n（保持）
	1	0　0	Q^n（保持）
		0　1	0（同步置 0）
		1　0	1（同步置 1）
		0　1	Φ（不定）

注：Q^n 表示 CP 到来之前触发器的输出状态，称初态；

Q^{n+1} 表示 CP 作用之后触发器的输出状态，称次态。

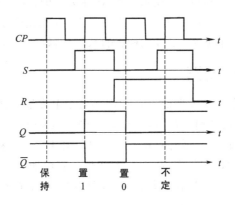

图 10-20 同步 RS 触发器的工作波形

10.3.3 JK 触发器

JK 触发器是一种功能最齐全的触发器，有多种结构形式，但无论是哪种结构，与 RS 触发器相比，其共同的特征是消除了输入信号之间的约束关系，从而极大地提高了使用的灵活性。

国内生产的主要是主从型 JK 触发器，图 10-21(a) 所示为其内部逻辑图，它由两个受互补脉冲信号控制的同步 RS 触发器组成，两者分别称为主触发器和从触发器。时钟脉冲到来（CP 从 0 变到 1）时，主触发器动作，为从触发器的翻转作准备；时钟脉冲结束（CP 从 1 变到 0）时，从触发器动作，输出信息。

图 10-21(b) 所示为主从 JK 触发器的符号图，由于它是在时钟脉冲的下降沿触发翻转的，所以时钟脉冲输入端标一个小圆圈。

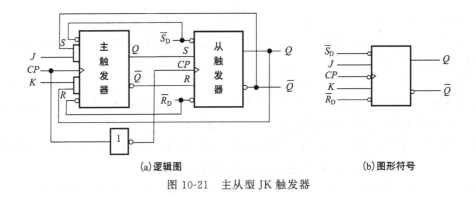

(a)逻辑图　　　　　　　　　　　　　　　　　　(b)图形符号

图 10-21 主从型 JK 触发器

$\overline{S}_D$、$\overline{R}_D$ 仍称为异步置位、复位端，它们不受 CP 的控制，可用负脉冲直接置"1"或置"0"。不用时，$\overline{S}_D$、$\overline{R}_D$ 应保持"1"态。

表 10-12 列出了 JK 触发器的逻辑状态，由表可以看出，JK 触发器不会出现不确定的状态，输入信号之间不存在约束关系。另外，还需要说明的一点是，当 $J=K=1$ 时，时钟脉冲输入后，触发器在原有状态下翻转一次，原来为"0"翻转为"1"，原来为"1"翻转为"0"。这样，若连续施加时钟脉冲，则可累计脉冲的数目，称为计数工作状态。

表 10-12　主从 JK 触发器的逻辑状态

J	K	Q^{n+1}	J	K	Q^{n+1}
0	0	Q^n（保持）	1	0	1（置 1）
0	1	0（置 0）	1	1	$\bar{Q}^n$（翻转）

JK 触发器的功能可用方程表示如下

$$Q^{n+1} = J\,\bar{Q}^n + \bar{K}Q^n \tag{10-13}$$

【**例 10-5**】　图 10-22（a）所示波形为主从 JK 触发器输入端的状态波形，（$\bar{S}_D$、$\bar{R}_D$ 不用，保持"1"状态），试画出输出端 Q 的状态波形，已知触发器的初始状态为 $Q_0 = 1$。

【**解**】　根据 JK 触发器的功能特点，可画出输出端 Q 的波形如图 10-22（b）所示。

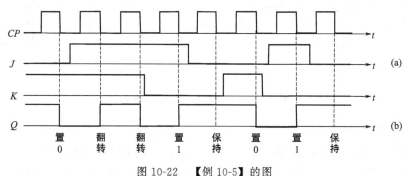

图 10-22　【例 10-5】的图

10.3.4　D 触发器

D 触发器的结构很多，国内生产的主要是维持阻塞型 D 触发器，它是一种边沿触发器。D 触发器的符号见图 10-23，它只有一个同步输入端 D，图形符号中 CP 端不标注小圆圈，表明触发器在时钟脉冲上升沿触发。D 触发器的输出决定于时钟脉冲到来之前时 D 的状态，其逻辑状态表见表 10-13。逻辑功能可用方程表示如下

$$Q^{n+1} = D \tag{10-14}$$

D 触发器仍保留有 $\bar{S}_D$、$\bar{R}_D$ 端，其功能及用法同前。

表 10-13　D 触发器的逻辑状态

D	Q^{n+1}
0	0
1	1

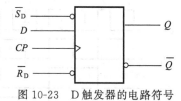

图 10-23　D 触发器的电路符号

10.4　计数器

计数器的功能是累计输入脉冲的个数，在计算机和数字逻辑系统中，计数器是基本部件之一。计数器的种类很多，按照计数器中触发器的触发方式分，有同步计数器和异步计数器之分；按照计数规律分，有加法计数器、减法计数器、可逆（可加、可减）计数器之分；按照数的进位方式分，有二进制计数器、十进制计数器、N 进制计数器等。下面简要介绍几

种常用的计数器。

10. 4. 1 二进制计数器

图 10-24 是用 JK 触发器组成的异步四位二进制计数器，各触发器的 $J=K=1$，触发器处于计数状态。由于各触发器受不同的脉冲触发（$CP_1=CP$，$CP_2=Q_1$，$CP_3=Q_2$，$CP_4=Q_3$），所以称为异步计数器。其工作原理如下。

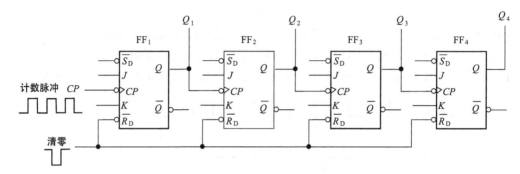

图 10-24 异步四位二进制计数器

首先，利用四个触发器的 $\overline{R}_D$ 端，同时输入一个负脉冲，使其全部置"0"，称为清零。这时计数器的输出端 $Q_4Q_3Q_2Q_1$ 成为"0000"状态，对应十进制数的"0"。

当第一个计数脉冲到来时，其下降沿触发 FF_1 翻转，Q_1 由 0→1，这时，由于 FF_2、FF_3、FF_4 没有接收到触发脉冲，故仍然保持原态，计数器的状态 $Q_4Q_3Q_2Q_1=0001$，相当于十进制数的"1"。

当第二个计数脉冲到来时，其下降沿触发 FF_1 翻转，Q_1 由 1→0，这时 FF_2 接收到触发脉冲（Q_1 ⌐_）被触发，Q_2 由 0→1，FF_3、FF_4 没有接收到触发脉冲，仍然保持原态，计数器的状态 $Q_4Q_3Q_2Q_1=0010$，相当于十进制数的"2"。

依此类推，随着计数脉冲逐一输入 FF_1，后面的触发器将依次翻转，前一位触发器翻转两次即形成一个完整的进位脉冲，使后一位触发器翻转一次。计数器的状态随计数脉冲的不断输入按递增规律计数，故该触发器又称为加法计数器，其工作波形如图 10-25 所示。

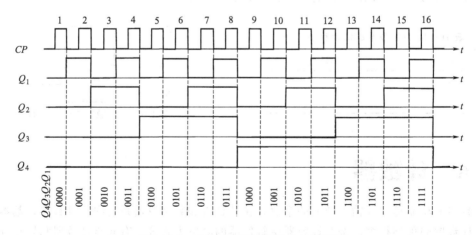

图 10-25 四位二进制计数器的工作波形

四位二进制计数器可以累计从 0 到 15 共 16 个数，照此原理可以组成更多位的二进制计数器，若位数为 n，则可累计的数为 2^n。

10.4.2 十进制计数器

二进制计数器结构简单，但读数不习惯，所以在有些场合采用十进制计数器较为方便。前面已经讲过最常用的 8421 编码方式，是取四位二进制数的前十种组合"0000～1001"来表示十进制数的 0～9 十个数码的，这样，便可用四位二进制计数器从 0 计到 9（即从 0000～1001）之后，越过其后 6 种状态，直接恢复到 0（即 0000），并向上发出进位脉冲，构成一位十进制计数器。

依据上述思想组成的十进制计数器如图 10-26 所示。

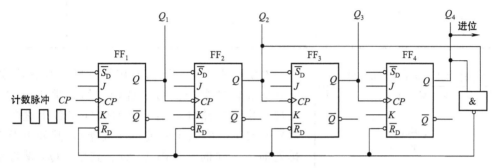

图 10-26 十进制计数器

从图中可见，计数器输出端 Q_4 和 Q_2 接到一个与非门的输入端，这个与非门称为反馈与非门，它的输出端接到所有触发器的置"0"端（$\bar{R}_D$）。

计数器从初始状态 0000 开始计数，一直到 1001（十进制的 9），反馈与非门的输入，要么全是 0，要么一个是 1 另一个是 0，所以输出一直是 1。当第 10 个脉冲输入时，计数器将变到 1010 状态，此时反馈与非门的输出 $\bar{R}_D = \overline{Q_4 Q_2} = \overline{1 \cdot 1} = 0$，故所有触发器全部置 0，计数器又回到起始状态 0000。这种方法称为反馈复零法。

Q_4 端可接到高一位的计数器，当计数到 10 时，向上发出进位脉冲。

表 10-14 示出了十进制计数器的状态表，由表可以看出，当计数到 8 时，Q_4 端由 0 变为 1，相当于进位脉冲的上升沿；计数到 10 时，Q_4 端又由 1 变为 0，相当于进位脉冲的下降沿，这样便构成一个完整的进位脉冲，并在其下降沿到来时，使高一位的计数器计数。

反馈复零法的电路简单，但可靠性差。例如在图 10-26 所示的十进制计数器中，当计数到 10 时，要求触发器 FF_4、FF_2 在反馈信号作用下同时复零，若翻转时间稍有不同，例如 FF_2 先复零，反馈与非门的输入端就不再全是 1，其输出端恢复为 1，而 FF_4 还来不及复零，这就造成了差错。

表 10-14 十进制计数器的状态表

计数顺序	电路状态				对应十进制数
	Q_4	Q_3	Q_2	Q_1	
0	0	0	0	0	0
1	0	0	0	1	1
2	0	0	1	0	2

续表

计数顺序	电路状态				对应十进制数
	Q_4	Q_3	Q_2	Q_1	
3	0	0	1	1	3
4	0	1	0	0	4
5	0	1	0	1	5
6	0	1	1	0	6
7	0	1	1	1	7
8	1	0	0	0	8
9	1	0	0	1	9
10	0	0	0	0	0

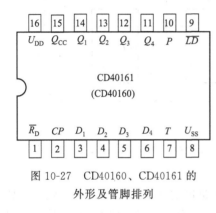

图 10-27 CD40160、CD40161 的外形及管脚排列

在实际应用中，不需要用触发器去组成计数器，已有集成计数器产品可供选用。例如常用的 CMOS 中规模集成电路计数器 CD40160（BCD 十进制计数器）和 CD40161（十六进制计数器），其外形及管脚排列都是一样的，见图 10-27。其中，Q_{CC} 是进位脉冲输出端，$\overline{R}_D$ 是异步清零端，CP 是上升沿计数触发，P、T 和 $\overline{LD}$ 一般接高电平。它们的区别在于 CD40160 是在 1001 后再来一个脉冲，Q_{CC} 进位，Q_4、Q_3、Q_2、Q_1 复零，是十进制计数器；CD40161 是在 1111 后再来一个脉冲，Q_{CC} 进位，Q_4、Q_3、Q_2、Q_1 复零，是十六进制计数器。

10.4.3 任意进制计数器

用前面讲过的反馈复零法，可以在二进制计数器的基础上构成任意进制计数器。例如，构成六进制计数器，因为 6 的二进制代码是 0110，所以把 Q_3、Q_2 两个输出端接到反馈与非门的输入端即可。开始计数时，反馈与非门输出为 1，计数到 6 时，反馈与非门输出为 0，使所有触发器全部置 0，回到 0000 状态。再例如，构成 12 进制计数器，12 的二进制代码是 1100，将 Q_4、Q_3 接到反馈与非门的输入端即可。其余类推。

在实际应用中，可直接选用集成电路产品。

【例 10-6】 数字钟的时计数是 24 进制，分计数和秒计数是 60 进制，试利用两片 CD40160 接成一个 24 进制计数器和一个 60 进制计数器。

【解】 将一片 CD40160 作为个位 10 进制，另一片作为十位，个位片 CD40160 的 Q_{CC} 作为十位片的进位脉冲，通过非门接至十位片 CD40160 的 CP 端。24 的个位 BCD 码为 0100，十位 BCD 码为 0010，利用反馈复零法，把个位片 CD40160 的 Q_3 与十位片 CD40160 的 Q_2 通过与非门接到个位片和十位片的清零端 $\overline{R}_D$，使计数器复零，如图 10-28(a) 所示。同理，可构成 60 进制计数器，如图 10-28(b) 所示。

计数器还可以用作分频器，例如二进制计数器高一位信号频率是低一位信号频率的 1/2，十进制计数器则为 1/10，N 进制为 1/N，这就是分频功能。例如，电子手表就是由石英振荡器产生高稳定的 32768（2^{15}）Hz 基准信号，而后经 15 级二分频获得秒脉冲的。

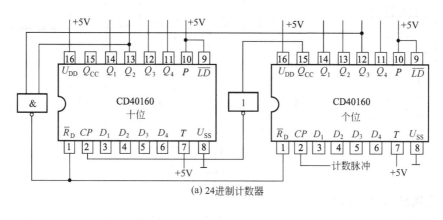

(a) 24进制计数器

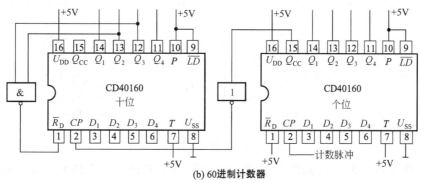

(b) 60进制计数器

图 10-28 【例 10-6】的图

10.5 译码及显示电路

在数字仪表、计算机控制和其他数字系统中，常常要把测量数据和运算结果用十进制数显示出来，这就要用到译码器和显示器。

10.5.1 常用显示器件

显示器件的品种很多，现介绍常用的两种。

（1）发光二极管（LED）

在第 7 章已经讲过，发光二极管在外加正向电压时，可以发出一定波长的可见光。例如，磷砷化镓发光二极管发出的光是橙红色，砷化镓则可发出绿色光。

用七个条形发光二极管，组成七段笔画数码字形就构成了 LED 数码管，如图 10-29（a）所示。发光的笔画不同即可显示从 0 到 9 十个不同的数字。例如当 $a \sim f$ 七个字段全亮时，显示字符 8；当 b、c 段亮时，显示字符 1。

数码管中的七个发光二极管有共阳极和共阴极两种接法，如图 10-29（b）所示，相应地分别需要低电平和高电平去驱动。

LED 数码管的工作电压低、体积小、寿命长、显示清晰、可靠性高，缺点是工作电流大。

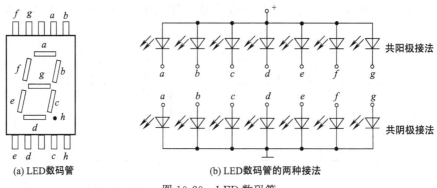

(a) LED数码管

(b) LED数码管的两种接法

图 10-29　LED 数码管

（2）液晶显示器（LCD）

液晶是一种既有液体流动性又有晶体光学特性的有机化合物。液晶显示器的结构见图10-30。

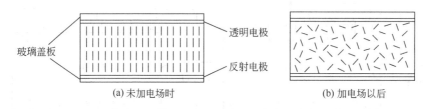

(a) 未加电场时

(b) 加电场以后

图 10-30　液晶显示器的结构

在没有外加电场时，液晶的分子按一定的取向整齐排列，为透明状态，射入的光线由反射电极反射回来，显示器呈白色。如果在电极间加上电压，液晶在外电场作用下电离，正离子撞击液晶分子，使液晶呈混浊状态，射入的光线散射后仅有少量能反射回来，故显示器呈暗灰色，从而显示出笔画。外电场消失后，液晶又回到整齐排列的状态。

液晶显示器功耗极小，电压很低，因此广泛地应用在电子手表、计算器以及一些小型便携仪器中，其缺点是显示亮度较差。

10. 5. 2　译码及显示电路

图 10-31 是一位十进制计数器的译码、显示电路框图。计数脉冲输入计数器，转换成 Q_4、Q_3、Q_2、Q_1 与之对应的十种状态，即 BCD 码输出。将 Q_4、Q_3、Q_2、Q_1 输入显示译码器，再转换成显示器所需的信号，通过 $1\sim2k\Omega$ 的限流电阻接到对应的显示段。若数码管为共阴极接法，在七个笔画中，应显示的笔画需要高电平 1 驱动；不显示的笔画为低电平0。把译码器输入与输出信号的关系列表进行比较，见表 10-15。

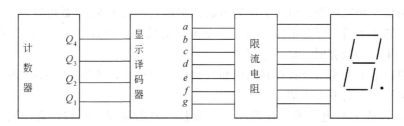

图 10-31　计数、译码、显示电路框图

表 10-15　显示译码器输入、输出状态表

数　字	译码器输入				译码器输出							显示字形
	Q_4	Q_3	Q_2	Q_1	a	b	c	d	e	f	g	
0	0	0	0	0	1	1	1	1	1	1	0	0
1	0	0	0	1	0	1	1	0	0	0	0	1
2	0	0	1	0	1	1	0	1	1	0	1	2
3	0	0	1	1	1	1	1	1	0	0	1	3
4	0	1	0	0	0	1	1	0	0	1	1	4
5	0	1	0	1	1	0	1	1	0	1	1	5
6	0	1	1	0	1	0	1	1	1	1	1	6
7	0	1	1	1	1	1	1	0	0	0	0	7
8	1	0	0	0	1	1	1	1	1	1	1	8
9	1	0	0	1	1	1	1	1	0	1	1	9

下面对显示译码电路加以说明，假设计数到 3，计数器输出将是 0011，即译码器输入端的状态将是 $Q_4=0$、$Q_3=0$、$Q_2=1$、$Q_1=1$。由表 10-15 可以看出，译码器输出端的状态将是 $a=1$，$b=1$，$c=1$，$d=1$，$e=0$，$f=0$，$g=1$。它将 a、b、c、d、g 几个笔画点亮，显示字形 3。其余数字，读者可逐一自行验证。

现在的计数器、译码器，都有集成电路产品，无需用触发器或者门电路自行组合，只需要按产品说明把管脚正确连接即可。

10.6　555集成定时器及其应用

555 集成定时器是由模拟电路和数字电路组合而成的多用途单片集成电路，只需配置少量的外部元件，就可组成多种功能电路。因为使用灵活方便，所以应用十分广泛。国内外都有这种产品，所有双极型产品型号最后三位数码都是 555；所有 CMOS 产品型号最后四位数码都是 7555。它们的逻辑功能和引线排列也相同。

10.6.1　555定时器的电路组成及功能特点

图 10-32 是 555 定时器的逻辑电路。它可分为几个部分。

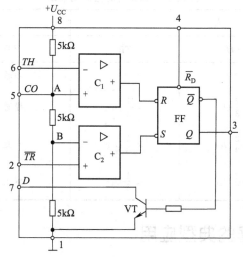

图 10-32　555 集成定时器

（1）分压器

由三个 $5\text{k}\Omega$ 的电阻串联组成，连接电源电压 U_{CC}。给比较器 C_1、C_2 提供基准电压 U_A 和 U_B，其中 $U_A = \frac{2}{3}U_{CC}$，$U_B = \frac{1}{3}U_{CC}$。

若需改变基准电压，可从控制电压输入端（CO 端）输入外加基准电压，若不用 CO 端，可串联 $0.01\mu\text{F}$ 电容接地以消除高频干扰。

（2）触发器

FF 是一个 RS 触发器，其输出端 Q 即为 555 定时器的输出，该端的状态由 RS 触发器的置"1"端（S 端）和置"0"端（R）的状态决定。

$\overline{R}_D$ 是强制复位端，可用负脉冲对输出端清零，不用时接到电源上使其保持"1"状态。

（3）比较器

C_1、C_2 是由集成运放构成的电压比较器，它们的输出端分别接到 RS 触发器的 R 和 S 端，它们的输入端分别与基准电压进行比较。

若 TH 端的输入电压低于 U_A（即 $< \frac{2}{3}U_{CC}$），C_1 输出高电位，触发器的状态保持不变；

若 TH 端的输入电压高于 U_A（即 $> \frac{2}{3}U_{CC}$），C_1 输出低电位，使触发器置"0"。因此，TH 端称为高电平触发端。

若 $\overline{TR}$ 端的输入电压高于 U_B（即 $> \frac{1}{3}U_{CC}$），C_2 输出高电位，触发器的状态保持不变；

若 $\overline{TR}$ 端的输入电压低于 U_B（即 $< \frac{1}{3}U_{CC}$），C_2 输出低电位，使触发器置"1"。因此，$\overline{TR}$ 端称为低电平触发端。

（4）放电开关

三极管 VT 的基极接触发器的 $\overline{Q}$ 端，当 555 定时器的输出 $Q=0$ 时，$\overline{Q}=1$，VT 导通；当 $Q=1$ 时，$\overline{Q}=0$，VT 截止。

555 定时器的外部功能如表 10-16 所示。

表 10-16　555 定时器的功能表

输　入			输　出	
$\overline{R}_D$	TH	$\overline{TR}$	VT	Q
0	$\times$	$\times$	导通	低
1	$> \frac{2}{3}U_{CC}$	$> \frac{1}{3}U_{CC}$	导通	低
1	$< \frac{2}{3}U_{CC}$	$> \frac{1}{3}U_{CC}$	不变	不变
1	$< \frac{2}{3}U_{CC}$	$< \frac{1}{3}U_{CC}$	截止	高

10.6.2　555 定时器的典型应用

555 定时器可构成施密特触发器、单稳态触发器及自激多谐振荡器等脉冲信号产生与变

换电路，在波形的产生与变换、测量与控制、定时电路、家用电器、电子玩具、电子乐器等
方面有广泛的应用。

（1）施密特触发器（脉冲波形整形电路）

由555定时器构成的施密特触发器电路及工作波形如图10-33(a)所示。

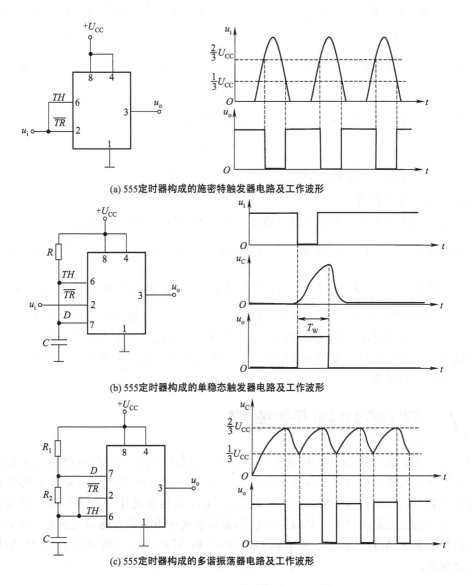

(a) 555定时器构成的施密特触发器电路及工作波形

(b) 555定时器构成的单稳态触发器电路及工作波形

(c) 555定时器构成的多谐振荡器电路及工作波形

图10-33 555定时器的典型应用电路

由电路可知，若输入信号电压 u_i 不是规则的方波，当 u_i 上升到大于 $\frac{2}{3}U_{CC}$ 时，输出端
被置"0"；当 u_i 下降到小于 $\frac{1}{3}U_{CC}$ 时，输出端被置"1"。这样输出端得到的就是规则的方波
电压信号 u_o。

（2）单稳态触发器

单稳态触发器只有一个稳态，在外加触发脉冲作用下，电路由稳态翻转到暂稳态，暂稳

态维持一段时间后可自动回到稳态。由 555 定时器构成的单稳态触发器电路及工作波形如图 10-33(b) 所示。

当未加触发脉冲（u_i 为高电平）时，由于 $\overline{TR}=1$，所以输出为 0 状态，此时放电管 T 导通，电容两端的电压 $u_C=0$。

当从 $\overline{TR}$ 端输入负脉冲进行触发（即 u_i 从 1 变 0）时，输出端将翻转为 1 态，但这只是暂时的，因为 $Q=1$，$\overline{Q}=0$，放电管截止，电源（$+U_{CC}$）开始通过电阻 R 向电容 C 充电，当电容两端的电压 u_C 达到 $\frac{2}{3}U_{CC}$ 时，555 定时器被 TH 端"高触发"，输出端又翻转到 0 状态。$Q=0$，$\overline{Q}=1$，放电管又导通，电容放电，又全部回到原来的状态。

电路处于暂稳态的时间与 RC 电路的充电时间有关，可以证明

$$T_W=1.1RC \tag{10-15}$$

单稳态触发器可用于延时、定时，也可用于脉冲整形。

(3) 自激多谐振荡器

由 555 定时器构成的多谐振荡器电路及工作波形如图 10-33(c) 所示。

接通电源，$+U_{CC}$ 通过电阻 R_1、R_2 向电容 C 充电，至 $u_C>\frac{2}{3}U_{CC}$ 时，555 定时器被 TH 端"高触发"，输出 0 态，同时，放电管导通，u_C 通过电阻 R_2 对地放电，至 $u_C<\frac{1}{3}U_{CC}$ 时，555 定时器被 $\overline{TR}$ 端"低触发"，输出 1 态，同时放电管截止，$+U_{CC}$ 再次向电容 C 充电……，如此周而复始，输出端将输出一定频率的方波电压。因为方波包含有多种谐波成分，所以称为多谐振荡器。多谐振荡器可用作脉冲信号发生器。调节 R_1、R_2 和 C 的大小可以改变振荡波形的周期。

10.7 数/模和模/数转换

模拟信号是无法直接用数字电路进行处理的，而数字信号在模拟电路中也不能直接应用，将连续变化的模拟信号转换成数字信号称为模/数（A/D）转换；将数字信号转换成模拟信号称为数/模（D/A）转换。A/D 转换器和 D/A 转换器的用途非常广泛，它是数字计算机用于生产过程控制的桥梁，是数字通信和遥测系统中不可缺少的组成部分，所有数字测量仪器的核心都是 A/D 转换器。本节以 DAC0832 和 ADC0809 为例简述 D/A 和 A/D 转换的思想及原理。

10.7.1 数/模（D/A）转换器

数/模（D/A）转换器接收数字信号，输出一个与输入数字量成正比的模拟电压或电流。D/A 转换器输入的数字量一般为 n 位二进制代码，并且需要一个参考电源 U_{REF}。将参考电压 U_{REF} 进行 2^n 等分，即 $\Delta=\dfrac{U_{REF}}{2^n}$，输入数字量乘以 Δ 就是 D/A 转换器的输出。例如四位 D/A 转换，在参考电压为 8V 时，$\Delta=\dfrac{U_{REF}}{2^n}=\dfrac{8}{2^4}=0.5\text{V}$，表 10-17 是输入数字量与输出电压之间的对应关系。

表 10-17　四位 D/A 转换器输入数字量与输出模拟电压之间的对应关系

数字输入	模拟输出/V	数字输入	模拟输出/V
0000	$0 \times 0 = 0$	1000	$8 \times 0.5 = 4.0$
0001	$1 \times 0.5 = 0.5$	1001	$9 \times 0.5 = 4.5$
0010	$2 \times 0.5 = 1.0$	1010	$10 \times 0.5 = 5.0$
0011	$3 \times 0.5 = 1.5$	1011	$11 \times 0.5 = 5.5$
0100	$4 \times 0.5 = 2.0$	1100	$12 \times 0.5 = 6.0$
0101	$5 \times 0.5 = 2.5$	1101	$13 \times 0.5 = 6.5$
0110	$6 \times 0.5 = 3.0$	1110	$14 \times 0.5 = 7.0$
0111	$7 \times 0.5 = 3.5$	1111	$15 \times 0.5 = 7.5$

n 位 D/A 转换器的输出电压为

$$U_O = \frac{U_{REF}}{2^n} (2^{n-1} d_{n-1} + 2^{n-2} d_{n-2} + \cdots + 2^1 d_1 + 2^0 d_0) \tag{10-16}$$

其中，d_i 是输入二进制数字量中对应位的 0、1 值。

DAC0832 是使用 CMOS 工艺制造的单片 8 位 D/A 转换集成电路，共 20 个管脚，是电流输出，当要求转换结果不是电流而是电压时，需要外加运算放大器。集成片内已设置了反馈电阻，使用时将 R_f 输出端（9 脚）接到运算放大器输出端即可。若运算放大器增益不够时，仍需外部串联反馈补偿电阻。

$D_7 \sim D_0$：8 位数字信号输入端，D_7 是最高位（MSB），D_0 是最低位（LSB）。

I_{O1}、I_{O2}：模拟电流输出端，I_{O1} 一般接运算放大器的反相输入端，I_{O2} 一般接地。

U_{CC}：电源电压端，一般为 $+5 \sim +15V$。

U_{REF}：参考电源输入端。

$\overline{CS}$：片选信号，低电平有效。

$DGND$：数字电路接地端。

$AGND$：模拟电路接地端，通常与 $DGND$ 相连。

ILE：输入锁存使能端，高电平有效。它与 WR_1、$\overline{CS}$ 信号共同控制输入寄存器选通。

WR_1：写信号 1，低电平有效。当 $\overline{CS} = 0$，$ILE = 1$ 时，WR_1 才能把数据总线上的数据输入寄存器中。

WR_2：写信号 2，低电平有效。与 $\overline{XFER}$ 配合，当二者均为 0 时，将输入寄存器中当前的值写入 DAC 寄存器中。

$\overline{XFER}$：控制传送信号输入端，低电平有效。用来控制 WR_2 选通 DAC 寄存器。

图 10-34 是将 DAC0832 接为直通形式。

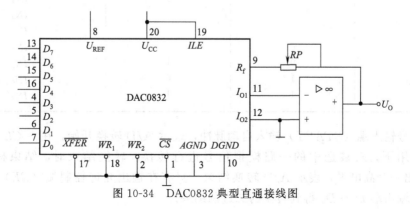

图 10-34　DAC0832 典型直通接线图

10.7.2 模/数（A/D）转换

模/数（A/D）转换器是用以将模拟信号转换成数字信号的电路。例如，需要把 $0 \sim$ U_{REF} 之间的模拟电压信号进行 4 位 A/D 转换时，将参考电压 U_{REF} 进行 2^n 等分，即 $\Delta = \dfrac{U_{REF}}{2^n}$，凡是在 $0\Delta \sim 1\Delta$ 内的输入模拟电压都转换为 0，输出二进制代码 0000；凡是在 $1\Delta \sim$ 2Δ 内的输入模拟电压都转换为 1，输出二进制代码 0001；凡是在 $2\Delta \sim 3\Delta$ 内的输入模拟电压都转换为 2，输出二进制代码 0010；…凡是在 $15\Delta \sim 16\Delta$ 内的输入模拟电压都转换为 15，输出二进制代码 1111。通过这样的转换，连续变化的模拟信号就被转换输出为一串 4 位二进制代码表示的数字信号。

输入的模拟信号是连续变化的电压或电流，通过 A/D 转换后输出的数字代码信号是在时间上不连续的信号，因此，在 A/D 进行转换时，需要在一个采样时钟信号控制下，按一定的时间间隔抽取模拟信号，称为采样。为了正确无误（不失真）地用采样信号来反映输入模拟信号的变化，则必须满足采样频率 f_s（采样周期 T_s 的倒数）大于或等于输入模拟信号的最高频率分量的频率 f_{imax} 的 2 倍，即

$$f_s \geqslant 2f_{imax} \qquad (10\text{-}17)$$

这就是采样定理，它规定了 A/D 转换频率的下限。

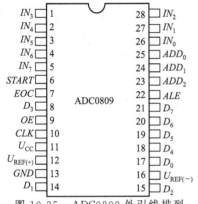

图 10-35 ADC0809 外引线排列

ADC0809 是 8 位 8 路 CMOS 集成 A/D 转换电路，共有 28 个端子，其引线排列如图 10-35 所示。

ADC0809 虽然可以输入 8 路模拟信号，但某一时刻只能对其中一路模拟输入进行转换，当 ALE 为低电平时，由 ADD_2、ADD_1、ADD_0 经过译码选择其中一路进行转换，选通关系见表 10-18。

表 10-18 ADC0809 的选通关系

地　址			被选模拟通路
ADD_2	ADD_1	ADD_0	
0	0	0	IN_0
0	0	1	IN_1
0	1	0	IN_2
0	1	1	IN_3
1	0	0	IN_4
1	0	1	IN_5
1	1	0	IN_6
1	1	1	IN_7

启动信号输入端（$START$）输入启动脉冲，表示 A/D 转换开始，在由 CLK 端输入的时钟脉冲作用下，对被选中的一路模拟信号进行转换。转换结束时，结束标志输出端（EOC）输出一个高电平，表示 A/D 转换结束。只有在输出允许控制端（OE）加高电平，才能从 8 位输出端 $D_7 \sim D_0$ 得到转换的二进制结果。

10.8 半导体存储器和可编程逻辑器件

10.8.1 半导体存储器

半导体存储器是用来存储大量二值（0、1）数据信息代码的一种半导体器件。近年来大规模集成电路的迅速发展，使得半导体存储器具有集成度高、体积小、存储信息容量大（如动态存储器容量达 10^9 位/片）、工作速度快（如高速随机存储器的存取时间仅 10ns 左右）的特点，因此在电子计算机和数字系统中得到广泛应用。

半导体存储器的种类很多，从存、取功能上可分为只读存储器（Read Only Memory，ROM）和随机存储器（Random Access Memory，RAM）两大类。从集成工艺的角度可分为双极型存储器和 MOS 存储器两大类，其中，双极型的速度快，但功耗大；MOS 型集成度高，功耗小，目前微型计算机系统中的内存均是 MOS 存储器。

（1）只读存储器（ROM）

ROM 虽然从字面上理解为只读存储器，但现在的 ROM 芯片均可写，按信息的写入方式可分为：固定 ROM（使用时无法再更改）、可编程 ROM（简称 PROM，只能写入一次）和可擦除可编程 ROM（简称 EPROM，可多次写）。由于 ROM 掉电后信息不丢失，所以常用来存储固定的数据和专用程序，另外还可用来实现指定的逻辑函数、产生脉冲信号、进行算术运算、数制间的转换及查表功能。下面主要介绍 EPROM。

可擦除可编程只读存储器（Erasable Programmable Read-Only Memory，EPROM）。由用户将自己所需要的信息代码写入存储单元内。如果要重新改变信息，只需擦除原先存入的信息再重新写即可。

① 光可擦除的可编程只读存储器（EPROM）

最早研究成功并投入使用的 EPROM 是用紫外线（或 X 射线）进行擦除的，并被称为 EPROM，这是早期对可擦除可编程 ROM 的通称，现在也称 UVEPROM。

使用较多的有 2716 型 EPROM，其存储容量为 2K×8 位，工作电压 $U_{CC}=+5V$，图 10-36 所示为 EPROM2716 的内部逻辑结构框图和引脚排列图。芯片表面有透明石英玻璃盖板，供紫外线照射用。数据写好检验完毕后，用不透明的胶带将石英盖板遮蔽，以防数据丢失。

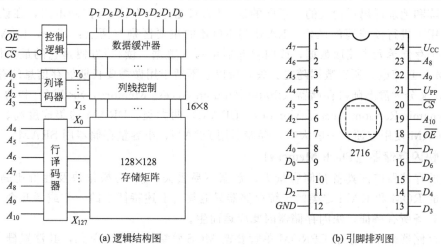

图 10-36 EPROM 2716

EPROM 2716 的存储矩阵组成方式为：地址码 $A_0 \sim A_3$ 通过列译码器译出 $Y_0 \sim Y_{15}$ 共 16 根列选择线，地址码 $A_4 \sim A_{10}$ 通过行译码器译出 $X_0 \sim X_{127}$ 共 128 根行选择线，而每根列选择线控制 $D_0 \sim D_7$ 代码输出。因此共构成 128×16×8 位的存储单元矩阵，即为 2K×8 位存储容量。

常用的 EPROM 还有：2732 为 4K×8 位，2764 为 8K×8 位，27128 为 16K×8 位，27256 为 32K×8 位等。其型号的后几位数表示存储容量，单位为 K。

② 电可擦除可编程只读存储器（E^2PROM）

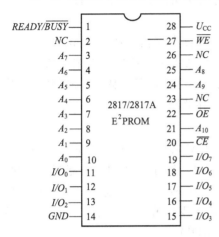

图 10-37　E^2PROM2817 引脚图

由于 EPROM 必须把芯片放在专用设备上用紫外线进行擦除，因此耗时较长，又不能在线进行，使用起来很不方便。后来出现了采用电信号擦除的可编程 ROM，称为 E^2PROM，它可进行在线擦除和编程。由于器件内部具有由 5V 产生 21V 的转变电路和编程电压形成电路，因此在擦除信息和编程时无需专用设备，且擦除速度较快。E^2PROM 存储单元结构有两种，一种为双层栅介质 MOS 管，另一种为浮栅隧道氧化层 MOS 管。后者型号有 2816/2816A、2817/2817A 均为 2K×8 位；2864 为 8K×8 位。它们的擦写次数可达 10^4 次以上。

图 10-37 所示为 2817/2817A 型 E^2PROM 芯片的引脚排列图，共 28 个引脚。电源电压 $U_{CC} = +5V$，$I/O_7 \sim I/O_0$ 为输入/输出端，$A_{10} \sim A_0$ 为地址输入端，$\overline{CE}$ 为片选控制输入，$\overline{WE}$ 为写控制输入、$\overline{OE}$ 为读出控制输入。$READY/\overline{BUSY}$ 为准备/忙输入。

当写入时，只需置 $\overline{CE} = 0$，$\overline{WE} = 0$，$\overline{OE} = 1$，$READY/\overline{BUSY} = 1$，加入地址码和存入数码即可。读出时，置 $\overline{CE} = 0$，$\overline{WE} = 1$，$\overline{OE} = 0$，$READY/\overline{BUSY}$ 为任意，即可输出对应地址码的存储数据。

E^2PROM 可以根据选择地址码按字节擦除和写入。也可以全部擦除和重写。

（2）随机存储器（RAM）

随机存储器（RAM）也称随机读/写存储器，从结构上来看，RAM 与 ROM 一样也是由存储矩阵和地址译码器构成的，不同的是，RAM 必须具有读/写控制电路，在读/写控制信号的作用下进行读或写的操作。RAM 与 ROM 的主要区别有两点：其一，RAM 可随时从任何一个存储单元中读取数据，或向存储器中写入数据，读/写方便是它的最大优点；其二，RAM 一旦掉电，所存数据随之丢失，所以它不适于用做需要长期保存信息的存储器。

RAM 又分为静态随机存储器（Static Random Access Memory，SRAM）和动态随机存储器（Dynamic Random Access Memory，DRAM）两大类。DRAM 的集成度高、功耗小，但不如 SRAM 使用方便。一般大容量存储器用 DRAM，小容量存储器用 SRAM。

（3）快闪存储器（Flash Memory）

理想的存储器应该具备存储容量大、数据不易丢失、读/写操作快及性价比高等特点，以上介绍的 ROM 和 RAM 之类的传统存储器只能具备上述特征中的一个或者几个，没有一种可同时具备所有特征，快闪存储器因此应运而生。

快闪存储器采用类似于 EPROM 单管叠栅 MOS 管结构的存储单元，其浮置栅与衬底间氧化层厚度更薄，且栅、源区面积较小，为新一代用电信号擦除的可编程 ROM。它具有结构简单、编程可靠、擦除快捷的特性，而且集成度可以很高，又能在线电擦除。但是它不能像 E^2PROM 那样按字节擦除，只能全片擦除。如 GM48F512 快闪存储器具有 512 字节（一字节为 8 位数码的存储单元），所有存储单元的电擦除最大时间为 7.5s。

快闪存储器具有成本低、使用方便等优点，可取代大容量的 EPROM 和 E^2PROM。有不少笔记本个人计算机已使用这种存储器。其使用还会扩大到数字音响、数字记录以及计算机软磁盘、硬磁盘和移动硬盘及 U 盘，MP3、MP4 等领域。其存储容量逐年提高，从几十 MB，几十 GB，甚至于达 1000 GB 以上。

10.8.2 可编程逻辑器件

可编程逻辑器件（Programmable Logic Device，PLD）是 20 世纪 80 年代蓬勃发展起来的数字集成电路。用户可根据实际应用需要，根据 PLD 生产厂家提供的标准结构连接的"与"和"或"（或二者之一）逻辑阵列，按某种规定方式改变 PLD 器件内部的结构，从而获得所需要的逻辑功能。

PLD 器件有多种类型，常用的主要产品有可编程阵列逻辑 PAL（Programmable Array Logic）、通用阵列逻辑 GAL（Generic Array Logic）、可擦除的可编程逻辑器件 EPLD（Erasable Programmable Logic Device）、复杂的可编程逻辑器件 CPLD（Complex Programmable Logic Device）和现场可编程门阵列 FPGA（Field Programmable Gate Array）等几种类型。其中 EPLD、CPLD 和 FPGA 的集成度比较高，有时又将这几种器件称为高密度 PLD，相应地也将 PAL 和 GAL 称为低密度 PAL。高密度 PLD 足以满足设计一般数字系统的需要，这样就可以由设计人员自行编程而将一个数字系统"集成"在一片 PLD 上，作成"片上系统"（System on Chip，SOC），而不必去请芯片制造厂商设计和制作专用集成电路芯片了。

伴随着 PLD 的发展，其设计手段的自动化程度也日益提高。用于 PLD 编程的开发系统由硬件和软件两部分组成。硬件部分包括计算机和专门的编程器，软件部分包括各种编程软件。这些编程软件都有较强的功能，均可运行在普通 PC 上，操作简单、方便，利用这些开发系统可以便捷地完成 PLD 的编程工作。新一代的在系统可编程器件 ISP-PLD 的编程更加简单，只需将计算机运行产生的编程数据直接写入 PLD 即可。

关于可编程逻辑器件更为深入的内容，有兴趣的读者可到公开教学网上学习。

本章介绍了数字电路中的各种主要单元电路，可以利用它们组成某种数字装置。

例如，如图 10-1（b）所示的数字转速计，光电管产生的脉冲信号是不太规则的，可以用施密特触发器整形。而后通过一个有控制端的与门。这个门电路可以用一个单稳态触发器作定时器，让它的 $T_w=1s$，从而使与门只打开一秒，通过的脉冲可以经计数、译码后显示出读数，其单位为转/秒（r/min）。

再例如：数字钟表可用石英晶体振荡器产生 2^{15} Hz 基准信号，整形后经 15 级二分频电路得到 1Hz 秒脉冲，输入到 60 进制计数器计秒；再进位到另一个 60 进制计数器计分；再进位到 24 进制计数器计时。把时、分、秒都经译码、显示即可读出时间。

数字电路随着集成电路制作技术的发展一日千里。通常把集成几十个元件的电路称为小规模集成电路；集成几百个元件的电路称为中规模集成电路；集成一千个以上元件的电路称为大规模集成电路。现代集成电路技术已能做到在一个芯片上集中几百万个甚至上亿个元件。在实际应用中，往往可以采用集成规模较大的芯片（如 PLD）一次完成所需的功能而无需自行组合。了解和掌握各类集成电路产品的功能并能正确选择和应用，能给工作带来很大方便。

思考题与习题

【10-1】 从工作信号和晶体管的工作状态说明模拟电子电路和数字电子电路的区别。

【10-2】 逻辑运算中的"1"和"0"是否表示两个数字？逻辑加法运算和算术加法运算有何不同？

【10-3】 如果"与"门的两个输入端中，A 为信号输入端，B 为控制端。设输入 A 的信号波形如图 10-38 所示，当控制端 $B=1$ 和 $B=0$ 两种状态时，试画出输出波形。如果是"与非"门、"或"门、"或非"门则又如何？分别画出输出波形。最后总结上述四种门电路的控制作用。

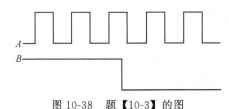

图 10-38 题【10-3】的图

【10-4】 图 10-39 是一密码锁控制电路。开锁条件是：拨对密码；钥匙插入锁眼将开关 S 闭合。当两个条件同时满足时，开锁信号为"1"，将锁打开。否则报警信号为"1"，接通警铃。试分析密码 $ABCD$ 是多少？

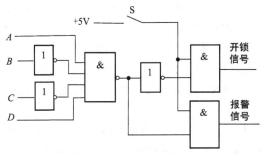

图 10-39 题【10-4】的图

【10-5】 某机床电动机由电源开关 S_1、过载保护开关 S_2 和安全开关 S_3 控制。三个开关同时闭合时，电动机转动；任一开关断开时，电动机停转。试用逻辑门实现。

【10-6】 图 10-40 是由两个"或非"门组成的基本 RS 触发器，试分析其输出与输入的逻辑关系，列出状态表，并画出图形符号。

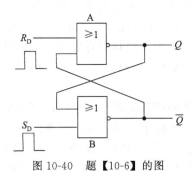

图 10-40 题【10-6】的图

【10-7】 电路如图 10-41(a) 所示，时钟脉冲 CP 的波形如图 10-41(b) 所示，试画出 Q_1 和 Q_2 的波形。如果 CP 的频率是 4000Hz，那么 Q_1 和 Q_2 的频率各为多少？设初始状态 $Q_{10}=Q_{20}=0$。

【10-8】 试用反馈复零法将同步十进制加法计数器 CD40160 接成七进制计数器。

【10-9】 图 10-42 是由 555 定时器组成的门铃电路，试说明其工作原理。

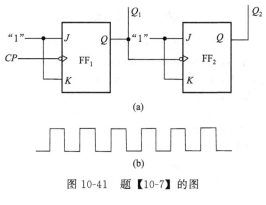

(a)

(b)

图 10-41 题【10-7】的图

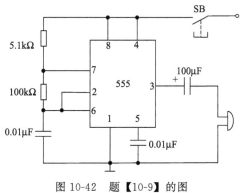

图 10-42 题【10-9】的图

【10-10】 某 D/A 转换器，若取 $U_{\text{REF}}=5\text{V}$，试求当输入数字量 $d_3 d_2 d_1 d_0 = 0101$ 时输出电压的大小。

【10-11】 ROM 和 RAM 的主要区别是什么？它们各适用于哪些场合？

【10-12】 各种 PLD 的共同特征是什么？它们和标准化的数字集成电路器件有何不同？

参 考 文 献

［1］秦曾煌主编．电工学（上、下册）．第 7 版．北京：高等教育出版社，2009．

［2］徐淑华主编．电工电子技术．第 3 版．北京：电子工业出版社，2013．

［3］陈新龙 胡国庆编著．电工电子技术．第 1 版．北京：清华大学出版社，2008．

［4］季忠华主编．电工电子技术．第 1 版．北京：北京航空航天大学出版社，2008．

［5］吴建强主编．电工学（下册）．现代传动及其控制技术．第 2 版．北京：机械工业出版社，2008．

［6］张鹤鸣，刘耀元，张辉先主编．可编程控制器原理及应用．第 2 版．北京：北京大学出版社，2011．

［7］童诗白，华成英主编．模拟电子技术基础．第 4 版．北京：高等教育出版社，2006．

［8］杨凌编著．模拟电子线路．第 1 版．北京：机械工业出版社，2007．

［9］阎石主编．数字电子技术基础．第 5 版．北京：高等教育出版社，2006．